U0182890

中国近代酒文献丛刊

中国近代酒文献选辑

《申报》卷

下册

薛化松 李 玉 主编

本册执行主编 石永程

社会科学文献出版社
SOCIAL SCIENCES ACADEMIC PRESS (CHINA)

南京大学中国酿造史研究中心　项目成果

南京大学新中国史研究院　　学术支持

目　录

五　诸式酒类

| 目 录 |

六　酒业经营

七　行业动态

八　酒与社会

九　社会评论

五　诸式酒类

谋夺酒利

日本东洋信云：日本有地名肯俗者，土性宜种葡萄，极形繁茂。该处居民近已捐钱发两人至法国，学以葡萄酿酒之法。按法国每年售葡萄酒于各国，其利较丝茶开矿为尤巨。日人此举，盖深知贸迁之道矣。

（1877 年 11 月 24 日，第 1 版）

利在麦枯

麦枯者，磨坊筛出之麦壳团而成饼者也。酒铺购之为蒸烧酒，以代稻麦。然经过各卡，须照章完厘，并须给以船价。近年江西某烧酒铺独出心裁，或串通营兵，或冒充营兵，前往各属购致麦枯，指为喂马之需，闯卡免厘，掳船无价，获利不赀。腊月复在吴城镇购麦枯数百石，冒充营兵掳船，往运厘金既免，船价亦无，扬扬然自鸣得意。船户小本营生，无不吞声饮泣云。

（1894 年 2 月 12 日，第 9 版）

新到狼头牌皮酒

启者：本行今有英国排司洋行托售顶高狼头牌皮酒，气味芳冽异常，较之他酒，实为远胜，在此中华堪称第一等佳酿。其价且廉，小瓶每箱八打，售元十二两；大瓶每箱四打，售元九两。倘蒙赐顾者，请尝试之，庶信非谬焉。

新泰兴洋行谨启。

（1894 年 8 月 3 日，第 7 版）

喇伯喇归泥恩药酒

启者：此种药酒系法国巴黎灯〔等〕地方之制药学堂中考得，并无他种与此酒相同，盖用辛加纳树皮中上等之汁制成。巴黎斯制药师罗比克曾言："此种药酒，七滴可抵辛加纳数斤之用。"又有加勃勒医生言："我久寻一药，能使人身有力，今见归泥恩药酒，足令人身体坚固。"又药师蒲咱腊言："喇伯喇归泥恩药酒，人或发烧服之最妙，发烧已久者，服之更有益。"此种药水制造处在巴黎斯雅各路第十九号门牌，各埠均有分售处，上海寄存大英医院代售。

此布。

（1894 年 9 月 5 日，第 11 版）

巴德温酒

此酒性和而补，味甘而美，乃汇集诸补品酿制而成，专能和阳滋阴，益气养血。年老衰颓、病后怠疲以及少年先天未足饵之最有功效，茸著参归未能望其项背。刊报以来，日销十余瓶、数十瓶不等，皆试饵而复购者，则实有神效可知矣。今存货无多，望未曾试饵诸君早购为嘱，无论冬夏，男女皆可取饮，价一元。又新到火酒，价亦格外从廉。此布。

中英大药房启。

（1896 年 6 月 18 日，第 7 版）

鱼肝油酒

启者：安宁公司所制鱼肝油酒，其味甚美，服之并无恶心之弊。与他种鱼肝油不同，不论小孩、妇女及惧服膻腥之人，皆可试服，且服之可立著奇效。倘患咳嗽服之，嗽自渐止；乏力之人服之，可增气力；销瘦之人服之，可令肥胖。凡患以上各症者，不必购服他种鱼肝油，切须认明安宁公司牌号鱼肝油酒，方不误事。更可要者，凡人肺中患病，服此为第一灵药。现在盛入瓶中作样分存各药铺，请即取而试之，分文不取。

安宁公司所制治头痛药，不论因何致痛，用之无不立著其效。安宁公司所制各药料在中国各埠药铺寄售，安宁公司经理处设在上海四马路第五号门牌。

（1900 年 1 月 7 日，第 11 版）

德商顺发洋行

德国老美女牌啤酒登录商标宝星为记。本行经理老美女牌啤酒已蒙各界同称赞美，各埠早经驰名，此酒之功用，毋庸再赘，如蒙赐顾，认定宝星为记，庶不致贻误。仕商各界承荷购办，移玉本行帐房接洽，可称价廉物美，卫生有益之品，以副各界诸君之雅意，如不信者请尝试之，方知言之不谬也。

上海英界博物院路十七号德商顺发洋行广告，电话：一千九百八十四号。

（1912 年 1 月 3 日，第 15 版）

华货赛会得奖

虹口同庆永酒行制造卫生露酒数种，前运至意大利都郎会场陈列比赛。经审查总长试验，谓此酒有益卫生，实为中华出色之品，特给最优等金牌，昨已由中华赴会代表来电道贺矣。

（1912 年 2 月 8 日，第 7 版）

麦液酒

——制以精麦，味如甘醴，健体开胃，四时皆宜

麦液酒，系选最上等之麦芽及花布草，用特别格致之法提炼其精，酝酿而成，其内仅含极轻之酒精（约百分之一分半），体虚有病者饮之最相宜。凡为有患痨伤血枯等症者，医士每嘱病人常饮此酒以求复原，诚以此酒含有滋补之成分，甚多故也。凡习练游戏各术，饮此最可壮体。而当炎夏之季，患伤风之症者，此酒实可爽快心神，如能常饮不辍，且可免肠腹之患。此酒甜味、颜色均得诸天然，不假人为，亦无化学之存留质，此酒

799

毫不逆味，虽多饮而不致醉，亦无种种使身体不安诸弊，常量饮之，每日可二三瓶。趸购六打，价洋十四元，每打价目二元六角。

上海总经理处：南京路三十七号科发大药房。

（1912 年 7 月 13 日，第 9 版）

番芋制酒

番芋，一名洋芋，西名地苹果。其物既可充食，又可作菜，杂肉食之，尤为佳美。不谓西国近得新法，用番芋制为火酒，其性甚烈，可以点灯，贫者取以啜饮。传闻此法始于英国某狱犯，居狱无聊，托人购番芋皮，用洋铁锅蒸造，如他火酒法，困在狱中，举杯独酌，醉卧忘忧，以减狴犴之苦。他人访知，群相仿制，遂广行于欧美云。

（1913 年 11 月 18 日，第 13 版）

地图牌白兰地酒

本行今有新到法国名厂全力生白兰地酒二种，有二十二年及二十七年之久。其酒性和味美，一经入口而精神立畅，如常饮之则补体益精，而且能消诸症，真乃卫生中之佳酿。此酒久已名震欧洲，今特输入中国以扬名起见，非图渔利，故而定价极廉，望请试之方知有效。倘蒙赐顾，请至本行可也。

英大马路一号总发行所永昌洋行谨白，各洋酒食物，号中皆有代售。

（1914 年 4 月 11 日，第 7 版）

真正五十年七星红十字牌白兰地酒

此酒为法国爱西华名厂所制，其七星红十字牌五十年真陈之名，早经卓著于海外，盖有滋补提之神功，救急祛风消食之妙，性质和平，滋味纯正，诚居家、旅行人人必备之圣酒，保安活血之良丹也。本药房首次运华之酒早经馨尽，二次之货刻已到申，货存无多，幸希速购，定价每瓶三元，每打三十元。

上海三马路中法大药房启。

（1914 年 4 月 19 日，第 8 版）

正蜂巢牌优等白兰地酒

此酒为法国阿特许哑脱名厂所制，正蜂巢牌（即密［蜜］蜂牌）白兰地酒风行各国已有一百余年。近来各国宴会非用此酒不足为敬，因此各国赛会屡得优奖，历销于新加坡、香港等埠，为此应接不暇。现在特设分销于上海，归敝行独家经理，盖此酒有祛除风邪、和胃补血之功，饮之滋养精神而得卫生有益。此酒贮藏久远，性质和平，而且气味清芬，远胜他酒。此品专主醇正，不尚虚靡，所以装潢朴实，力求味澄。倘为不信，即请赐顾一尝，方信言之不谬也。各处食物店及各番菜馆，均有经售。此布。

总经理上海禅臣洋行谨启。

（1914 年 6 月 26 日，第 4 版）

烟台张裕酿酒公司售酒广告

本公司经前清北洋大臣奏准，在山东烟台酿造各种葡萄酒，历选各国佳种，均照西法培植接种换根，以期原料优美。特聘奥国著名头等酒师，现任烟台奥国领事官，名哇务男爵，驻厂监制葡萄、白酒、红酒、白兰地、三宾各种名酒。窖藏十有余载，此酒气味醇厚，尤能滋补身体，有益卫生，饮者咸赞足与泰西佳酿颉颃，宣统己酉陈列江南劝业会得奖超等文凭。现呈明农商部税务处注册，定于本年阳历五月一日开售，发运内地各省、各通商口岸及香港、新嘉［加］坡等埠，令行东海关监督暨税务司发给，准免税厘运单并通行，各省地方官、各关监督查验放行在案，所有各酒名色价目另刊仿单，划一不二（此项分单向下开之分售处函索即寄）。凡诸绅商如购买及批发，请将台名、行号、住址开明，并指定各酒名色之购价、运费寄至烟台本公司，即当填明运单，妥为装

寄，或向本公司分售处订购亦可。其内地各处尚未设有分售处者，仍请
向烟台本公司直接办理，但须将运费、预算连同酒价寄下，以便起运。
缘本公司免征税厘，单据均由烟台海关监督填发，必须按照注明指运之
地点办理，方免歧误。惟苏浙等省及长江一带通商口岸与烟台汇兑不通，
凡购买及批发者，请先将酒价汇交上海英大马路寿康里分售处制取收条，
再由分售处知照本公司，连同免税厘之单据，克期运寄不误。恐未周知，
特此通告。

（1914 年 8 月 1 日，第 5 版）

德国老美女牌啤酒登录商标宝星为记

本行经理老美女牌啤酒已蒙各界同称赞美，各埠早经驰名。此酒之功
用毋庸再赘，如蒙赐顾，认定宝星为记，庶不致误。仕商各界，承荷购
办，移玉本行帐房接洽，可称价廉物美，卫生有益之品，以副各界诸君之
雅意。如不信者请尝试之，方知言之不谬也！
上海英界博物院路十七号德商顺发洋行广告。

（1914 年 8 月 1 日，第 8 版）

上海新开天顺元高粱烧酒行

——择旧历六月十五日　先行交易择吉开张

本行向在天津设立高粱酒厂历有年所，兹分设上海虹口吴淞路头坝中
市总发行所，自运牛庄、洋河高粱、山西汾酒、横泾各路烧酒代客买卖，
批售天津本厂白玫瑰露酒、五茄皮酒，并精造新发明各种花果卫生露酒、
佳制秘方药酒，选料既俱纯洁，制法亦甚精良，其味醇厚，其性温和，装
璜精致，送礼款宾，尤为特色，诚商战时代之美品也。各种品类，另详仿
单，并愿廉价出售，以广招徕。凡蒙仕商各界赐顾者，请认明得利商标，
庶不致误。

（1914 年 8 月 6 日，第 4 版）

天下最著名之为司格酒

黑白牌为司格酒为各酒中最陈最佳之酒，故人人爱而购之、饮之，泰西各国遇有宴会等事皆用此酒，英国君主及官绅等皆喜饮之，倘席间无黑白牌为司格酒，即不称为上等之酒席，诚美酒也！

总经理：上海瑞记洋行，发行所：江西路二十五号嘉泰洋行。

（1914 年 8 月 12 日，第 8 版）

樱花啤酒

樱花啤酒为日本帝国麦酒株式会社所酿造，旨味清鲜，为他项啤酒所不及，早已畅销海外，深荷各邦人士所欢迎，称为环球第一啤酒。刻下营销来华，请各界一试，尝之方知余言不谬也。商铺菜馆均有发售。

总经理：铃木洋行，上海法界东洋泾浜。

华经理：顾滋梅，六号电话：一九二三。

（1914 年 9 月 24 日，第 8 版）

绍酒增价广告

窃维绍酒自始行印花税以来，屡受影响，谅各界早所洞悉。乃我政府少察商难，骤迭加捐，如去年之增加附税，又重之以牌照税率，然已不堪设想。讵今年又订新章，印花捐率照旧数骤加一倍，继以本埠落地捐又增十分之五。由是敝业愈难担负，因之同业等不得不妥筹增价。兹公同议定阴历五月初一日起，加大酒每坛增加英洋六角，另拆每斤增加一分二厘，其余各色照此合加。恐未周知，特此声明，伏乞垂鉴。

绍酒业公启。

（1915 年 6 月 10 日，第 1 版）

烟台张裕公司西法酿造葡萄酒

葡萄酒为滋补品，尽人皆知，而我国北方数省向产葡萄，惜未得其酿法，致所销葡萄酒须仰给于泰西。本公司为挽回利权，计投二百万之资本，费廿余载之经营，由欧美采购葡萄之佳种，运回烟台，辟山地数千亩种植，聘请奥国著名酒师按西法酿造，历年所成，计红酒、白酒各十种。又高月白兰地等酒，存储地窖十五六年，前在南洋劝业会陈赛得奖超等文凭，上年向政府注册准免税厘三年，并蒙大总统给匾嘉奖，文曰"瀛州〔洲〕玉醴"。又经上海英国柯师大医生化验，赠予证书，以各酒质美味醇，补益身体。自上年在沪发售以来，大蒙中西人士欢迎，交口称赞。近因提倡国货，尤为畅旺，足见各界诸君爱国之热忱。本公司兹特格外克己，藉以答其盛意，因重订价单，并在英美法各租界设代售处，俾惠顾诸君就近购取，如需价单，请向本公司函索即寄。此布。

上海英大马路小菜场对门寿康里内烟台张裕酿酒公司启。

代售处：英大马路成茂北号、虹口蓬路阜昌成号、大马路成茂号。

（1916 年 1 月 3 日，第 12 版）

德善堂新制三宝活血药酒

三宝者，精、气、神也，为人生养命之本，一身之功名事业全赖乎此，实不可缺其一也。盖体质薄弱之人，皆由于精气不足，而失其生化之源，则百病丛生。不但康健之乐境尽失，而且病魔缠绵，功业俱废，往往不可救药，殊属可悯。兹得异人传授，精制此酒，为济世第一奇方。

功能：壮精神、调呼吸、强筋骨、补命门、益丹田，开胃健脾、止咳化痰、活络培元、固本养血。实有去病延寿之功，返老还童之妙，屡经屡验，非寻常可比。且兼药性和平，四季可饮，诚为除病之仙丹，养生之至宝。本堂为推广起见，并非希图渔利者也，购酒一瓶送三宝奇书一本。此书大有功益，得之不易，请勿轻视。

价目：大瓶每洋一元三瓶，每瓶一斤；中瓶每洋一元五瓶，每瓶八两；小瓶每洋一元八瓶，每瓶四两。批发格外克己。

上海飞鸾乐善坛内德善堂发行，白克路成都路口聚兴坊五百十一号。

（1916 年 5 月 7 日，第 4 版）

工业须知·麦酒之制法即皮［啤］酒

孤星

麦酒之种类虽多，然其酿造法之大要，皆自大麦制出之麦芽汁，加以火布，使生苦味及芳香，再混入麦酒酵母，使起酒精发酵而酿成之饮料也。有助消化资营养之效，世界各国多酿造之。

（甲）原料之选择

（一）大麦。大麦品质之良否，与麦酒品质大有关系，故大麦之选择最为重要。而自外观上之鉴识方法，其标准约有数端：

一、当取完全成熟而收获者；

二、麦粒之大小、形状、色泽整齐均一者；

三、麦粒之重量大并无缺损者；

四、麦粒干燥适度，断面呈粉状者；

五、当取新鲜之麦，清洁而不混杂物者。

以上五条如缺少其一项，则难于酿出纯良之麦酒，故宜注意之。

（二）火布。一名蛇麻草，其主要之部，乃雌蕊周围之黄粉。此粉含有芳香油及苦味质与树脂等物质，加于麦酒内，使增加一种芳香与苦味，并树脂有防腐力，可增麦酒之贮藏性也。须选新鲜之火布，务取未失芳香者，贮藏尤宜注意，于干燥后，入袋压迫之。若曝露于大气中，则易消失其香气矣。

（三）水。酿造时所用之水，亦与制品大有关系。供酿造用水之性质：

一、当取无色无臭而呈透明状者；

二、无机物之含量在二千分之一以下者；

三、空气及碳酸气含量多而有机物之含量少者；

四、不含亚硝酸盐类、硫化水素及安母尼亚者。

缺少以上各性质之酿造水，则制品之风味不良，难适于人之嗜好，甚

805

至有腐败，而不堪饮用者。

（四）酵母。通常制造家，其酵母多有培养贮藏之者，临酿造时，便于混入麦汁中，使其营［引］酒精发酵也。选择酵母时，须于显微镜中检之，不使混入有害之细菌，致招麦汁腐败之损失为要。（未完）

（1917 年 10 月 16 日，第 14 版）

工业须知·麦酒之制法即皮［啤］酒（二）

孤星

酿造法

麦芽之制造为酿造麦酒之第一手续，其目的在糖化大麦之谷粉，而使之易于发酵也。其法将大麦纳槽中（石制、铁制均可），加水搅拌少时间停置，则充实之粒皆沉于槽底，掬去秕粒与夹杂物于水面。槽中之水，每昼夜更换二三次，浸至二昼夜，麦粒膨大而柔软，为适于发芽之状态，然后取出，铺于席上，厚约二三寸，周围列置藁束，上被以新藁席三四层，时时搅拌之，温度渐次升高，遂至发芽，芽长二分时，粉碎之。麦经制后既成麦汁，乃加水沸煮，造成糖液，再加火布而煮沸之，如此制成之液为褐色。火布之用量，制后即饮者，火布为麦芽重量百分之二三；久贮者当用火布百分之四乃至七。加入之法，最初投入全量之半，至沸煮将终时，再加余一半，此后将麦汁滤过，去其残滓，麦汁入一种冷却器而流入发酵室之发酵桶中，加入酵母，使之繁殖而营发酵作用。麦汁发酵之法有二：一为表面发酵，一为底面发酵。二种发酵之进行，均可分为三时期：第一期最初十日至十四日间，酵母繁殖力强，发酵作用极盛，麦芽糖分解而生之酒精量甚多，此称为本发酵；第二期本发酵终，则酵母之繁殖顿衰，故麦芽糖之分解甚迟缓，酵母次第沉降于桶底，麦酒因之澄清，此称为后发酵；第三期酵母全停止繁殖，麦芽糖虽继续分解，然极迟缓而不能明认之矣。如是发酵终结，乃开桶侧之活拴［栓］，将澄清之麦酒，直倾于贮藏之樽中置于摄氏二度乃至七度之室内，此后经过一二月，可供贩卖之用矣。

（1917 年 10 月 17 日，第 14 版）

工业须知·绍兴酒之酿造法

孤舟

绍兴酒，即黄酒，产自绍兴，故有此名。由来甚古，相传为夏少康所发明。其品质之美，为我国百酒之冠，自古有酒王之尊称，嗜之者极众，销场极广，兹述其制法如次：

一、原料

酿造绍兴酒之原料为水、糯米、大小麦及酒药，惟其优劣，与酒之品质大有关系，须慎加选择，故次第述之。

（甲）水。按水之最适于酿造绍兴酒者，莫如绍兴地方之水，故绍兴酿酒水之选择不必大注意，若他处仿造，则不可不注意矣。选择所须注意之项如下：

（一）须清冽透澈，无杂物混合其间；

（二）须无臭味、苦味、咸味而常带快味；

（三）须少含有机质及安母尼亚，而多含碳酸气；

（四）须含石灰、硫酸等盐类适量。

（乙）糯米。糯米之选择亦须极注意，选择法如下：

（一）须不甚粗，不甚精；

（二）须不含糠谷、碎米、虫害米及其他夹杂物；

（三）须米粒完实齐一；

（四）须无杂色米混杂其间；

（五）须腹白部不甚大；

（六）须硬度极高。

（丙）大小麦。麦之优劣与酒之品质亦大有关系，故选择不可不慎。选择法如下：

（一）须十分成熟，颗粒无大小不匀；

（二）须色呈淡黄，形式整齐，粒实两端不带褐色；

（三）须品质同一，收获后不满一年；

（四）每百粒之重量须在九分五厘内外；

（五）须干燥适度，软硬合宜，且绝无不快之臭气；

（六）须毫无异种及碎粒尘埃等混杂其间；

（七）须胚乳不呈透明状。

（丁）酒药。酒药，凡绍兴酿造业发达之所，均有出售，但不足恃，以自制为宜，其类有二：一色白，一色黑。白药材料较黑药为简单，而效用则一也。兹述白药之制如下：当盛夏时采取未开花之野生辣蓼草，去茎存叶，晒干，研成细末。至十一月间，以早米粉十倍和之，更和以辣蓼草之浸出液适量，使粘合，置榨船中踏实，以刀切成寸许块状，用陈白药粉敷散其上，于匾中转成圆形，置于草席上，以草及麻袋覆之，并密闭房屋一二日后，药之四围，如现白色菌丝及分生胞子，则麻袋等可撤去，盛药匾中，置于架上，俟天气晴朗，一次晒干。（未完）

（1917 年 11 月 2 日，第 14 版）

工业须知·绍兴酒之酿造法（二）

孤舟

二、酿造法：酿造法分酿制酒曲、酿制酒酵、酿制酒液三事

（甲）酿制酒曲法：制曲之原料为麦与水，其麦或用小麦，或用大麦，或大小麦混合而用之，均随酿造家之便。用前须磨为粉，制曲之时候，系自秋分至霜降，制法如下：法取麦粉四五分，置桶中，加清水一分，搅匀，移置木框内，框底有板台，框面覆蒲席以足踏之，使水与麦粉粘合成块，即启框去席用刀划为四条，用稻柴包之，每包二条，置诸曲床上，密闭窗门，使屋内温度上升，但如温度过高，须稍开窗。俟三四星期后，曲现黄白色兰丝且带香味甘味，即去稻柴，置诸空气流通干燥适宜之他室中。

（乙）酿制酒酵法：制酒酵之目的，即以酒药、蒸米、水、曲四者相混合，使绍酒酿母菌繁殖其内也。其手续分浸米、蒸米、发酵三事。

（一）浸米：盛糯米于缸内，以清水浸之，每米三斗，用水二十余斤，浸渍二十四小时至三十六小时，用米抽吸去浆水及浸出物，再用清水洗涤二三次。此洗涤水有用处，宜留存。

（二）蒸米：以洗净之米，置饭甑内，于沸腾之大釜上加热，甑底垫圆形棕席，使米不致漏下，热气可以上升蒸至米饭，可捻成饼块，不见米粒。移甑于木桶上，以清水洗濯，减其温度。

（三）发酵：入米饭于七石缸内，约六分满，和以酒药四五两（酒药须研碎为粉），塔［搭］成凹形，放置一昼夜或二昼夜，即有液体集于中央，乃加水可七八十斤、酒曲四斗，以长柄酒耙竭力搅拌，覆以草制缸盖。密闭房屋经一日或三四日，米饭膨起于水面，其温度高至摄氏三十度左右，更用酒耙搅拌，搅拌之次数，须按温度之高下而增减，高则每日十余次，低则每日三四次。约经八九日，温度既低，时起气泡，以发泄碳酸气，碳酸气泄尽，即成酒醅。（未完）

（1917 年 11 月 3 日，第 14 版）

工业须知·绍兴酒之酿造法（三）

孤舟

（丙）酿制酒液法：酿制酒液分浸米、蒸米、发酵、滤酒四事。

（一）浸米：取糯米称过，置于缸中，用清水浸渍，经二三星期，用水抽吸去其水，更以水洗涤二三次。此洗涤水有用处，宜存留。

（二）蒸米：与制酒醅蒸米同。

（三）发酵：入蒸熟之糯米饭于缸内，加以酒曲、酒醅、洗米水及清水，其配合因酒之种类而异。凡制京庄，每用糯米二百八十四斤，加酒曲四十五斤，酒醅八斤至十斤，洗米水及清水各一百四十四斤。如制随庄，则每用糯米二百五十六斤，加酒曲三十六斤，酒醅八九斤，洗米水及清水各一百四十四斤，用酒耙搅匀，盖以草制缸盖，密闭窗户，经一日或三四日，缸内温度渐高，并发声音，乃更用酒耙搅拌。搅拌之次数，须按温度之高低而定，温度高时，每日搅十余次，温度低时，每日搅四五次。其温度初在摄氏三十度左右，后渐低下，约经八九日即起气泡发出碳酸气，碳酸气发尽酒液即成。

（四）滤酒：滤酒分滤出糟粕、滤出沉淀二事：

滤出糟粕，用布袋将酒滤过，滤出其中糟粕，更将糟粕连袋置酒榨中，榨出酒分。（此糟粕犹多含酒精，蒸溜之可得绍烧，为一种极佳之烧酒，蒸后又可作肥料及家畜之饲料。）

滤出沉淀，以缸盛酒，覆以盖，放置一夜，当有沉淀沉于缸底，乃用绢布滤出之。（此沉淀可作食物，又可调味。）

三、贮藏法

倾酒釜中，覆以盖，徐徐加热至摄氏五六十度间，以竹筛去其浮起之固形物。一俟沸腾，即灌入已经蒸热揩干之坛内，坛口包以竹箬，封以泥土，晒于日中，令其干燥，然后堆存室内。

绍兴酒以陈为贵，新者不适用，经半年至一年者为下等品，经数年者为普通品，经数十年者为上等品，最优者色赤，名花雕。（完）

（1917 年 11 月 5 日，第 14 版）

甜酒之制法·甜酒之制法

伯诚

甜酒又名酒酿，其制法有二：一为硬作法，一为软作法。硬作法者，用白米一升、米曲（与制酒用者同）二升之配合而制成者也。所用之米以糯米为佳，粳米亦可。制法先以精良之白米，煮之成饭时，取出铺于清洁之席上，便渐冷却，俟冷至摄氏三十六度时，加入米曲充分拌和，入于桶中，加少量之温汤，用力搅拌之，至米与曲混合，均匀时，以盖盖之，置于温暖之所（普通均置于草制之桶内）。夏间二三日、冬季十数日即营糖化作用，而甜酒成矣。

软作法者，米曲与米之量相等而造成者也。法以米煮成饭，取出逼去米汤，混入酒药（即米曲），叮咛搅拌之，放于桶中，于摄氏六十二三度时，时时搅拌之，四五时后，甜酒成矣。

甜酒放置数日，常变酸味，盖因其中之细菌繁殖而行酸化作用也。预防之法，以甜酒煮之，则细菌杀灭，而酒不致酸变，若酒已有酸味，宜加入重碳酸曹达及水而中和之。

（1917 年 12 月 27 日，第 14 版）

甜酒之制法·高粱酒酿造法

孤舟

（一）原料：酿造高粱酒之原料为高粱子、水及酒药。高粱子须择粒大而多含淀粉者。水须清冽透明、无色、无臭、无味，多含碳酸气，不含有机物及亚母尼亚，而无机物之含量在二千分之一以下者。酒药与酿造绍兴酒所用者同，购得者不足恃，以自制者为良，其制法已详述于前述绍兴酒之酿造法中，兹不复赘（绍兴酒酿造法见本栏阴历九月十七起至二十止）。

（二）舂碎：先将高粱子淘去泥沙，置日下晒干，然后入石臼舂之，舂至无完粒即可，不必舂细。

（三）煮熟：先将舂碎之高粱子浸于冷水中，五六小时后取出，入于釜中，加水适量，煮数小时，待其熟透，略带液汁，黏凝如胶，即取出之，摊于竹席上，冷至华氏七十度，然后和以酒药。

（四）和药：熟高粱子冷至华氏七十度，即可将酒药研碎，撒入其内。其配合量，因气温之高下而异，气温在华氏八十度以上时，每用高粱子一石，加酒药二斤；在华氏七十五度时，每用高粱子一石，加酒药二斤半；在华氏七十度以下时，每用高粱子一石，加酒药三斤。惟至少二斤、至多三斤，不可再有减增。加毕，竭力搅拌，使无不匀之弊，用竹席或草席覆之，更按气温之高下，护以棉花及稻草，使保有华氏七十度之温，以便发酵。发酵后入诸缸中。（未完）

（1918 年 1 月 3 日，第 14 版）

甜酒之制法·高粱酒酿造法（续作）

孤舟

（五）入缸：先将缸用沸水洗过，然后取已酿酵之熟高粱子，平铺缸内，中挖一空洞，用稻草盖覆之，每阅四小时，搅拌一次，经二十小时，□后加水。

（六）加水：加水之多寡，随酿者之意而定。欲酿上等酒则少加，欲酿下等酒则多加。如酿含酒精百分之六十者，每用高粱子一石，加水七十五至八十斤；酿含酒精百分之五十五者，每用高粱子一石，加水九十斤；酿含酒精百分之四十五者（市间所卖之普通品），每用高粱子一石，加水一百十斤。水既加入，用长柄酒把搅拌之，然后封缸。

（七）封缸：用适宜之木盖，覆于缸上，取黏土涂密其罅隙，使其不通空气。盖一有罅隙而通空气，外界之醋菌即乘间入内，缸内酒精亦挥发而逸出，酒味必酸而淡，不能成旨酒矣。

（八）开缸：开缸即去缸之封。自封缸至开缸所历时日，因气温之高下而有多少，气温在华氏八十度以上时，封缸后一星期，即可开缸；气温在华氏七十五度时，封缸后二星期，即可开缸；若气温在华氏七十度或七十度以下时，封缸后三星期至一月，方可开缸。缸既开，须即行蒸溜。

（九）蒸溜：取酿成之酒酿，连液置于桶内，置诸盛水之釜上，更取铜器一，置于桶上，器形如桶，直径亦同之，其底在中部，为覆釜形，上盛冷水，其下边有小沟，沟有管外通，管下置受器，布置既毕，用微火蒸之，则酒化气上腾，遇上盛冷水之覆釜，复凝成酒，滴入小沟，自管流出。惟锡器内之水，须注意更换，使常保冷度。

（十）装坛：先将坛用沸水洗过，用布揩干，然后将酒灌入，坛口包以竹箬，封以黏土，晒诸日中，令其干燥。或不用竹箬黏土，而以纸涂桐油封之亦可，如大酿造，则不装入坛，而装入油纸篓亦可。惟须再三查验，用其毫无损处与漏洞者，以免损失。

（十一）副产物：酿造高粱酒所得之副产物为糟粕，即蒸溜时留于桶内者，可作肥料，又可和糠秕，作家畜之饲料。（完）

（1918年1月4日，第13版）

家庭常识·佛手酒

王山而

佛手之干缩者，可勿弃去，以之片片（约半方寸大）切开，浸于上等烧酒中，瓶须盖密（走气则味失），日后取出饮之，味极清香，且可治气痛、气胀等病，饮少许可愈。

（1918 年 6 月 19 日，第 14 版）

家庭常识·治酒

吕翼之

　　制酒之米饭入缸后，搭成凹形，隔数日如液体不出（即酒酿不成，俗呼石捣臼），可以法治之。法将水多量置缸内（天时冷须温水），以酒耙搅散之，乃复以酒药二两，置之缸底，上覆以草制缸盖，越宿即闻酒香，启盖视之，则米饭膨起，酒液即成。俟缸底已无沉下之饭，乃可开耙［盖］矣。惟滤糟粕时较难，盖因缸底之酒药发酵，乃引起酒饭所和之酒药，如兵夹攻，故糟粕易糊，滤之颇难。

（1918 年 9 月 7 日，第 14 版）

工业须知·苹果酒酿造法

赤霞仙客

　　苹果酒为苹果之果液酿造而成，主成分为酒精 Alcohol、糖分 Sugar、林擒酸 Malicacid、醋酸 Acetioacid 及矿物质等，有特异之芳香与清凉之美味，诚夏季惟一之饮料也。

　　（一）原料：苹果有甘、酸、苦三种，酿造苹果酒概用甘、苦二种。其配合量有用甘种二分、苦种一分者，有用甘种一分、苦种二分者。德国则以梨□苹果混用，其结果恒视纯用苹果制者为优，又以其种类之异，一般晚熟种，较早熟种酒精分常多，故夏季收获者，颇不适用。而以秋季种为上，欲选适当之果实，可振摇十分成熟之枝条，俟其落下而采收之□可。冬季种则采收后，须行后熟法，其法选一不受霜之处，下敷□蒭，上堆苹果，厚可三尺，以布或席覆之，俟果面现有水粒如发汗□，然后去盖，放置五六来□后而供用。若果实之有腐败者、损伤者、罹虫害者，均易作成醋酸，是不可不慎为汰别焉。（未完）

（1918 年 9 月 7 日，第 14 版）

工业须知·苹果酒酿造法（二）

赤霞仙客

（二）酿酒法：酿造之先为压榨，次为发酵。压榨手续，或先将苹果分割为二，除去心部而后压榨之，或直入果实破碎器，而榨取其汁液，均无不可。惟酿造之际，最忌杂入害菌，故洗涤干燥，必宜注意清洁，而行于小规模时，则用擦子破碎果肉，盛于清洁布袋而绞之可也。果液取得后，用修默托氏及管唐味当氏果液比重计，以验液中之糖分及酸类之含有量，果液中之糖量，约须百分之十三，酸量则又为糖量之十分之一。斯时若糖分不足，宜加蔗糖以补充之，惟简易酿造，每以对于汁液二升，加白糖三两内外为标准。

盛压榨所得之果液于樽中，紧加以栓，静置诸摄氏二十度左右温度之室中五六日，渐次开始自然发酵，乃去栓，插入 U 字形玻璃管之一端，他端入于贮有清水之槽内，以吸收发酵时所生之碳酸瓦斯，每日搅拌一次，则经过二三周后，发酵渐缓，继以停止。于是再紧塞其栓，而置诸温度无甚剧变之寒冷处，四五月后渣滓沉淀，液汁清纯，汰而净之，即可供饮用矣。

（三）改良法：去渣之后，若酒液仍未醇良，可用下列种种方法以改良之。

（甲）冬日盛果液于小器，暴露于寒气，水分冰结，除去其冰，即得醇良饮料；

（乙）果液贮藏已及六月，尚未清纯，可取破碎鸡卵一枚，或鱼胶，投入搅拌之。数日后，夹杂物沉淀，以麦皮（小麦皮于水洗后，更以热汤洗之，注入明矾液，六七时间后压榨滤过者）滤过之可也；

（丙）凡酒量一立中须含有〇·五乃至一一九之碳酸气，则风味佳良。[如] 苹果酒而接触空气，或贮藏室温度过高时，则碳酸气每多放散。斯时，宜以人工增加其碳酸量，法以注加盐酸于白垩或大理石，使发生碳酸气，依护膜 Gum 管而导入樽中，如是密闭其口，投入热水中杀菌十分钟，则芳香增加，酒味亦以醇厚矣。

（1918 年 9 月 8 日，第 14 版）

国货制合西药之发轫

南洋医学专门学校近集资本金一万元组织五九制药公司，公推药学士张天放，医学士顾蛰民、汤传良、董翼苏、汤寿先等主任分晰调制试验事宜。凡西药之可由国货制成者，无不研究赶制，现已制成苦味酒、橙皮酒、芳香酒、大黄酒、龙胆酒、桂皮酒、马钱子酒、规那酒、碘酒、蕃椒酒、没药酒、吐根酒、生姜酒、橙皮糖浆、远志糖浆、桂皮糖浆、汽水、桂皮水、薄荷水、杏仁水、茴香水等各药，托三马路西康民药社为总发行所。

（1919 年 6 月 20 日，第 12 版）

上海康成造酒厂国产罗姆酒

本厂新发明罗姆酒，延聘化学技师酿造，储窖年久，躁气全灭，性质纯良，味极芬香。以此酒制造香烟功效大著，能使烟色黄润，经久不霉。自今春发行以来，荷蒙各烟厂乐购，用之，较之舶来品适宜，无不称美。至黄梅时，销场更旺，几不供销，尤虑间断，特添机器拣选原料，加工督造，储窖待售。际此秋高气爽，正值各烟厂畅造之时，所需必广，特将窖久之罗姆酒，另制最新式铁听装就，每听四加仑足，批价照前，听子用空退转，仍给原价，以图便利。仰副惠顾之雅，特此登报布告。

总发行所：法大马东首。电话：中央三七四三。

（1919 年 10 月 15 日，第 4 版）

饮料杂谭（下）

君豪译

葡萄蔓：饮料之成于葡萄者，多酒类。酒之制法，先以葡萄置入空底桶内，名为压榨器，外套一极大之桶，葡萄被压，汁徐徐流出，然后施以酿法，毕事后，置酒于樽，再为第二次之酿造。酿造□事，遂闭塞樽口，法兰西、葡萄牙、西班牙及日耳曼等国产酒最有名，□□□。酒之制法，即以酒精而加以蒸溜法。换言之，即酸酒之制造，以让成之酒，置诸空气中，使之酸耳。酢酒之酿造，系混入啤酒、苹果酒、英国酒、糖类及木酢而成者。

蛇麻草：蛇麻草，多半产于英国之南部及荷兰、比利时、南美等地，亦可酿酒。先以炭火干其茎黄花，俟加啤酒成苦味后，方停止其制造焉。

大麦：大麦之饮料，以啤酒为最，名大麦之用酿法及制成者，名为"麦曲"，制麦曲之方法，颇简单也。

【下略】

（1919 年 10 月 17 日，第 14 版）

爱鲍氏啤酒

啤酒种类甚多，其最佳者，莫如澳大利亚所出之爱鲍氏啤酒，筵席间用之，自当邀坐客之欢也。

发售处：江西路久大西酒店、爱多亚路顺丰西酒店、百老汇路一千一百〇二号源泰号。总经理：上海爱多亚路二十五号。

厚昌洋行谨启。

（1921 年 1 月 4 日，第 9 版）

新到火酒

本厂新运到大批火酒，均存洋栈，货高价廉，若订购期货，取价更为公道。再，敝厂向储有远年酒精以及新酿之罗姆酒，均合制造香烟之用，如蒙各□宝厂号赐顾，请至法大马路东首康成造酒厂总发行所接洽可也，用特奉布。

总发行所电话：中央三七四三。

（1921 年 1 月 6 日，第 9 版）

特制滋阴补肾蛤蚧酒

本堂选办正梧州地道全活蛤蚧加配上等滋阴补肾药品，依法泡制，浸成此酒。补血气而不滞，培心肾而不燥，所谓清补相兼，尽善尽美。故饮之即能交心肾、健脾胃、和气血、添精神、化痰喘、补腰膝、润肺益肝、填精滋水，不啻有回天之力焉。凡男妇老少，常饮此酒，子可种寿可延，岂特却病已哉，并常有全活蛤蚧发售。

上洋北四川路天吉堂披露。

（1921 年 1 月 16 日，第 9 版）

法国葡萄酒之统计

〔二十九日巴黎电〕一九二〇年为法国葡萄酒出产丰盛之年。据法国间接税督办所发之统计，其数如下：一九二〇年出酒一三七·〇三四·一二四百立（百立乃法国容量名，合英国容量二十二加仑），一九一九年出酒五一·四六一·八八七百立，一九二〇年十二月杪存酒五九·五七八·〇六二百立（内有一九一九年余剩之酒三·五四四·〇三八百立），一九一九年十二月杪存酒五五·七一七·七〇二百立，而法属斐洲亚尔其里亚则一九二〇年出酒较少，仅有七·〇四一·二二〇百立，一九一九年出酒七四二·一四七百立。

（1921 年 1 月 31 日，第 6 版）

家庭常识·烹煮苹果法

蒋大椿

【上略】

以完全成熟之苹果，切碎成片，每重一加仑，和清水二升，微火暖之。待其沸腾后，即取下，使徐徐泡沸，为时二十分钟。冷后，谨慎调之，每重一升，加半斤白糖，鸡蛋二枚，肉桂末二两，调和加入，倒之桶

817

中。于是将桶紧密封口，俾起自然作用而成苹果酒。

（1921 年 2 月 18 日，第 18 版）

瑞和洋行礼拜四拍卖各种洋酒

廿七日上午十点钟，在本行拍卖白酒、红酒、为司格酒、白兰地酒、母司格多酒、白根地酒、香饼［槟］酒等共计一千件，各客欲拍者先一日可看。此布。

（1922 年 2 月 22 日，第 5 版）

宝和洋行礼拜五拍卖洋酒

准于廿六日下午二点半，在九江路、四川路口本栈内拍卖各种洋酒如下：汇司格、白兰地、成酒、香槟酒、红酒、葡萄酒、舍利把得。凡□八十余箱，德国啤酒一百余箱等，其余另物不计。此布。

宝和洋行启。

（1922 年 3 月 23 日，第 5 版）

最新发明夏令卫生佳品　白兰地杏仁精发售预告

杏仁精治病功效人所共知，若用火酒精溶化成汁，惜乎美中不足。兹本药房新发明特用法国纯粹三星白兰地酒依法化合，则其药性之改良、功效之增广，自无待言。且此药关系卫生，不宜酷偏治咳，故将药中需用磺强、吗啡除去，另加王道药品，俾不失原有治咳功效。惟白兰地比火酒精高贵十倍，成本较大，本药房为利人起见，廉价发售，每瓶四角。另有香宾杏仁精、巴得温杏仁精制售。特此预告，临时再行登报声明。

上海北浙江路大中华药房谨启。

（1922 年 5 月 7 日，第 16 版）

药性改良白兰地杏仁精功效增广

君欲求夏季家庭之安全身体之健康者，请用新中华药房最新发明，人人必需之卫生珍品，认明商标。

杏仁精功能：润肺行痰、定喘止咳，为保卫肺部之圣药，并能散寒降气，解肌热，除风湿，种种功用，不能尽述。中西医士素所珍重，惜乎普通均用火酒精溶化成汁（其色白），美中不足，人所共知。本药房新发明特用法国纯粹白兰地酒依法化制（色如茶晶、香气郁烈），因而药性大为改良，功效大为增广，天然妙用，不可思议。但此药关系卫生，不宜酷偏治咳，故将药中需用磺强、吗啡除去，另加王道药品，俾不失原有之功效焉。

白兰地杏仁精若作辅助饮食用品，不特芳香适口，且能消各种病痛于无形之中，免一切食物内不洁之害。盖白兰地酒功能：避疫、防痢、杀菌、祛秽、救急病、散风寒，效用之广，不胜枚举。今与杏仁精配合，不啻养生玉液、续命金丹，堪称独一无二之圣品。此乃本药房最新发明，空前未有之奇药，四时卫生必用之佳品也。惟白兰地价值比火酒精高贵十倍，成本较大，实难贱售，本药房为利人起见，暂时廉价发行，以期普及。凡爱用白兰地杏仁精者，居家旅行，均宜随身备带一瓶，以应不时之需。男女老幼日常服用可保身体康健，四季平安。所以馈赠亲友，最为相宜，价廉物美，惠而不费，殆无出其右者矣。

今将白兰地杏仁精特别功用略举如下：

功效：润肺、行痰、散寒、止咳、平肝、养胃、消食、润肠、除烦、宽胸、提神、降气、辟秽、舒闷、解渴、生津、清肺火、养精气、除风温、解肌热、预防痢疾时疫。

主治：咳嗽、哮呛、痰喘、气急、喉痒、肺闭、痰饮、痰涌、音哑、呕恶、胃寒、肠鸣、腹痛、中寒、昏厥、跌闷、晕舟车、蛀牙痛（用棉花嵌塞）、外感伤风、鼻塞流涕、初起肺痨、老年久咳、上焦风热、时行头痛、小儿痰厥、肥人多痰、妇女肝气、血崩不止，他如诸疮肿痛、头面风肿、面上风斑、两颊赤痒、小儿头疮、冻瘃未溃（均搽患处）。此外，关于白兰地治病之功效，尚多难以尽述。

按白兰地用葡萄酒蒸馏而成，性味俱佳，名重中外。至于火酒精之成分，约含发酵液百分之九十左右，其性甚烈，人皆畏之。且近年舶来品性质愈趋愈下，将不堪入药矣。

卫生：夏秋间，每日饭后用茶水冲饮，为预防时疫、痢疾之圣药，平时无病冲饮，或加入牛乳、豆乳、藕粉、饭汤、莲心汤、绿豆汤、百合汤等等，不特清香甘美，消除疾病，并能免去种种不洁之害。加入荷兰水、冰淇淋，于卫生甚为有益，其他合于杏味之各种干湿食品，随便加入，当然芳香适口，味胜寻常，诚补助饮食无上之佳品也。

服法：每次服五滴至十滴，或酌量加倍，用温开水或荷兰水冲饮。惟腹痛中寒、昏厥跌闷等急病均取效于白兰地，尽可随意多服，毫无妨碍。

白兰地杏仁精如在满瓶内和入中国樟脑一二分，为急救时疫痧症之良药。每次用凉开水或冷水冲服一瓶四分之一，重者倍之。凡穷乡僻壤，最宜于夏秋间及时购置，藉以兼行方便，一举两得，岂不妙乎？

再，本药房另有香宾杏仁精及巴得温杏仁精等数种，谨此预告。

白兰地杏仁精定价每瓶四角，寄费外加，邮票照例收用。

经售处：上海南京路先施公司、永安公司，本外埠各大药房、中西各食品店。特约批发处：上海四马路英商老德记药房分行。通信购买处同上。

上海北浙江路中华药房启。

（1922 年 6 月 29 日，第 22 版）

马百良新到葡萄酒

马百良药房在粤设立有年，制售各药，深为著名。今分设沪行于南京路，新由广东运到各种葡萄酒、红酒、蛤蚧酒等甚夥，颇受各界欢迎。马玉山公司、先施公司，闻均有代售云。

（1923 年 2 月 9 日，第 17 版）

兜售伪洋酒之拘获

王桂友手持火酒二瓶，至怡和码头大英公司轮船上，伪充会司格酒求售。当为洋人察破，以此等火酒一经吃食，与人生命有碍，立时指交水巡捕房。梅捕头谕将一瓶伪酒送往海关化验，尚有一瓶伪酒，连同王桂友于昨午后函送地检厅究办。

（1923 年 3 月 3 日，第 14 版）

烟台张裕酿酒公司最著名之高月白兰地红白葡萄酒

各省均有代理，上海先施、永安、康成、福和公、成茂北、广同昌暨各大洋酒店、番菜馆俱有分售，赐顾者请就近购买可也。

（1923 年 3 月 22 日，第 13 版）

国货啤酒之发行

啤酒一物，向皆来自外洋，每年漏卮，为数为巨。近有北京双合盛厂，自制五星牌啤酒，质地优良，装潢精美，实驾乎舶来品之上，迭得各赛会之奖凭。值此国事阽危，亟宜振兴国货，力图发展，故各大商埠，均设有分销处。本埠委河南路余庆里永利号为总经理处，定价低廉，连日门市批发均旺云。

（1923 年 7 月 11 日，第 17 版）

请君试用华心自制之香槟啤酒

天虚我生

以诗酒自娱，试用惠泉汽水制成香槟酒味之啤酒饷客，饮者无不极端赞美，怂恿发行，以公同好。因其品性高洁、香浓味美，但饮一樽，足抵白兰地三杯。即使多饮过量，亦不过取得醺醺，增人美睡。绝无头昏脑

821

眩、腹胀便多之弊，故与普通酒类不同。且其装璜精雅，系用雕刻铜版印成仿帖，另附说明书，所述功用亦均根据中西医药诸书，富有考证，真实不虚。是以欢迎者众，交游投赠，居然名贵一时。兹运样品到沪，每瓶内容十二英两，定价大洋三角，每打三元，批发原箱六打，减收八折，实洋十四元四角正。经理酬佣，另有定章，如索样品，得照批发价算，川税贵客自理，或托使人来取，或送上海贵友，转奉最妥。如交邮寄，每六瓶需单纯邮费一元，边远倍费照加。如托便船带奉，每打约洋五角可矣。

【下略】

（1923 年 7 月 14 日，第 20 版）

惠泉汽水厂新出香槟啤酒

惠泉汽水厂新出香槟啤酒一种，系用麦酒行复式蒸溜法，使由蒸汽化成纯酒所配，香味系采用香槟酒及啤酒方式，香甜可口、凉爽沁脾，使人饮之陶然，不觉酩酊。而醉后醋适，一无眩晕之病。闻其配方以桑葚为主，《万国药方》载桑葚汁功能爽神轻泻，中国《本草》谓能止消渴，利五脏，久服令人聪明，肌肤变白。古有所谓，仙家千日酒，殆不过是。夏令饮此，实为最佳云。

（1923 年 7 月 15 日，第 17 版）

烂枇杷酿酒之废物利用

侣云

水果极易溃烂，枇杷尤甚。枇杷富含磷质，食之有益，且为疗咳之神品。但一经溃烂，质味俱变，微菌即乘机而入，食之必病，自当弃之为宜。然少数则可，如多量之枇杷溃烂（数量愈多，溃烂愈速、愈广，因微菌繁殖甚易，传染亦速也），若尽弃之，得毋太不经济乎？余乃思得一法，姑为之试验，竟著成效，不敢用以自秘，还请阅者诸君一试之如何。

其法极易，即本制酱酿酒之法，先使原料发酵，变化而成新物质是也。枇杷之溃烂，乃其天然的发酵。余即利用其溃烂，将烂枇杷之皮核去

822

尽，贮入一大瓮，密闭瓮口，埋入土中，经冬取出，竟变成满瓮色清味甘之枇杷汁矣！气味浓郁，色香可爱，饮之沁人心脾。虽葡萄美酒，亦不是过耳。

至埋入土中时期，愈久愈佳。但既埋之后，不可启视，以防泄气，此为要著。待开瓮后又宜分贮瓶中，用塞密闭，不可与空气接触，避免气化而失香味。此为废物利用之一法，简单便利，谅亦经济家所乐为之欤！（乙种酬）

（1923 年 7 月 20 日，第 19 版）

香槟啤酒之问答

一、问：此酒香味甚美多饮过量有无妨碍？

答：寻常之酒，多饮过量，必致晕眩吐呕，因其有发酵之作用也。本品则系蒸汽化成，无复发酵之作用，故虽多饮，亦但不过红云上颊、催人美睡而已。

（1923 年 7 月 22 日，第 8 版）

香槟啤酒之问答

二、问：凡人酒醉之后，醒来必患口干头胀，昨饮此酒取醉，醒后弥觉舒适，是偶然欤？抑固然欤？

答：中国医药用酒，必用无灰酒者。即为避免此弊，本品非由母酿中直接澄清而来，故无用石灰处，且所配原料内如桑葚汁、葡萄糖等，均为养血生津之剂，其功用自在，非偶然也。

（1923 年 7 月 24 日，第 21 版）

香槟啤酒之问答

三、问：本品内含气体，似较汽水为弱，其故何欤？

答：十九世纪之旧法，系用高压机器将碳酸气强迫压入，故气体与水不能混合，一去瓶盖，立即分解逃逸，故须立时饮尽，方得少许之效用。自经发明低压机后，先将水温降至零上五度，于是用低压机渐次压入无水碳酸，使与水充分调合，饱含气体之后，乃用静力灌水机徐徐引入瓶内，但不摇动，则气与水混合为一，不致立时分解，故无喷射泛溢之弊。若于未开瓶时，先经摇动，则揭去瓶盖时，水必喷射满地，失去碳酸气之效用，故现今最新式之学理的制法，均已改用低压机及静力灌水机矣。

（1923 年 7 月 25 日，第 21 版）

香槟啤酒之问答

四、问：碳酸气之功效可得闻乎？

答：碳酸气，为一分碳素与二分酸素化合而成。酸素之功用极大，人畜昼夜呼吸，即输入空气中之酸素，以助食物消化，使血液流动，以养其生命，故酸素亦称养气碳素，能解水中诸毒、灭臭、治恶疮，与水化合，则成氢二氧三，谓之碳酸水，功能解热退炎、行气运血，故西人饮酒，多以碳酸水调合。而西医多用碳酸盐类，以治胃病。惟碳酸盐类，尚有褊弊，专为疗治之用，而碳酸水，则为有益卫生之品，故可用为日常饮料也。

（1923 年 7 月 26 日，第 8 版）

香槟啤酒之问答

总经理处上海法大马路康成酒厂

五、问：饭前饮酒，每足以减少饭量，今饮此酒，转增饭量，其故何欤？

答：香槟酒能助胃肠蠕动之消化机能，故盛筵宴客，以此表其尊敬。盖恐肴核杂进，或有害于其胃也。但酿造之酒，其质重浊，胃中食物遇之，即起酿酵作用，遂致腐坏而生气体，故觉胃部膨胀，纳谷不馨。惟此蒸汽化成之酒，质系轻清，其消化食物，纯系增进胃肠蠕动之作用，非使物质腐坏之作用，故能增加食欲，而无膨胀厌食之征。

（1923 年 7 月 27 日，第 8 版）

出售上等火酒兼有火酒空铁桶出售

敝行有上等桶火酒出售，酒力在九十六度之外，又空火酒铁桶出售，价目公道。如欲购者，请至老靶子路四十六号本行接洽可也。

嘉利洋行启。

（1923 年 8 月 4 日，第 5 版）

无敌牌之"桑子葡萄酒"出品预告

葡萄酒为补血行血之剂，配以桑子，味尤香美。而桑子酒之功用，尤能生血调经、悦容色，使人皮肤变白不老，具载《本草》，绝非虚妄，故于贫血家之唯一补剂，当推"桑子葡萄酒"为最稳妥、最效验。每瓶内容十二英两，定价三角，每打三元，馈送亲友，男女咸宜。另有镀金玻璃瓶装者，专供上等礼品，定价每瓶四角，每打四元，定于双十节后、重九节前出品。如愿经销，望先来函订定，因恐临时供不应求，特此预告。

上海家庭工业社、无锡惠泉汽水厂同启。

（1923 年 10 月 10 日，第 8 版）

无敌牌之"葡萄酒"上市

本牌葡萄酒，其原料系由法国定来，由惠泉厂加工配制，佐以桑子补血之剂，故其香味尤美，向与普通葡萄酒不同，其酒力与来路"巴德温"同，内含纯酒百分之十二。每于饭前饮用数杯，功能健胃行血，具有滋养、清补之特效。而桑子尤能使人皮肤变白不老，具载《本草》，故为贫血家之唯一补剂。于经病不调之妇女，尤为相宜。每瓶三角，每打三元，另有镀金瓶装者，送礼尤觉珍重，每瓶加洋一角。

上海总经理处法大马路康成造酒厂，外埠如愿经理，但请函致上海小西门外无敌牌总厂接洽可也。

（1923 年 10 月 16 日，第 21 版）

泰山牌香槟啤酒到沪

泰山牌香槟啤酒，系用三边酒方式，采用上等原料制成，与普通啤酒不同，香甜馥郁。饮之，能祛湿疗瘴、舒气益神。现货已运到，仍归香港康信洋行总经理，定期于上海赛马大香槟日出品发售，以留永久之纪念。现该洋行经已派有专员驻沪推销，试办者可向棋盘街五马路角同芳居账房内与李君海燕接洽云。

(1923 年 11 月 4 日，第 17 版)

张裕公司之新酒

张裕酿酒公司，国产各种佳酿，窖藏多年。兹由粤商蓝璧如、何越南承办，推销于江浙两省，现各货业已陆续运到，批发门市，均甚踊跃云。

(1923 年 11 月 13 日，第 17 版)

国产葡萄酒之发行

爱多亚路福申里张裕酿酒公司代理行，现由烟台运到高月白兰地红、白葡萄等酒，内有樱甜红、大宛香两种，更胜外国之巴德文（port wine）、香槟酒，余有多种，可补血益气，曾获巴拿马万国赛会之最优等奖章云。

(1923 年 11 月 18 日，第 17 版)

国产白兰地香槟酒销路畅旺

张裕公司入冬以来，销路畅旺。昨由烟台运到大批最陈香之白兰地香槟葡萄酒，气味较前更形醇浓，色泽光亮，远胜舶来品之上。日来购买者，极形热闹，足见国货之优胜，该公司之进步矣。

(1925 年 1 月 7 日，第 17 版)

张裕公司年节忙

张裕公司制酿白兰地酒、红白葡萄酒，素为国人重视，现值岁尾纷纷向该公司采购，踊跃异常，新年陈设或馈送礼品颇合宜云。

（1925 年 1 月 17 日，第 17 版）

同兴酱号新酿玫瑰酒

大东门外坝基桥街同兴官酱号开办以来，迄今八载。近年营业，颇称发达。该号主人曹廷龙君，因鉴于社会之需要，特聘专门技师陈荣能君，佳酿一种玫瑰露酒，味极鲜美可口，物质良美，家居旅行，携带便利，用以款客亦宜。门市零沽，常有应接不暇之势，每斤大洋三角。兹闻该号主人拟编成一书，题为《玫瑰酒》，特请该号伙黄立庄君为编辑主任。黄君富有学识，该书已编辑告成，不日即可出版，函索者只须附邮票三分，当班寄赠云。

（1925 年 2 月 17 日，第 19 版）

发酵·造酒

赵石民

天地间各种有机物质之变化及腐败，皆系一种发酵作用，西文名 fermentation，能使发酵作用发生之微生物。法国著名科学家白司脱氏 Pasteur 称之为酵素 ferments，种类甚多，充塞于宇宙间，且生殖力极大，各随其性质之不同，发生各种不同之发酵作用，能使糖类变为酒之酵素，名酒酵 yeast。试将新鲜葡萄汁置于一处，阅若干日，即有酒味，同时有炭气发生，盖葡萄上含有酒酵甚多，已使葡萄汁中之葡萄糖变为酒精及炭气也。

以酒酵制酒须在空气不甚流通之处为之，吾国古法造酒缸上多加以草盖，以阻空气之流通，深合科学原理。盖空气愈流通，酒酵之生殖愈繁，造酒之原料变为酒醅之滋养品，不复变为酒矣。

造酒最简单之原料为葡萄糖加以酒醅，即直接变为酒精。吾国造酒向以米麦为之，米麦中之要素为淀粉 starch，酒醅不能使之直接变为酒，须先用他种酵素名 diastase 者，使之变为麦芽糖 maltose，再变为葡萄糖，然后用酒醅，使之变为酒精。

近人制造酒精有用竹头木屑为原料者，竹头木屑中含有植物纤维素 cellulose 甚多，以盐酸煮之即渐变为葡萄糖，加以酒醅即变为酒精，所用之原料虽不同，所得之糖则一也。

观上所述，淀粉及植物纤维素，皆可为制造葡萄糖之原料。市上所售之葡萄糖，强半以淀粉为之。该糖之用途日广，可以制各种糖果，或加入蜂蜜中，以增其重量，然非正当之营业也。

（1925 年 2 月 23 日，第 12 版）

蛤蚧酒

蛤蚧商标。

功能：返老还童，转弱为强，补身唯一药酒。

本堂选办正梧州地道全活蛤蚧，加配上等药品，制成此酒。功能：补血气、培心肾、健脾胃、和气血、添精神、化唉喘、补腰膝、润肺益精诸症。其功用不啻有回天之力焉。

每打十元，每瓶一元，中瓶五角。

上海天吉堂监制：北四川路靶子路口。分销处：汉口冠生园。

（1926 年 1 月 7 日，第 8 版）

订购法酒抵沪

此次法国邮船公司邮船抵沪，装有关税会议在法国购买香槟三十打，分装三十箱；红白酒十五打，分装十五箱。闻外交部已将免单及保险单，寄交交涉公署，仍照前次设法运京，以便应用。

（1926 年 1 月 10 日，第 15 版）

铁质寿身酒

铁质为心血及重要细胞之主要成分，凡血脉不和、气血两亏之人，非服铁质寿身酒不可。此酒系德国著名医药厂所制，质精料纯，与华人体质相宜，易消化而不伤肠胃，且无伤齿牙、生干结等种种流弊，补血滋阴，健脾开胃。久服之则精神壮旺，容光焕发，驻颜益智，却病延年，妇女虚羸贫血者，服之尤为相宜。酒味平和，甘美可口，故人人喜服。

中国总经理：上海德商礼和洋行药品部。电话：中央五〇五〇。各大药房均有出售。

(1926 年 1 月 11 日，第 11 版)

各埠经理无敌牌出品者鉴

惠泉厂所出各种洋酒，如白兰地、巴德温、克利沙、葡萄酒、可可酒、香槟酒、香槟啤酒以及各种果子露等。凡有向来经理无敌牌出品各号，如愿兼理推销，可以无须另缴押柜保证，但请来函接洽，即当发奉试销，如销不去，在六个月以内，尽可退还。如在须领卖酒牌照之处，应领甲种零卖捐照之费，可由本社担任半数，但每一处只限一家，以先接洽订定者为限，来函请寄上海地方厅西首无敌牌总厂。

(1926 年 3 月 26 日，第 8 版)

德国老牌啤酒廉价出售

本公司新自德国运到大批老牌啤酒，货物精良，非市上劣等货品可比。今本公司为优待顾客起见，愿廉价出售，欲购者请驾临四川路三十五号本公司接洽，存货无多，购请从速。

中华协丰公司启。电话：中一三四五。

(1926 年 4 月 22 日，第 6 版)

甬同乡会二次征求昨日揭晓

宁波旅沪同乡会第五届征求会员大会，昨日举行第二次揭晓，队长队员到者计八九十人，推总队长陈良玉主席报告开会宗旨，该会二科主任乌崖琴报告上次各队分数及拟增设公学计划毕，请日本西京帝国大学工业科毕业魏岩寿博士演讲酿造学大意。先讲酵素之发生及种类，次讲麦酒、葡萄酒酿造之程序，末讲酿造应注意之各点，及中国酒改良之方法，解释详明，听者无不了然。复由该会公学女教员徐蜕红女士跳舞。末揭晓分数，共计二千九百四十二分。兹录分数如次：魏伯桢三五八分，童志孚三五八分，许庭佐三〇〇分，王公子二七〇分，袁孟德二七〇分，励建侯二六〇分，颜伯颖二一五分，乌崖琴一五〇分，刘廉契一二〇分，何楳轩一〇〇分，林仰之八〇分，陶辉庭六八分，金开鉴六〇分，吴志芬五〇分，王心贯五〇分，陈才宝五〇分，童中莲五〇分，陈也桥三三分，顾予龄三〇分，柳咏雪二五分，冯孙眉二〇分，李韵希一三分，郑庭树七分，周月明五分。连第一次揭晓合计九二一四分。

（1926 年 4 月 24 日，第 15 版）

请饮上海啤酒

上海啤酒又名 UB 酒，制法精良，酒质纯洁，气芬味和，有益卫生，实为无上之佳酿。功能宽胸舒气、解渴除烦、健脾开胃，故为现时最盛行之啤酒也。倘蒙惠顾，不胜欢迎。外埠批发，格外克己。

总经理：周干康，上海南市十六铺宁绍公司。电话：中央三三五二号、二九〇〇号。中国电报挂号：二〇七五。

（1926 年 5 月 17 日，第 6 版）

香槟啤酒之说明书

本品原料系用麦酒行复式蒸溜法，使由蒸汽化成纯酒，即外国所称

"为司格"，中国所称烧酒者是。但经提去酒油（译亚密尔酒精），故能毫无气味，迥与普通之高粱酒及酒精不同，所配香味系用香槟酒方式，以桑葚为主。《万国药方》载桑葚汁功能爽神，解热轻泻。中国《本草》谓能止消渴，利五脏，疗关节痛，理血气，久服令人聪明，肌肤变白不老，解中酒毒，利水消肿，治疗疬瘰、水肿胀满、阴症、腹痛具有可考。而纯酒之不含酒油者，其功用亦为西医各书所载，《药物学》载其主治尤详，盖纯酒为强壮药，增进胃肠消化机能，故于饭前用以佐馔，能使食量增多，且易消化。凡患肺痨、篓黄病、腺病性、佝偻病性之小儿、高年体衰之人，经久烦热病或重症恢复期，其消化机能及体力异常衰惫者，多用之。又因神经过度之兴奋而起不眠症者，饮之可以催眠。又如急性心脏衰弱及失血重伤、丹毒、白喉、肺炎及各种湿热病，饮此尤为相宜。凡此所举均有载籍可稽，一经参考当知上述功用实为学理上应有之事，不足奇也。"惟酒无量，不及乱"，当知自己酒量如何，庶有节制，适可而止，勿以香甜可口，而沈醉于不觉，是又创作者所当声明者，幸垂注焉。

惠泉汽水厂□。

注意：

香槟啤酒与普通啤酒及金头香槟酒不同。普通啤酒味苦，能致腹胀；香槟啤酒味甜，功能消食。金头香槟酒为敬礼上宾之品，香槟啤酒则为家常自饮之品。因其价值之廉，则与普通啤酒相等，而质味之美，则与金头香槟相同，故为社会所欢迎。赐顾请至上海法租界南阳桥无敌牌发行所或朱葆三路口康成造酒厂。

（1926 年 5 月 30 日，第 18 版）

同春永酒行开幕

西藏路北泥城桥南同春永酒行，自运洋河、天津、牛庄高粱、各路烧酒及精酿花果露酒，货真价廉，兹定于明日开幕，大减价数天云。

（1926 年 7 月 23 日，第 21 版）

请用无敌牌各种美酒

无敌牌机制各种仿造洋酒，如白兰地、巴德温、惠司克、香槟酒、葡萄酒等，均经农商部咨准财政部税务处免税在案。嗣于江苏全省烟酒事务局开征洋酒印花税时，又经省局拟请准照农商部原案免税，呈奉联军总司令需字第五一二五号指令，暨江苏省长第一三九四七号指令，准如所拟办理，奉经省局第四三三号训令上海洋酒税局分别征免在案。是以本牌各酒均可免贴印花运销内地，或携带送人，实为便利。赐顾请向上海朱葆三路口康成造酒厂或南阳桥无敌牌发行所均可。如有宴会，尽可用剩退还，尤为便宜。

电话：中央九三七六或三七四三。

（1927 年 1 月 19 日，第 8 版）

招请经销各种洋酒及果子露汽水

无敌牌之惠泉厂出品，如白兰地、巴德温、惠司克、口利沙、金头香槟、香槟啤酒、葡萄酒、绿薄荷酒以及各种果子露、各种汽水、荷兰精粉等，均系良心上之制品，绝不□用酒精、糖精，可谓货真价实，物美价廉。如愿经销，请与上海朱葆三路口康成造酒厂或南阳桥家庭工业社发行所接洽。如值宴会，尽可用剩退还。

电话：中央九三七六或三七四三。

（1927 年 2 月 10 日，第 17 版）

上海蔡同德堂药酒增价声明

本堂开设已久，遐迩咸知，即药酒一项精制研究，销路益广，由是专设酒厂。近因原梁〔粱〕价昂，原定之价不敷于本，为此将各种药酒每瓶加价洋五分（每瓶一斤），如虎骨木瓜酒之类，多由购主运往外埠，但本堂并无分设之处，在外或有假冒牌号，顾客务请注意。爰定阴历二月朔日起，一例增价，特此登报声明。本堂主人启事。

（1927 年 3 月 4 日，第 2 版）

上海南北绍酒业增价通告

谨告者：近因百物昂贵，惟米更甚，而捐税迭增，运输开支步大，以致本源亏累。特于二月望日邀集南北同人在本公所开会讨论增价，以顾血本。议决三月朔日为始，加大绍酒每坛加价一元二角，花式小酒以此类推，零沽每斤加洋二分八厘。仰蒙各界明鉴。兹特登《申》、《新》二报声明。此布。

南北绍酒公所启。

（1927 年 3 月 31 日，第 4 版）

上海康成造酒厂启事

谨启者：本厂所制各种花果露酒，香清味永，与舶来品无异，现下出品名目日益增多，恐各界未能尽悉，特将出品名目详列价表，以供爱国同胞选择购饮，藉补漏厄于万一也。兹将各种名目列左：

新酿花果酒类		
目录	类别	价格
1	红橘子酒	每瓶五角
2	紫葡萄酒	每瓶四角
3	苹果露酒	每瓶四角
4	真青梅酒	每瓶四角
5	杨梅露酒	每瓶四角
6	白菊花酒	每瓶三角五分
7	金波露酒	每瓶三角五分
8	代代花酒	每瓶三角五分
9	香蕉露酒	每瓶三角五分
10	绿薄荷酒	每瓶三角五分

续表

新酿花果酒类		
目录	类别	价格
11	柠檬露酒	每瓶三角五分
12	鲜佛手酒	每瓶三角五分
13	桂花露酒	每瓶三角五分
14	茵陈碧绿	每瓶三角五分
15	象牌玫瑰	每瓶三角四分
16	红白玫瑰酒	每瓶三角
17	京方加皮玫瑰	每瓶三角五分
精制卫生药酒类		
18	万应药酒	每瓶六角
19	西洋参酒	每瓶六角
20	史国公酒	每瓶三角
21	周公百岁	每瓶三角
22	愈疯烧酒	每瓶三角
23	绿豆烧酒	每瓶三角
24	虎骨木瓜	每瓶二角四分
25	顺气橘红	每瓶二角四分
26	五加皮酒	每瓶二角四分
高粱汾酒花雕类		
27	天津白干	每瓶五角
28	洋河高粱	每瓶四角五分
29	山西汾酒	每瓶四角
30	头等原粱	每瓶三角五分
31	真正高粱	每瓶三角
32	白糯米酒	每瓶三角
33	远年花雕	每瓶二角四分

　　上列各种瓶酒无论趸批零购，进出一律大洋批发，折扣均照向例，依本表所列计算。

　　上海康成造酒厂谨启。

（1927 年 4 月 2 日，第 11 版）

唯一国货三光啤酒

质料纯良，气足味香。国货啤酒，首推三光，营销以来，人人赞赏，宴客送礼，最为适当。

上海总经理：虹口三角地小菜场对面瑞昌号。电话：北一二三九。分销处：三洋泾桥南首福兴号、各洋酒食物号及菜馆，均有出售。

烟台礼泉啤酒厂谨启。

（1927 年 5 月 8 日，第 2 版）

同庆永酒行新装电话通告

本行开设上海头坝广东街已历数十年，现在新装电话北一千一百六十号，为便利各界赐顾起见，本行专运牛庄、洋河高粱、干酒，代客买卖各路国产烧酒，零趸批发，并设厂精造各种瓶头花果露酒、药酒，承蒙中外各界赞赏，遐迩名驰，信孚久著。本行非图厚利，实为推广营业，加细研究，选用上等材料，可以筋舒活血、除湿去瘴，诚为馈赠亲友卫生无上之妙品也。

（1928 年 6 月 21 日，第 5 版）

请饮 U. B. BEER 上海啤酒

上海啤酒制法精良，酒质纯洁，气芬味和，有益卫生。夏令饮之又觉清凉可口，故为现时最盛行之啤酒也。倘蒙惠顾，不胜欢迎，零趸批发，格外克己。

总经理：上海十六铺宁绍公司内。电话：中央三三五二、一〇四三。中国电报挂号：二〇七五。

（1928 年 6 月 24 日，第 2 版）

烟台张裕酿酒公司江浙两省总经理义成公司紧要启事

启者：烟台张裕葡萄酿酒公司创立至今，已历三十五年，资本三百万

835

元，占地三千余亩，所制各种葡萄酒及白兰地等品质精良，久已驰名全球。所有江浙两省总经理业归本公司独家担任，兹为便利爱用国货同胞起见，添聘本埠及江浙两省范围以内各处分经理，如愿担任者，请来接洽，通信亦可。

总事务所：上海法租界吉祥街五十号。电话：中央一五八九。

（1928 年 6 月 26 日，第 2 版）

啤酒在食料上之价值

瞬初

啤酒（beer）系以大麦为原料所酿造之者，为夏天饮料中之最佳品，饮之可以解暑热、助消化，其制造虽于年中行之，其销路则几恃夏季。然啤酒对于吾人之功用果何若乎，吾人试一研究之，亦有趣之事也。

啤酒亦称麦酒，考麦酒之名，由来已久。《后汉书》云："范冉与王奂善，奂迁汉阳太守，冉与弟协步□麦酒于道旁，设坛以待。"又按《本草纲目》李时珍曰："大麦亦有黏者，名糯麦，可以酿酒。"据是，则我国之以大麦酿酒，知之亦早，但其方法不传，所酿之酒，与现今之所谓啤酒者，有何差异，吾人亦不能证明之也。

啤酒之输入我国，当在三十年前。至光绪二十九年（一九〇三年）海关报告，始另立名目。同年输入啤酒及黑啤酒，为六十万两，至民国二年亦不过七十二万四千余两，至民国十年乃达百十八万五千余两，民国十一年，稍为减少，九十七万七千两。最近年间之输入额，因未披阅海关贸易册，虽尚不知，然其数量之增加，有必然者，何也？盖我国人之饮之者，较前年实增加不少耳。世界上产啤酒最著名者，首推德国，啤酒之制造，与水大有关系，而德国具有可酿最良啤酒之水，且其化学工业之发达，亦加人一等，故也。欧战以前输入我国啤酒，多系德货，德人嗜黑啤酒，其味浓厚，稍带苦味，此因制造法不同之故，其实此种啤酒，似觉别有一种风味耳。法国啤酒业亦甚发达，亦较逊于德国。日本啤酒业，在欧战时，已甚发达，制造厂不下六七所，输入我国者，亦以日货居多。欧战以后，日货仍不能与欧货相竞争，今则我国抵货之故，日货啤酒，除供给一般日人饮用外，殆无顾之者也。最可注意者，上海外人经营之上海啤酒厂，生产亦颇不少，国货啤酒，亦有数家，如烟台华商醴泉啤酒，及最近来沪之烟台啤酒，以前者三光为商标，后者以双头鸟为牌号。然烟台啤酒，以南山泉水所酿成，由德国名师所制造，其质量之优美，自属意中事也。他如香槟啤酒、五星啤酒，一则为无锡惠泉汽水厂所制造，一则系北平双合盛啤酒汽水制造厂所发行。此等啤酒，其造法当属特别耳。

啤酒制造法

啤酒制造法分为三步，即制造麦芽、糖化及发酵是也。先将大麦浸水后，散布于发芽室，使之发芽，其芽之长度略与粒相等，此期中，麦粒中之蛋白质起化学变化，生成一种所谓 diastaze 之淀粉糖化剂。如斯所得麦芽，碎细之，加水少许，并加热至摄氏六十度，搅动约数小时，麦粒中之淀粉变化为麦芽糖及糊精，将此糖化液煎之，即成饴。如斯所得糖液，煮沸后，滤过放冷，移入摄氏三度至八度之冷发酵室，另加麦酒酵母（培养成之发酵微生物），少时即起发酵成生酒精。如斯所得啤酒称生啤酒，即可以供饮料，普通经过装瓶、杀菌手续而贮藏之。又有黑啤酒者，即将麦芽之一部，焙焦使成黑色，所制造之者，啤酒中有一种特别芳香及苦味者，因加勿布（hop）故耳。勿布为一种信物之花干燥之者，于糖液煮沸时加入，使之溶得其主要成分耳！普通酒中之酒精成分百分中十二乃至十四分，而啤酒不过百分之二至五。

啤酒之营养价

啤酒中之营养成分，为酒精、含水炭素（糊精、麦芽糊精、糖分）、蛋白质、少量之酸及矿物质等。此等物质中，矿物质及蛋白质之一部，有造成身体组织之作用，矿物质之大部分，系磷酸钾，营养上极有效也。啤酒中无铁及石灰，即有之，亦不过痕迹而已。啤酒中之蛋白质，其百分之四十二，均被消化吸收之，所谓活力（energy）之源之含水炭素，比普通淀粉较多，减去啤酒中之蛋白质、矿物质及酸度，其所余之不发酵物质，以四·一乘之，即可算出其热量，酒精之热价，为七·二加罗里，于体中完全燃烧，可得节省含水炭素之一部分也，一品脱（pint）八分一加伦约三合二勺，啤酒之营养价，如左所示：

【中略】

即一品脱之啤酒，其含水炭素为一日必要量三分之一可知也，啤酒中无维他命，要之啤酒一品脱，与他适当食料同时饮用时，可得节省白面包十一盎斯之消费，且比白面包容易消化吸收。啤酒中虽缺乏维他命，然除牛乳外，比他种饮料，就营养上观之，诚为理想的食料也。啤酒对于食欲及消化，为优良刺激剂，故食欲迟钝之人，饮之甚有效验，含酒精分极少，即不饮酒之人，饮之亦无妨。又啤酒中绝对无病源菌（牛乳则不然），即制造者之不正当行为，亦可以严格监督之。又啤酒之买卖，大抵依比重为标准，此标准即直接可以表示在食料上之价值也。

（1928 年 8 月 19 日，第 29、30 版）

嘉兴·烧酒搀入火酒之化验

嘉兴北大街西□桥南首之洽和祥酒号，发售之各种瓶酒，如白玫瑰□疯等，均搀入火酒。现经人报知卫生会，该会即令人购买该两项瓶酒多瓶，交由研究股化验，结果证实白玫瑰酒中含有火酒百分之四十，□□酒中含有火酒百分之二十五。现卫生会认为该项酒类，有碍卫生，拟送请县政府核办。惟各酒号之搀入火酒，不止洽和祥一家，故卫生会对于其他酒号之发售酒类，亦异常注意。

（1928 年 9 月 17 日，第 10 版）

酿造工业中之葡萄酒谈

瞬

葡萄酒为以葡萄发酵所酿成之酒，西人视为酒中之第一佳酿，最有益于卫生，较之啤酒，更易畅销。盖葡萄本为一种富滋养之果物，以之酿酒，亦甚滋养。医疗上用为兴奋剂，凡人疲倦时饮之可以恢复元气。按，《本草纲目》亦云："暖腰肾，驻颜色，耐寒，调中，益气，消疫，破癖。"

可见我国古时，亦以葡萄酒为医疗之用也。然葡萄酿酒始自何时，李时珍曰："葡萄作酒，古者西域造之，唐时破高昌始得其法。"又《草木子》云："元朝于冀、宁等路造葡萄酒，八月至太行山，辨其真伪，真者下水即流，伪者得水即冰冻矣。是葡萄酿酒之法，始自唐时，盛于元代，迄夫近世，其法反为不彰。虽有新法传入，而葡萄产额，除陕西、甘肃、天津等外，几不多见，而国人又复嗜好，故每年输入外国葡萄酒，为数甚巨。"据民国十五年海关贸易报告册，输入红白葡萄酒，瓶装者四万八千四百余打，桶装者十八万九千余桶，两种价值合计三十七万二千海关两，则国人之嗜葡萄酒，可以证明矣。

世界上造葡萄酒最盛者，厥为法兰西。其种植葡萄之方法，与葡萄产量之丰富，亦以法国为最著名。其出产葡萄既佳，酿法又精，故制出之酒，为世界所乐用。查法国全国有八十余县，而制造斯业者，多至七十余县。至葡萄之种植，则遍地皆是，法人又酷嗜之，每餐必具，如吾国之饮茶然，此其所以盛也。

葡萄酒有红、白二种，白葡萄酒为以葡萄之实，榨取汁液为原料。红葡萄酒则使用全果实，果皮中含有色素使之充分溶解，至发酵完了为止，尚不榨取，同时核中之单宁质，亦被溶解，故带涩味。

葡萄汁中，普通百分中有二〇乃至二十四分之糖分，且有少量酸味，糖分之多少，因种植之方法及季节之顺否而有差异。糖分过少者，则发酵不完全，须由人工的再添加糖分。

葡萄汁盛入大桶放置之，其附着于葡萄果皮上之一种天然葡萄酒酵母（即葡萄皮上之白粉）自然繁殖，起发酵作用，经过七日至十四日，主发酵终结，然后移入贮藏桶内，放诸窖中，于低温度下，使之继续其缓慢发酵，四个月乃至六个月，是谓之后发酵。由斯所成熟之新酒，使其酵母及酒石酸充分沉降后，移入贮藏室，最少二年以上，最久数十年乃至百年间贮藏之，然后卖诸市场。此贮藏期间，可得起极缓之发酵，而其香味之成熟，亦于此期间内行之。

甜葡萄酒：西班牙产之白葡萄，糖质最多，所酿之酒，称甜葡萄酒。若普通生葡萄酒中，约含百分之六乃至九之酒精，比较的多量之酸，故多加入砂糖而得甘味葡萄酒，亦称甜葡萄酒。

混成葡萄酒：由人工的混合酒精、酒石酸、砂糖等，再用人造色素着色之者称混成葡萄酒。试验法，取葡萄酒百克，加以太振动之；次使之吸收安母尼亚后，再以以太加入振动之，以白毛线浸入此两样以太溶液中，再加热蒸发之。天然葡萄酒之色素，则不染色，若含人造色素，则毛线染红色，新容易检出。

香槟葡萄酒：为含碳酸气之葡萄酒，酿酒时主发酵完了，后即装瓶密闭，使之起第二发酵，然后瓶内所生之碳酸气（即泡）遂溶解于酒中，盖与制啤酒时同，于是将瓶倒置，使沉淀物悉集于瓶之颈部，将木塞拔出，除去沉淀物，添加香酒（igueur）、清将木塞紧闭，至少需贮一年以上，方可出售。

白兰地酒：葡萄酒蒸馏后所得之酒，含半量以上之酒精，故甚强也。

葡萄蜜酒：产葡萄极少之地方所收葡萄，不敷酿酒，多加蜜水造之。蜜水过半，仍曰蜜酒，少则曰葡萄蜜酒。葡萄酒之简单制法，为以蜜类酒浸葡萄，涵出其色味，如桑子葡萄酒系以桑子浸于葡萄酒者也。然此等酒，仅可称为混成葡萄酒之一种，非由葡萄原料所酿成者。吾国北方一带，多产葡萄，近据日本人调查，满洲产葡萄亦颇者［著］，倘能精其种植、广其用途，参考西法，制糖酿酒，不但可供吾国人之饮用，且亦可为出口之大宗也。愿吾国人之提倡农业者，有以致意之。

（1928 年 9 月 17 日，第 23、24 版）

我有旨酒

国货英雄牌白兰地葡萄酒，装潢雅致，物美价廉，宴客馈赠，堂皇大方。白兰地有提神、补精血、舒筋活络之功，葡萄酒有补血、润肺、养颜之效，产妇饮之尤宜，诚无上之佳品也！先施公司、永安、新丽华各大公司、食物酒店及各埠均有分售。

总发行所及第二工厂在上海唐山路四十四号；电话：东九七五。第一工厂在无锡工运桥西首。

中国昆仑酿酒公司谨启。

（1928 年 10 月 14 日，第 13 版）

义成公司双鸟头牌啤酒到沪

本埠义成公司经理烟台酿酒公司各种出品，极著声誉。新近运到大批啤酒，此项啤酒系用南山清泉水，由德国著名酿酒所监制，经上海化验室证明为上等饮料，质味清醇，允称上品。现外埠批发者已纷至沓来，又该公司经理之金□双狮牌三十五年陈白兰地因销路畅旺，已去电赶运大批来沪，以应急需云。

（1929 年 4 月 11 日，第 16 版）

我国又平添一漏卮　日制啤酒瓶初次输华

〔横滨讯〕日本玻璃酒瓶制造业界，曾屡经上海各制啤酒厂探询，欲定办大批酒瓶，因价值及运费问题不协，迄无成议。最近横滨大日本酿酒会社接受上海某厂之定单，承办啤酒玻瓶一百万只，不久即将运沪，此为日制啤酒瓶输入中国之第一次云。

（1930 年 2 月 10 日，第 9 版）

各埠洋酒号注意　无敌牌啤酒白兰地

本牌啤酒，与众不同，气足味美，与香槟酒无异，功能健胃、消食、解烦热、润大肠、去积滞，日常饮此，可免疾病，不独于夏令为宜也。上海康成、烟台义聚永、威海卫义聚长、汉口本分社、芜湖陈宇友、宁波万祥均有批发，请向接洽可也。此外如白兰地、惠司克、口利沙、巴德温、可可他儿、贝柏门、罗姆、葡萄酒、葡萄汁、果子露等，应有尽有，如荷推销，请函致上海国货路家庭工业社总厂或上海南阳桥无敌牌发行所。

（1930 年 4 月 15 日，第 17 版）

商场消息·烟台啤酒、益利汽水赠饮三天 *

烟台啤酒系用名泉酿制，质味厚美。益利汽水，系用蒸溜水制，清洁卫生。闻此两公司自今日起，在新世界北部赠饮三天，游客凭券可以尽量畅饮烟台啤酒、益利汽水，不加限制，洵开国货界，赠送之新纪录云云。

（1930 年 5 月 16 日，第 21 版）

烟台啤酒再度牺牲

烟台啤酒因改进成功，曾假新世界公请尝试三天，来宾到者十万余人，其质量是否远胜外货，只须向饮过者一问，便能证实。今年定价非但不涨，且为酬报爱国士女，提倡盛意起见，特加赠券，限期紧促，尚祈从速购饮，弗失机会为幸。

赠品摘要：凡一次购烟台啤酒满洋壹元者，无论大小瓶一概赠券一纸（零数不计），每箱廿张，每券列有号码，照万国储蓄会民国十九年七月份开奖为标准，计特奖一个，赠足值大洋伍百元之钻戒一只；头奖四十九个，每个赠大号烟台啤酒一大箱。一经得奖，在三个月内随时均可向敝公司领取赠品。

定价：大瓶每箱四十八瓶，十二元五角；小瓶每箱七十二瓶，十三元。

外埠批发，特别克己，赠券照送。各大洋酒店及菜馆，均有经售并代赠券，成箱购买无论远近，代为送到，不取车资。

总经理：上海义成公司，同孚路一一九八九号；电话：三一四四三。

（1930 年 5 月 29 日，第 14 版）

杏仁烧新年畅销

本埠华德路华盛路口颐和园酱酒制造厂出品之双喜牌杏仁烧（又名杏仁白兰地），色洁味醇，功能开胃生津，御寒补血，行销以来颇受国人爱戴，销量之大，殊足惊人。际兹政府厉行国历，国人在此欢欣鼓舞之际，以双喜杏仁烧馈赠亲友，不特使受者欢悦，且暗寓表示双喜，提倡国货之至意，故日来向该厂及永安、先施、冠生园、神州酒吧间等处购买者甚多。

（1931 年 1 月 1 日，第 20 版）

狄康酿酒公司发行所成立

上海狄康酿酒公司为完全华商所创办，设立以来，已届年余，资本雄厚。其酿酒原料，皆广搜国内各地名产，并聘请专门技师虔心制造，所出九九牌百麟地酒及晓日牌参麦兰酒，均经化验证明，确有开胃、健脾、卫生、养性之效，行销各地，允为国产中唯一之良酒，足与舶来品比美，而售价仅及三分之一。现为推广营业起见，特设发行所于湖北路迎春坊三百零七号，并为优待顾客，不论零趸批发，均照廉价发售，以广宣传。

（1931 年 5 月 6 日，第 16 版）

老牌国货三光啤酒

本厂出品三光啤酒价廉物美，久为各界人士所赞许。近因销路日广，供不敷求，特由外洋新添良机，敦聘技师改进以来，其质味之佳与前迥不相同，务希爱用国货诸君尽尝饮之。

上海总经理：虹口三角小菜场对面瑞昌号。分销处：南京路福和公号、三洋泾桥福兴号。烟台醴泉啤酒厂谨启。

（1931 年 5 月 10 日，第 5 版）

全国各界乐饮烟台啤酒之原理

——读之使君有益

（一）因深知烟台啤酒确系用泉水精制，清醇芳冽，无美不备，裨益卫生至深且巨，饮之不独可以癖〔辟〕疫解暑，亦足以使精神兴奋，随时常饮，尤有助长体力之功。

（二）提倡国货、挽回利权为国民应尽之职责，凡稍明事理者，必不甘落人后，自统一告成，全国同胞益能革除积习，耻用外货。

（三）外国啤酒近以金贵银贱之关系，定价一涨再涨，去年与烟台啤酒售价相仿之舶来品，至今每箱已高涨四五元，国人已非昔日之可欺，均知购饮价廉物美之烟台啤酒，以替代之。

（四）购酒自己携取最感不便，烟台啤酒成箱购买，只须电话通知经售家或总公司。凡属本埠，无论远近，概可立刻派人代为送到，不取车力，买外国啤酒，决无如此便利，否则非另加车资，即有其他麻烦手续。

上海定价：大瓶每箱四打装，大洋十三元五角；小瓶每箱六打装，大洋十四元整。全国各埠洋酒店均有出售，同孚路八十七及八十九号。总经理：上海义成公司。营业部电话：三一四四三。

（1931 年 5 月 15 日，第 14 版）

杏仁烧荣誉日增

——甬展览会派员采办

本埠华德路华盛路口颐和园酱酒制造厂出品之双囍牌杏仁烧（又名杏仁白兰地），质量醇厚，无火酒、木醇等毒质，为社会人士所欢饮，先后运往各地展览会，得有奖牌颇夥。上月杭州展览会闭幕，该酒成绩列于优等，会内销售之佳，无与伦比。最近宁波国货展览会定于月之五日开幕，特派专员来申，采办运宁展览。

（1931 年 6 月 3 日，第 16 版）

徐州纯元高粱畅销沪上

徐州系高粱之出产地，每值青纱帐起，绿禾招展，赤穗摇曳，宵小多藉以潜踪隐迹，丰盛可知。徐人取而酿为高粱烧酒，质厚味醇，力强性猛，饮之则清冽可口，为徐地之著名产物。自古以来，早已名甲全国，近年镇、苏、锡、宁各地，皆有分销，惟沪上则尚缺如也。同聚酒号为徐地之唯一大酒厂，支店遍于各处，兹特于华洋萃会之上海，添设第三造酒厂于法租界新永安街七十九号，以事推广。已于本月十七日先行交易，门庭如市，沪人之欢迎可知矣。其质浓厚，既不似劣货之渗［掺］加淡水，又不似贪利者之冲杂火酒，有损身心，预卜将来高粱烧酒，必能大销于沪上也。

（1931 年 6 月 21 日，第 14 版）

中央研究院研究国产酒曲新发明

前由中央研究院派入川省考察桐油，而发现古代火山遗迹之曾义博士，因鉴于我国酒类进口，年逾六百余万两，而以东洋来者居半数，且国内土法所制，亦年值数千万两，但沿用古法产额太低，未能与洋酒、酒精竞争，而国内酒商，现购外洋火酒以充合饮酒，尤属有害卫生，所以有研究改进之必要，故返中央研究院化学研究所研究国产酒曲。新近在我国北方所产之酒曲中，提出多种发酵微菌。其中一种之制酒能力，现已试验成功，此后我国制酒旧法，可以因此试验之成功而根本的科学化。此后我国制酒之酒曲，可以完全省去，代以少量之"蔡菌"（此菌曾博士称之为蔡菌，所以纪念该院提倡科学研究最力之蔡孑民院长）。但其酒量之产额，较我国糟坊所得最高，酒量尚增加四分之一。闻此"蔡菌"之制法，极为便当。从前我国酒曲之制成，有许多迷信禁忌，并需时一月。现据曾博士之新法，只需三天，所用原料，米、麦粉均可，所用器具，可用人工孵卵器，或低温定温器。曾博士现将此菌制于纸上，极似养蚕之蚕种纸，或密封于玻璃管中，亦便邮寄，准备将来开厂制造，以行销全世界云。又闻此"蔡菌"之制酒能力，实为空前国外所未有之纪录。前法国巴斯德学院喀耳麦堤氏在安南酒曲中所提出之微菌，其最高制酒力，不过百分之三点五，而曾博士之纯粹"蔡菌"，能制酒精百分之二十以上，相差不啻天壤，亦国际学术界之一新贡献也。又曾博士夫人胡泽学士，借该所地点同曾博士研究酒曲，亦发现一种黄色微菌，其制酒力稍逊于"蔡菌"。但酒味颇好，国内前无此菌名称，拟即名为"杨菌"，以纪念我国提倡科学研究最力之杨杏佛先生。闻日本清酒与我国绍兴所用之曲菌，即与"杨菌"同族云。

（1932 年 5 月 25 日，第 12 版）

永和绍酒到沪

绍兴永和酒坊，开设至今，已历百五十年，所制佳酿，风行全浙，颇著声誉。该坊最近以洋酒增价，销路阻滞，国产绍酒，颇有发展之趋势，爱特扩大营业范围，出其历年积陈绍酒，向沪埠推销。本埠南京路冠生园，因试验该酒，成绩颇佳，特于前日陈列门市部销售，每瓶二斤，售四角八分，购者甚为踊跃。

（1932 年 6 月 18 日，第 16 版）

科学·火酒

履霜

火酒是一价醇中最普通的甲醇和乙醇的普通名字。在工业上、日用上和医学上的用途很广，所以现在把他的制法、性质等讨论讨论。

（一）甲醇 CH_3OH，又名本醇，因木品大都把木头在真空中加高热而蒸溜出来的，蒸溜物中尚有醋酸和柏油等，柏油可于重蒸时除去，醋酸可用石灰中和之，使成不溶性之醋酸钙，剩下的就是百分之八到九的甲醇和水，再用分别蒸溜法把水除去，可得较浓的甲醇。

最近德人用水蒸气和已在真空中加热之煤，使成轻［氢］气和一氧化碳 $H_2O + C - H_2 + CO$；再以此二种气体用一种媒介剂并加温至三四百度而成甲醇 $CO + 2H_2 - CH_3OH$。这方法所得的甲醇，代价便宜，可惜尚守秘密，我们还不能现成应用，还须自己去努力！甲醇毒性甚大，饮之有性命之危，故只能用于工业和其他非入口的制造。

（二）乙醇 C_2H_3CH，又名米酒，普通的饮料酒中有百分之五十至二十的含量，毒性不及甲醇。最便宜的制法，就是把淀粉发酵，使成糖，再经发酵而成乙醇，我们家庭中做酒酿就是这方法。乙醇可饮，用途较广，因之在禁酒的国家里，为限制饮酒起见，规定乙醇中须有甲醇混入，可免税出售，否则须科以重税，所以在市上出售的乙醇中，都有十分之一的甲醇，欲得纯乙醇，代价很贵的。

有的药房往往把已搀入甲醇的乙醇，当纯乙醇出售，购者不察，受害非浅。欲知甲醇有否存在，可用一试管倒入半管酒，再沿管壁倒入浓硫酸，约酒量之三分之一，如是则硫酸沉于管底，再轻轻加入数点三氧化铁液；如有甲醇，在酒和硫酸二层之间，必有一紫色圈，很是明显。

现在且来谈谈火酒的用途：火酒在工业上用为做各种物品的原料，并用为水不溶性物质的溶剂。各种香料，都用火酒以提炼。医学上用途很广的碘酒，就是碘的酒溶液，还有各种酊剂（Tincture），都是药物在乙醇中的浸出物。火酒的价值比汽油贵，所以还不能作普通燃料，只可在家庭中应用。

我们中国用火酒的一天多一天，除少数饮料酒外，大都取给于外国，很可惜的事。酒精的制法并不十分难，希望大资本家竭力倡制。

（1932 年 7 月 12 日，第 17 版）

真正国货·北平五星啤酒

本厂创设迄今，具数十载悠久之历史，实开吾国啤酒业之先河。本厂系完全华资创办，采用中国大麦，聘任国人技师。以我国四大名泉之一（北平玉泉）水，精制此国产五星啤酒。历销全国各大埠外，并遍及小吕宋、菲律滨［宾］等群屿，不第此也。且每夏青岛、烟台二处，避暑之外舰，畅销尤盛，足证敝酒倍受中外人士之欢迎，可见一斑。但敝厂决不以此自毫［豪］，而更当励精图进，以供社会人士之口福焉。

北平双合盛五星啤酒厂谨启。

厂址：北平广安车站。

（1932 年 8 月 29 日，第 17 版）

请用国货无敌牌的善酿酒

前年西湖博览会时，试销本品，瞬即告罄，无以供应。爰嘱绍兴分社托沈永和酒行，选用远年花雕，复装成酒，窖藏至今，已足三年。现用抽空机装瓶，无论冬夏，永久不变，香味醇厚，一杯足抵三杯，迥非普通市品可比，每瓶容量，足□四两，定价大洋七角，廉售五角。外埠装箱每□四瓶，另加装箱费一元二角，川税客理，本埠还瓶，每打还洋六角。上海南阳桥及蓬莱市场无敌牌发行所均有出售。凡喜饮陈酒者，宜乘早购藏。一经售罄，只有本牌绍兴酒可以常川供应，因善酿酒非经藏足三年，决不装瓶出售也。

（1932 年 11 月 27 日，第 17 版）

固体火酒的制法

顾屐霜

火酒在平温中为液体，且易挥发，至摄氏零度下一百三十度始为固体。这个温度，非在特别装置下不能达到的，即能做成固体，亦不能持久，所以平常要做固体火酒是不可能的事。

科学发达，往往能在死路中开出活路来。这用途很广（下详）的固体火酒，既不能在常温中得到，化学家便利用胶质化学的原理，另开途径的制造出来，供之大众，读者很愿意知他的制法吧。

利用胶质化学以制火酒的方法很多，今将最有成效而简便的二种方法分述之。

第一法

预备：百分之九十五火酒 85cc 盛一杯中，醋酸钙之饱和溶液 15cc 盛另一杯中，此醋酸钙饱和溶液，即将醋酸钙加入温水中溶化，至不能再溶为度。

制法：另取一较大之杯，二手各执一上述盛溶液之杯，同时将内容物倒入大杯内，如倒时二手速度平均，即成胶状之固体火酒。用时只将火点上，即能燃烧，盛固体火酒之器，用旧香烟罐亦好，惟不用时须盖紧。

上法所得产品，燃烧后有渣滓，第二法所得者则甚少。

第二法

预备：百分之九十火酒一千份放入玻璃器中，干肥皂碎粒三十份，树胶二份。

制法：将上盛火酒之器，放在沸水上，杯内物温度至摄氏六十三度为止，不可再高，乃将肥皂碎粒及树胶放入，调和使肥皂完全溶化，倾入香烟罐中，冷后即成固体火酒。

上述二法，制法均甚便利，作者已亲自做过，确知其效甚佳。严冬天气，火酒的用途甚大，因火酒倾覆而闹祸的也不少，若用了固体火酒，便可免一切危险，而火力与液体火酒一样，且携带便利，旅行家很常用之。

（1932 年 12 月 6 日，第 17 版）

酒酿

亦然

谁都知道酒酿底滋味是甜的，但有些人以为在做的时候，加了糖的缘故，才有甜的滋味。其实在做酒酿的时候，并没有加什么糖在内，那么为什（么）有甜味呢？虽然，有的自己会做，然而也不知道为什么会甜的。原来酒酿在化学上讲起来，这甜的滋味是一种化变的结果。现在把它的做法和化学上的公式写在下面。

做酒酿的方法很是简单，并且所费也是极少，大概像市上所出售的一钵头，只要一饭碗糯米和少许的酒母（俗名酒药，是一种发酵粉 Baking Powde，中国药材店出卖）二样东西，预备好以后，先把米煮熟，但是不可太硬或太烂。于是把酒母放入，和米捣和，盛在钵头内，用棉花或被絮窝着。冷的天气，等两日两夜就成功，热的天气，只要一日一夜就够了。这时的酒酿，味道甜而可口。化学上的公式如下：

$$C_6H_{10}O_5 + H_2O - C_6H_{12}O_6$$

$C_6H_{10}O_5$ 是淀粉的公式，H_2O 是水的公式，淀粉是包含在米内。但是，单单米和水是不会起化变的，所以要用酒母做触媒，使它们起化变而成葡萄糖（$C_6H_{12}O_6$），所以这时的酒酿味道是甜的。

但是，有时我们吃这酒酿，觉得味道很酸，这是因为日子过得太多的缘故。葡萄粉又起化变了，公式如下：

$$C_6H_{12}O_6 - 2C_2H_5OH + 2CO_2$$
$$C_2H_5OH + O_2 - CH_3COOH + H_2O$$

葡萄糖化成火酒（C_2H_5OH）和碳氧气（CO_2），因为碳氧气是气体，所以时有泡在嗤嗤地跑出来。火酒再吸收空中的氧气，便成了醋酸（CH_3COOH）和水（H_2O），所以吃起来就觉得淡而酸了。

（1933 年 2 月 21 日，第 17 版）

高粱制造酒精，实部试验成绩甚优

〔南京〕实部工业试验所试验高粱制造酒精，成绩甚优，每担高粱可

出酒精三十磅，其成本之低，较舶来品约减十分之四。（四日中央社电）

（1933 年 3 月 5 日，第 8 版）

葡萄制酒法

清瘿

葡萄，为天然唯一之发酵物，特今吾国人知之者鲜，视为一种果品，随口啖之而已，不足为贵也。然诵"葡萄美酒夜光杯"句，知唐人已重视之。而"酿之成美酒，令人饮不足，为君持一斗，往取凉州牧"，葡萄之可以制酒，其价值更可想见。惜其法不传，为前人之一大憾事，固无庸深讳耳。

今考制酒之原料，吾国以米制者为多，而外国以果制者为独盛，而以果论，则尤以葡萄为最良之物。盖葡萄发酵易，而嗜之者众，西人呼酒曰"Wine"，实即指此也。葡萄，含有机酸类与其糖质，较之其它果实不同，一至成熟时期，即可采集以备制酒之用。法先置于竹器之笼内，尽力渐次搅之，俾其皮肉均入预备之木桶中，唯残留之茎，则屏去之，勿使混入。因茎之质地，富有别种原素，恐减却酒之成分也。既置桶，然后再用重量之木槌，捣烂成浆，至皮与核，骤视之，几不能分，乃止，须俟静止数小时，见上层已经滤清，方再入另一桶中，此桶之底固有细孔，将其澄清之液体，滤下以后，始倾于发酵器内，而剩留之皮核，皆可弃去矣。

其液体既入发酵器，如嫌其质未见明净，可加以蛋白质或鱼胶质，渐和其间，则上层之渣滓，必浮在表面，用器掠去之亦较便，而全体乃莹彻如镜矣。置后，唯须保持其适当之温度，大约在十度至十五度，过或不及，悉非所宜，故其地位，非可随便，而当有试验之必要。若每年常制之处，则其室内，已有扩散之酵素，浮游不绝，故时能使器中之液体促起发酵之作用，而酒之成功，乃益加其速度。否则，若温度十度以下，其性因冷，而一种酿母，即不易发生，非特终止其变化，而且失其作用，此不可不注意者也。

冷热适宜，两三日内，现象已可呈露，盖其液体，因酸化作用，其面渐有极细之泡沫。若谛视之，十分显著。试以舌舔之，则知其已发碳氧气至丰，而所含有之甜质，至此亦大变，已非固有之本性，而为纯粹之酒味已。然斯时，当不可即以为饮料之用，以其器底之最下层所留之沉淀，大半酿母之遗物。苟不别贮他器，则不久而其性又变，甚至不能入口，所以自始至成酒，约七日已足，成后，再七日，便须另藏，而密拴其口，弗使之泄气，并以绝外缘为要。经过二三月，供诸市肆，足称美酒，即嗜饮之流，所夸赞之"巴得温"，即是物耳。如再蒸溜之，则其味尤佳，而号曰"白兰地"，为酒中最醇者，而其价亦昂贵，无与伦比焉。

当此旱荒，粒食维艰之际，吾谓与其以答置酒，不如以果置酒。盖向例值灾歉，在上者往往有"禁锅"之议，今则无人提及矣。然每年之粮食，因酿酒而耗去者，实奚止二十分之三。民食屡形恐慌，而掷诸曲蘗，则视之不甚可惜，亦复何说。且栽种葡萄，法亦不难，气候与地质，舍寒热两带外，靡不适宜。吾国葡萄，向有"紫色"及"水晶"两种，而紫色者，最宜制酒之用。其移种栽苗，于冬时，将其枝插于干松之地面，复以某旁枝压于土中，施以肥料，除其莠草，则来春即能发育，而浓荫满苑，果实下垂累累矣。今人但识葡萄可生食，或晒制，以为卖品，而不知制酒，其法非难，而获利乃愈宏也。

（1934 年 11 月 5 日，第 13 版）

陶乐牌啤酒问世

中国陶乐啤酒公司，为李兆蕃君主办，设发行所于汉口路一百十五号。该公司之陶乐牌啤酒，味醇清凉，酒质浓厚，其成分比例，该酒一瓶足比别牌一瓶又半，且定价又比任何别牌啤酒为低廉，故虽初次问世，而营业极旺。本埠爱吸人士，或有意经售者，可致电话一三八二三，当有满美答复。

（1935 年 7 月 24 日，第 12 版）

绍兴老酒

翼荪

从洋酒的大量输入，不禁使我们记起绍兴老酒。现在把我所知道的，写在下面。

绍酒之所以醇美，可以说完全是由于水的关系。绍兴酒作坊所用以酿酒的水，差不多都取之于鉴湖，这水含盐、磷酸、铁等成分极少，其硬性只有二·四左右，极适合于酿造酒类。

酿酒的原料，自糯米、麦曲和酒药。糯米大都购自无锡、丹阳一带。酒药分二种：一种是白药，来自宁波；一种是黑药，来自富阳。麦曲则极少来自外县，多用本地制造者。

酿酒的方法，也有二种：一种是摊饭，一种是淋饭。因为用摊饭方法酿成的酒，比较得耐久一点，所以多采用这一种。

酒家多在近鉴湖一带，尤集中于阮社及西郭附邻，总数约有一千八百余家，其中最著名者，当推沈永和、章东明及王友梅等。沈永和发明以酒代水，酿成善酿酒，味颇甜美。

绍酒之销于本地者，曰本庄；销于外埠者，曰路庄。路庄酒多从宁波、杭州及上海一带，转运至珠江、长江、黄河流域；间有运销外洋，如南洋群岛及印度等地，亦不在少数。

有二三千年的历史，年产十万八千余缸的产额，绍酒的范围也不能算是小了；但终于抵制不住外酒的□入，其最大原因，在对酿造者之墨守旧规，不加改进，二千年前的酿造方法，与目前所应用，实无十分差别，深愿绍酒业同人，留意及之。同时，更希望政府能减轻税额，使其得与洋酒自由竞争，以挽回金钱之外溢。

（1935 年 8 月 1 日，第 20 版）

张裕"可雅"酒之大进展

烟台张裕葡萄酿酒有限公司，创办以来，凡四十四年，自种葡萄数亩，用最新科学方法，仿制洋酒，行销国内，历有年所。近有"可雅"一酒（即俗称白兰地）味醇可口，虽与最著名之舶来品同时饮用，不能辨别优劣，且定价低廉，不及舶来品之半。兹闻该公司为推销于国外及外人社会起见，特委烟台德商德茂洋行为总经理，而上海分销处，则由河南路五零五号大卫洋行管理推销事宜。凡我同胞，喜饮外国白兰地者，或以此酒为补品者，请速改用国产名酒，以资提倡，并勿□□可雅之名称云。

（1935 年 9 月 14 日，第 15 版）

仿制洋酒之先锋

我国制酒多以米、麦、糯等谷类，而洋酒除用谷类外，多用葡萄。在我国以葡萄仿制洋酒之先锋，则为烟台张裕葡萄酿酒有限公司之创办人张培士，然其动机则远在逊清光绪十七年（即一八九一年），当张氏在荷兰时，宴于法国领事馆，初次饮葡萄所制之酒，觉其味甘芳可口，顾而乐之，遂立意在华仿制。后归国，以烟台气候、地土宜于葡萄，乃以三百万元巨款，购地数千亩，由欧洲著名产酒之区，运得葡萄多种，聘有澳洲制酒专家监督试种，而采其最适合烟台地土、气候之种，加工培植焉。

该公司除有广大葡萄场外，鉴于外国科学之进步，故在烟台设有伟大化验室，从事研究改良种植与出品，由此可见创办者之缔造，固非易易也。其次为贮藏问题，因酒味之醇厚芬芳，越久越佳，故该公司以巨款建有极大之地窖，其面积与法国之最大酒厂相伯仲，窖内满列木桶，桶之大者能容酒一万六千公升，贮藏相当时期后，方始出售。该公司尚未以为足，力求进展，设有伟大蒸酒厂，出品精益求精，有"可雅"酒者（俗称白兰地），其色香味皆与舶来品相埒，并有华茂孚、红酒等类，亦足与外货相颉颃，又闻该公司行将发售葡萄汁云。

以上种种仿制洋酒，不独质佳味美，且定价尤廉，不及舶来品之半，尤合现代生活，该公司为向外发展推广营业计，经已委任烟台德茂洋行，为总经销处，上海则由河南路五〇五号大卫洋行管理分销事宜，此为国产酒向外发展之先声。查民国二十三年入口报告，洋酒一类已达三百余万元之巨，故我国人士有嗜白兰地者，请即改饮张裕"可雅"酒，是亦防塞漏卮，提倡国货之一道也。

（1935 年 9 月 19 日，第 15 版）

鲜花制酒法

心青

　　家庭自制的酒，大半都是把鲜花浸的。每年春季玫瑰花争放，夏季茉莉花齐开，到了秋季，桂花怒发，浓郁的芳香，氤氲在空气中，扑人鼻观。那些女太太们，就得买了上好的元粱，向卖花人买了玫瑰茉莉花朵和桂花等，加上冰糖，浸在不透气的瓶中，一到秋高蟹肥的时节，就可一一取出来，浅斟低酌，持螯赏菊了。记得前读《泪珠缘》小说，隙见内中所记的制酒法，很有见地。据说共有三种做法，有的取色，有的取香，有的取味。只有取味的果子酒，是浸的；此外取香、取色的，做法又自不同。取香的，却用珠盘纱做成一个袋子，盛了花片，凌空挂在大瓶子里，里面的酒，不过半瓶，闷紧了，不使它出气，过上一天，再把花片儿换了新的，换到七八回，花儿也开完了，酒也成功了。像这样的酒，一个花时，不过做得半瓶，因为花片儿不浸下去，酒的颜色自然不变，而且香得很，比浸着的还要好些。那取色的酒，也是这样做法，先把香气吸足了，然后弄些花瓣儿来，捣成了汁，一滴一滴的加上去，颜色浓淡，随便自己的意思，再不会变做紫黯黯的，若是把花片浸了下去，那颜色便发闷了。至于把白荷花制酒，要在清早时，采那将开未开的一种蕊儿，用铜丝穿着蒂儿，倒挂在瓶盖下面，也是一天一换，只消每天挂一个蕊儿，一个月下来，那香味便吸透了。茉莉花和晚香玉，也是要用蕊儿挂在瓶子里面，它自然而然的会开放了。这种制酒法，自是阅历有得之谈，好在如法泡制，也很容易；一般女太太们，大可试一下子。制成之后，在水晶帘下和良人洗□对酌，细细地品起来，比了舶来品中的酸香槟、苦啤酒，可口得多了。

（1938 年 11 月 3 日，第 15 版）

南京路·中国国货公司

　　烟酒部绿豆烧酒、虎骨木瓜酒、顺气橘红酒、五茄皮酒、白玫瑰酒，均售每瓶五角。

（1939 年 11 月 26 日，第 5 版）

上海啤酒公司、怡和啤酒公司为加价启事

自二月十四日起，本公司等出品上海啤酒及怡和啤酒，每箱加价十一元，桶头啤酒每公升加价一角五分。空瓶退还，如无损坏者，大瓶每双自七分加至一角五分，小瓶每双自五分加至一角。特此公告。

（1940 年 2 月 14 日，第 1 版）

催出上海啤酒定货

查敝处前所发出之定酒栈单已逾限期，延至目今，仍有少数尚未出清。兹特限定该项栈单持有人务于十五天内，前来如数出清。否则逾限后，持栈单前来出货者，准即取消，概照原付酒款金额退回，以符定章，幸勿自误。特此郑重声明。

（1940 年 7 月 1 日，第 6 版）

上海啤酒、怡和啤酒加价启事

兹由十二月廿八日起，上海啤酒及怡和啤酒加价如下：

大瓶每四打，国币十一元；小瓶每六打，国币十一元；散装每公斤，国币四角五分。

同时空瓶空格子照下列各价收回：大瓶每只三角五分；大格子（装大瓶两打）每只四元；小瓶每只二角三分；小格子（装小瓶两打）每只三元。

上海啤酒公司、怡和啤酒公司同启。

（1940 年 12 月 29 日，第 2 版）

张裕葡萄酒·白兰地酒的原料问题（上）

米？葡萄？

855

百物腾涨，米贵如珠，此时此地，若再以米酿酒，妨碍民食，问心何安！一般酒类，均系用谷米酿制，当此非常时期，政府应为禁例！（见十二日《申报》电讯）

（1941 年 5 月 18 日，第 3 版）

张裕葡萄酒·白兰地酒的原料问题（下）

米？葡萄？

张裕公司拓地数千亩，自植名贵葡萄。各种美酒，滴滴用葡萄酿制，含维他命特富，有益人体。实为政府粮食节约运动（禁止谷米制酒）之先驱者。

（1941 年 5 月 23 日，第 3 版）

秋节送礼佳品·张裕美酒

烟台张裕酿酒公司所制各种葡萄酒白兰地，质量超特。五十年来驰誉中外，为国产第一佳酿，高尚人士、宴客送礼，到处欢迎。现届中秋，各界采为礼物，公认为最高贵而实惠之珍品，莫过于此云。

（1941 年 10 月 1 日，第 10 版）

啤酒缺货现象即可消除　黄啤酒赶制中

据同盟社讯，上海之啤酒供给迩来颇见缺乏，尤其是七八月份，天时炎热，啤酒消耗量最高时，缺乏达于极点，此种现象可望于九月初消除。盖闻五海最大而设备最佳之友啤啤酒厂（今由日本啤酒公司管理），刻正准备复以大量黄啤应市，供一般之消耗也。据怡和啤酒厂人员声称，迩来该厂仅制造供特殊消耗之啤酒，而用以应市供公众消耗者，仅小量黑啤而无黄啤，此乃近来啤酒奇缺之故也。

（1942 年 8 月 21 日，第 4 版）

贵州茅台酒廉价出售

本酒自曩年运赴美国巴拿马赛会后，早已遐迩驰名，饮之气味香醇，口不渴，头不疼，有益卫生，诚国产名酒之冠军也。兹特专运来沪，以供同好，到货不多，购请从速批发，零售格外克己。

地址：金陵路金门路二号五楼四号。电话：八一四一九。

(1946 年 10 月 12 日，第 6 版)

茅台酒将到

〔贵阳讯〕贵州仁怀属茅台村所出产之茅台酒，其酒味之醇香，名闻遐迩，其中牌号最老是成义、恒兴、荣和三家，年产数十万斤，刻正向广州、京沪一带推销。

(1946 年 11 月 28 日，第 7 版)

怡和啤酒

怡和啤酒，质量高超，素为全国各界人士所赞许。惟以季节将临，大量供应，势将限制，贵客户目前如需购办每日新鲜装瓶之怡和啤酒，在合理数量范围内，仍照每格十二万元（每格大瓶二打，酒税在内），酌情供应。按照以往惯例，深信分配必能相当公允也。空瓶空格仍照旧例，请由客户自备。

怡和啤酒有限公司谨启。

上海北京东路五十七号。电话：一一五五五。

(1947 年 4 月 14 日，第 1 版)

青岛啤酒

青岛啤酒厂为齐鲁企业公司投资经营十大企业之一，该厂于民国纪元前八年由英德两国商人合资创设，所出青岛啤酒质量极佳，沿海各埠行销甚盛，上海之有啤酒，以青岛啤酒为鼻祖。民国五年，改由日人经营，产量与年俱增，遍销南洋各地，所至有声。前年日本投降后，该厂由经济部接管，本年夏季移归齐鲁企业公司投资接办，擘划经营，规模雄伟。按青岛地处滨海，景物秀丽，有东方瑞士之誉，而青岛啤酒得天独厚，不特沿用德国技术精益求精，复取崂山泉水为酿造原料，清芬醇厚，品质超特，且含大量维生素乙，故能健胃提神，滋补身心，远非他种啤酒所能望其项背。兹当青岛啤酒胜利后，首次在沪发行，用缀数语郑重介绍，愿我海上人士一致爱用，是所厚幸。

青岛啤酒，崂山泉水酿造，滴滴清芬，酒味醇厚，营养丰富，滋补身心，原系德国啤酒，远东首创，享誉独早，国人经营，精益求精。

齐鲁企业股份有限公司青岛啤酒厂出品。上海营业所：南京西路20号。电话：92123。

（1947 年 8 月 16 日，第 1 版）

绍兴酒与淡水鱼

本报杭州特派员储裕生

提起"绍兴酒"真是鼎鼎大名，记得在战时西南大后方，很多外国朋友在痛饮茅台酒的时候，曾经对我说："将来到你们浙江去，咱们喝绍兴酒。"一种向往的神情溢于言表。真的，绍兴酒没有白兰地、威斯忌的苦味，没有茅台酒那样的凶猛，更不是啤酒，那样饮了多久不会有什么反应。它的香味很和平，饮起来有些甜味，颜色比葡萄酒淡些，小饮几杯，熏熏然恰到好处。记者曾在八月二十五日《萧绍行脚》一文里曾经约略介绍，但这绍兴酒的身世实在有详细一述的必要。

瓶山佳话

春秋的时候，越王勾践生聚教训，越国曾有一种佳酿，贡献给吴国，伍子胥三军曾痛饮这种佳酿于嘉兴、嘉善一带，饮后将空坛堆积成山，现尚遗名"瓶山"于禾善两地，千古传为佳话，所以绍酒的历史，也该将近二千多年了。后来绍兴酒渐渐地为人所欣赏，行销于江、浙、闽、赣、皖一带，及至北平都城，朝贡皇帝，绍兴老酒名声益大。在绍兴的每一个乡镇间，几都有零星农户自己酿酒，最大宗酿酒的地方，要算是柯桥、东浦村头、张瓜沥一带。那里有大的酿坊，空坛子堆积得比屋子还高，一大缸一大缸的酒陈列着。据绍兴县商会的理事长陈笛荪告诉我："在全盛时代，绍兴全县的酿酒者争先恐后的制酿着，大概有三十余万缸之多。八年前，每一大户也要酿六七千缸。"每缸可灌十坛酒，糯米一石八斗，可酿酒一缸，一坛酒，大概多为五十斤。酿造坊附带产一些烧酒，酒制成后，剩余的酒糟都可以售之于市，足抵人工和柴火的开支。

成名主因

酿酒的原料，主要者为糯米，这种糯米不是本地出产的，而来自江苏的丹阳、金坛、溧阳和本省的嘉兴。而绍兴鉴湖的水质淳厚，尤为绍酒成名的主因。绍酒中名重一时的有所谓状元红、加饭、竹叶青、善酿、花雕等，如果把原罐埋在地下十年以上，则酒的色、香、味更好。江南很多人家在战前都把绍酒埋贮在地下，若干年后，逢到大事宴客时，就取出开□敬奉嘉宾了。在绍兴，另有很多大户人家，在产了女孩以后，就做酒一二缸，封固缜密，埋藏在家人行走必经道路的泥土下，等女儿出嫁的时候，取出宴客，有人称这种酒为"女儿酒"。

坛空缸破

抗战时期，绍兴酒的外销停滞，日本人和伪组织套取酿绍酒的方法，在哈尔滨设厂，大量倾销于华北、东北与南洋各地。在大后方西北、西南各地，则有自绍兴逃出来的酿酒工人，也打起绍兴老酒的旗号，在当地酿绍酒，以享［飨］渴念和仰慕绍酒的宾客了。抗战胜利后，日伪在绍兴遗留在绍酒方面的残迹，是破缸空坛，零乱堆置。虽然经过很多人努力复兴，也不及战前的十分之一二。据货物税局绍兴分局的调查，去年仅酿一万九千数百缸。去年秋收以后，糯米仅卖五千元一石，则一缸酒米的成本仅需九千元，捐税是以成本征百分之八十计算的。而今年每缸的酒价，在三万元以上，这样算来，酿造者大可赚一笔，所以今年酿户特别多，甚至不惜借高利贷来酿酒的。但是今年的糯米价格，每石要在六七万元以上，再加上人工、柴火、捐税等，酒价一定要提得很高，许多好酒贪杯的人是不是有购买力，还是一个问题。

绍兴酒会

现在绍兴有很多人，计划把绍酒远涉重洋运往西半球，与外国酒争一争短长。但是绍兴不适包装，包装以后要沉淀，只有用土罐子泥巴盖了原坛外边，这又似乎太不时代，太不经济。如果把玻璃瓶子或其他包装的东西把空气抽出，内贮绍酒，则埋藏或储藏若干年后，他的质量不会变好，这又不能与白兰地等愈远年愈好的成绩抗衡了。

为今之计，我想国内各地应该一律用国货绍酒，再不要用外国来的酒，什么鸡尾酒会，还不如绍兴酒会的好，以使绍兴酒能够活跃在中国的市场上，使绍兴酒的酿造者资金灵活；然后再由政府或有资金者以科学的方法，设厂精研，再行销国外。

【下略】

(1946 年 12 月 17 日，第 9 版)

香槟酒的起源

毛毅

揭开香槟酒瓶，必然先是有"拍"的一声，这声响对嗜爱杯中物的人们直如最美妙的音乐，非独动听，并且令人馋涎欲滴。

第一个听到这兴奋的音乐的人是杜姆庇尔·皮利能，一个微贱的法国黑衣教的小教士。但是，自从他发现了香槟酒之后，他的名声却得以垂三百余年之久而未湮没。

那时，好大喜功、穷奢极侈的路易十四正高居法兰西的龙庭，而在香槟省理姆斯城的高山上则有一群虔诚但欢乐的黑衣教士在农田之间推行他们的敬神的任务。但是，他们的宗教的责任和他们的甘于贫穷的、神圣的誓言都不能阻止他们享受几杯区中所产的、没有甜味的淡葡萄酒的乐趣。

皮利能愉快的将农夫们所送给他的酒接受下来，把它们分门别类，加以处理，然后再在适当的时候装瓶。他手中拿着蜡烛，裹紧飘荡的外袍，走下郝维勒寺的大地窖。他尝尝这种酒，试试那种酒，一个下午就过去了。当他从石梯上来的时候，他的臂中总挟有几瓶佐餐的美酒。

据说，皮利能是一个有学问的人，他对葡萄树、葡萄和酒的知识是全村中无与伦比的，而且可能这种知识还超过他对经书的知识。但是，有天他造成了个严重的错误，不过，有了这个错误才产生了香槟酒。

在寺中的那些白垩的大地窖中，有几只酒桶专盛酿期未满的新酒，这些酒桶都被按照葡萄园、葡萄种和收获的时期刻上特别的标志。另有一些桶子则专盛成熟的陈酒。寻常，两者是分别放开的，皮利能每天下午惯例的来装瓶的全是汲取陈酒。但是，有一天，在一种不可思议的情形之下，这两种酒桶竟被放错了地方，陈酒与新酒混杂了起来。皮利能由于他的仓促，或者由于他的心不在焉，居然未曾警觉到酒桶上的标志——虽然他在装瓶之后忠实的将标志抄录下来贴在酒瓶上。这些瓶酒被放在地窖的另一个角落里，因为，皮利能是一个知道酒愈陈愈佳的人。

隔了好几月以后的一个下午，皮利能又下地窖来取酒了。他以为那些误灌的瓶酒应该够陈了，便将它们取了出来。

皮利能有一个习惯，每次畅饮之前必须先开启一瓶尝尝味道是否够佳。他随手的取了一瓶，又随意的将瓶塞拔掉，但是，拍然的一响，使他吓了一跳，"啊"，他自忖道："这真是太糟糕，酒坏了！"不过，为了确定酒是否真的坏了，他用鼻子向瓶口闻了闻，而那气息却是令人出奇的兴奋和醉人。他困惑的倾倒一点在酒杯中，惊愕的发现无数的金黄色的小泡泡在酒面上跳跃。他啜饮了一口，"天使下凡了！"他不禁欢呼起来，"她们在酒中留下了星星！"

这就是发现香槟酒的故事，假使你到香槟省去探询香槟酒的起源，那里的人们所告诉你的都是这同一的故事。

（1948 年 2 月 3 日，第 9 版）

红毛烧与绍兴黄

迎之

阴雨无俚，聚三五旧游局促小楼微醺尽欢，亦大佳事。惟酒价日昂，寒伧恐不能办，不如且读他人论酒文字。酒之类别至夥，粗别之可分为烧酒与绍酒二大类，清人论其优劣者，如徐承烈《听雨轩笔记》云："酒之种类，难以枚举，而惟烧酒为最烈，饮或过多，每致焚发腐肠，可畏也。予昔在广东，曾饮红毛烧，色如琥珀，入口甚醇，至腹则心胃间似为火烙，热不可忍，虽量巨者不敢尽一合。后客广西之武缘，其地向以善酿烧酒称，有单料、双熬、三熬、四熬等目。单料似吾乡之麦烧而较醇，双料则味兴猛矣，至三熬，竟不可以口。予尝试饮一杯，味香而辣，若火线自喉直通丹田者然，遍身壮热，酕醄半日而后醒。四熬之色微绿，余不敢尝，嗅其气亦足以醉矣。闻其不用米曲，纯是双料所蒸，是以香烈如此。"

又云："黄酒以重为佳，而烧酒惟轻为贵，每罐单料十斤，则双熬只重八斤余，四熬仅五六斤而已。予曾验之，无少舛错者。其价双熬倍单料，三熬则于单料三之，四熬又倍蓰于双熬，沽者总以单料之值为标准。人言单料中有霸王鞭（药名，其本非木非藤，每年仅长一节，如小儿之臂，色青绿，棱刺四出而无枝叶，破其皮则白脂迸流，人家圃间皆种之，以为□落，有长至七八尺者），耽此者常病疯于两足，双熬以上则无之，然亦不可得而知也。予在岭南，惟绍兴黄酒是好，而烧酒则不敢常饮。"

梁章钜《浪迹丛谈》记烧酒亦云："烧酒之名古无可考，始见白香山诗'烧酒初开琥珀光'，则系赤色，非如今之白酒也。元人谓之汗酒，李忠表称阿剌古酒，作诗云：'年深始得汗酒法，以一当十味且浓。'则真今之烧酒矣。今人谓之气酒，即汗酒也。今各地皆有烧酒，而以高粱所酿为最正，北方之柿酒、潞酒、汾酒，皆高粱所为，而水味不同，酒力亦因之各判。尝闻外番人言：'中国有一至宝，而人不知服。'即谓高粱烧酒也。并教人服食之法，须于每夜子亥之间，从朦胧睡梦中起服此酒一杯，以薄肴佐之，服讫仍复睡去，大有补益。"

章钜亦自云："以仕官劳碌之身，亥、子间未必都能就枕，且温酒进肴，起居服侍，亦难得此恰当之人。"乃适有先意承志之"山左属令"，授以夜半服食之法，不烦人力，恬适自如，"每当寒宵长夜，服此尤有风趣"，遂"自山左即如法行之，迄今将二十年"。又其《浪迹丛谈》、《归田琐记》诸书记药酒方颇多，谓屠苏亦药酒，想见此老浸沉食饵之老官僚作风，大是聩聩。然其亦能知绍兴，如《丛谈》云："今绍兴酒通行海内，可谓酒之正宗，而亦有横生訾议者，其于绍兴酒之至佳者实未曾到口也。世人每笑绍兴酒亦不过常酒，而贩运竟遍寰区，且远达及新疆绝域。平心而论……酒之通行，则实无他酒足以相抗，盖山阴会稽之间，水最宜酒，易地则不能为良，故他府皆有绍兴人如法制酿，而水既不同，味即远逊；即绍兴本地，佳酒亦不易得，惟所贩愈远则愈佳，盖非至佳者亦不能行远。余尝藩甘陇抚桂林，所得酒皆绝美，虽嘉峪关以外则愈佳；若中土近地，则非藏蓄数年者不堪入口。最佳者名女儿酒，相传富家养女，初弥月即开酿数坛，直至此女出门，即以此酒陪嫁，则至近亦十许年。其坛率以彩绘，名曰花雕。近作伪者多，竟有用花罐装凡酒以欺人者。凡辨酒之法，罐以轻为贵，盖酒愈陈则愈缩敛，甚有缩至半罐者，从罐底以锥敲之，真者其声清越，伪而败者其响必不扬。甚有以小锥刺罐，泻出好酒，而以水灌还之者，视其外依然花雕，而一文不值矣。凡蓄酒之法，必择平实之地，用木板衬之。若在浮地屡摇之，则逾月即坏。又忌居湿地，久则酒味易变。凡烹酒之法，必用热水温之。贮酒以银瓶为上，磁瓶次之，锡瓶为下。凡酒以初温为美，重温则味减；若急切供客，隔火温之，其味虽胜，而其性较热，于口体非宜。"其他关于酒之品评杂话，清人笔记如《阅微草堂》、《随园食单》、《归里清谭》、《兰芷零香录》等多有记述，亦不乏酒之史料也。

（1948 年 4 月 6 日，第 7 版）

茅台与威司格

陈诒先

贵州茅台酒闻名久矣，平生以不得一尝为恨。胜利后，茅台忽充斥于市，购一瓶饮之，并不见佳，不如四川之棉［绵］竹大曲远甚，以为徒有虚名。日前中秋节，有友人赠自昆明带来茅台一瓶，开塞倾酒入杯，先有一股酒香扑鼻，尝之微有苦味，少顷舌本回甘，则芳香馥郁，为他酒所不及。同时有北平友人送凉枣一包，枣深红色，两头微尖，不甚大而核极小，颗颗无虫，即以之过茅酒，酒既香冽，枣则有鲜、脆、甜三美，盖为北平之真郎家园枣也（郎家园在京西，以产枣著名）。《水浒》上吴用智取生辰冈，即以白酒加入蒙汗药，及鲜枣一大瓢，麻醉杨志一班人，劫得金珠数担，可见好酒与好枣之能引动人也。

昆明来友人言："茅台村在贵州仁怀县，其地多山，以溪水造酒，与绍兴之以鉴湖水制老酒相同，老酒非鉴湖水不好，茅台亦非山溪水不纯厚也。昔日茅台老窖有百数十年之久，做酒师传以麦及他料配合入窖，必须满足两年，始开窖出售，兼以交通不便，不能营销远方，供过于求，陈酒愈积愈多，故茅台之名闻天下。

【中略】

现在茅酒皆为新窖所产，加以公路飞机带出者多，求过于供，一窖酒有不到两年即开封者，所以现在茅台酒不能如以前之佳。我所送一瓶为老窖酒，在昆明市亦不易购得。"

中秋节后二日（九月十九日），翠云生兄邀饮于其慎利酒号，席为福建菜，酒为陈年威司格。是日天气极热，不减伏天，每人面前一大玻璃杯，斟酒至四分之一，再以冰苏打水或柠檬水镶之。第一杯一口气饮干，遍体生凉，其酒之芳香不如茅台，而清洌过之，是乃洋酒特长，因其酒已陈多年，故味纯厚已极。是日同聚者，有周□鹃、范烟桥、李祖夔、甘镜先（非园老人之世兄）、潘子欣、沈燮臣诸人，群贤毕至，宾主尽东南之美，不觉频频举杯，竟至大醉，盖自七七后，十二年无此痛饮矣。威司格出于英之苏格兰，以麦制成，与茅台同，法之白兰地以葡萄制，我国之老酒以糯米制，洋河大曲以高粱制，此数种酒所用之原料不同，而陈者皆佳，各有其特味。今年中秋节，在三天内得吃中外名酒两种，不可不一记。

（1948 年 9 月 25 日，第 8 版）

六　酒业经营

新开浙绍鲁宝源酒栈

本号向在绍郡专造京庄名酒，今分设四马路中市五层楼内，零趸京庄绍酒、洋河高粱、花露名酒，四时盆菜发兑，只此一家，并无分设。倘仕商赐顾，认明本号为记，庶不致误。

（1893 年 8 月 28 日，第 5 版）

绍酒加价

杭州访事人云：绍兴府东浦一带为酿酒之乡，其味较胜于他处，故绍兴酒之名播于天下，每年生意不下数十万金。杭地业此者，向建公所于下板儿巷以为同行会议之处。去冬不戒于火，屋宇尽付一炬。今夏经该业大小铺户集资重建，刻已落成，金碧辉煌，光彩夺目。并塑祖师杜康神像，供奉中堂，日前开点神光，虔备牲牢致祭，并雇清音一班以娱神听。是日各店执事人咸集，□筵饮福，并议加增酒价，盖因各店以货物昂贵，洋价奇短，每坛涨价二角，而进口出口又增厘税，店家零卖未免亏折。现已议定自十二月初一日起，每斤加钱四文，先由行首刊印红单，分交各店，榜于门首，以昭划一。

（1897 年 1 月 13 日，第 3 版）

宜昌酒贵

宜昌访事人云：施南府一带，因去岁米粮昂贵，故今秋收获后，地方官示谕高悬，禁止民间酿酒。入秋以来，均往宜昌购买，或用桶或用坛装运。近更用装洋油之洋铁箱装运，或走旱道则多用竹篓背负，贩运不绝，以致宜昌酒价昂贵，沿路关卡亦陡兴榷酒之政焉。

（1897 年 12 月 21 日，第 2 版）

酒价又增

杭州大小酒铺零售绍兴酒，每斤向来只售二十八文，零沽五文起价。

今年六月间，因来货腾贵，公议每斤加价四文，零沽仍照旧章。现因米价飞涨，每石需洋五元一二角，越郡酒作又复加价，是以同行公议于十二月朔日起，每斤又加四文，零沽至少须六文。酒社诸君，向时曩有三白青铜钱，即莫漫愁沽者，至此须稍加破费矣。

（1898 年 1 月 4 日，第 9 版）

彝陵樵语

自鄂省倡设酒捐，凡开设酒栈者，必须缴资领帖。酒业中有何聚春者，新张一帜，颇揽利权。本月初旬某日，雇船载酒数百坛往他处销售，应纳落地捐若干金，漏报四坛。旋经捐局中人查出，指为走私，将何拘押，何知干未便，急请人诣局缓颊，始得罚锾了事。然所失已不赀矣，世之贪小利者其鉴诸。

（1900 年 3 月 24 日，第 2、3 版）

英美租界公堂琐案·烟馆、酒馆违禁营业 *

英界义泰、福昌、宏源永、广裕昌等烟馆，每晚十二点钟后，依然违禁开灯。顺兴、春心楼、载亨、锦兴各炒面店及鸿乐园、宝兴楼、得意楼、正源各酒馆，则并不向工部局领取捐照，私行卖酒。事经赵银河、刘森堂二包探查知，传案请罚。谳员翁笠渔直刺研讯之下，商之梅翻译官。姑念义泰、广裕昌、福昌初犯，各罚洋银五元；宏源永前经罚过，仍敢藐法尝试，着罚洋银十元；春心楼已犯三次，罚洋银二十元；其余顺兴等各罚五元，并谕令补捐领照。

（1900 年 6 月 14 日，第 3 版）

英美租界公堂琐案·查得昌升洋酒店冒牌白兰地 *

昌升洋酒店藏有假冒某洋行牌号之白兰地酒，被某包探查悉，提获店主某甲送案请讯。甲供此酒小的向坤和洋行购得，是否冒牌，不知其细，求恩宽宥。坤和洋行伙马阿根供称：行中并无此项牌号之酒。司马饬探将甲带回捕房，押候查明再核。

（1900 年 6 月 28 日，第 9 版）

法租界公堂琐案·增记洋酒店收买冒牌洋酒事 *

洋泾浜增记外国酒店收买冒牌洋酒，某洋商查悉投报捕房，捕头令包探拘店主吴芳增至案，禀请谳员杜枝园大令研讯。吴供：此酒在英租界陈开春处购得，有发票为凭。大令随出信票，请英美租界公廨谳员翁笠渔直刺，派包探协提至案。某西人诉称：吴芳增屡售冒牌劣酒，曾经大罗洋行主送案惩办，今复重蹈故辙，请重办以警。大令商之费翻译官，着罚洋银一百元交人保出，予限十日缴案。陈开春枷号一个月，期满责释。

（1900 年 10 月 19 日，第 3 版）

法租界公堂琐案·增记洋酒店收买冒牌洋酒事再记 *

增记洋酒店主吴芳增收买冒牌洋酒，控经大令讯明，判罚洋银一百元，限十日内呈缴。昨日届期，吴缴呈洋银四十五元，余求宽限，大令着展限十日如数缴案，违干未便。

（1900 年 10 月 28 日，第 9 版）

英美租界公堂琐案·汤宝兴洋酒店未领执照私售洋酒与西兵 *

虹口百老汇路汤宝兴洋酒店，未领执照私售洋酒与西兵。经捕房查知，即派包探刘光震禀请公廨，饬传讯问。昨晨，汤投案供称：西兵来店买酒一瓶，并未在店内饮酒，求察。买酒之二西兵供：前至该店买酒一瓶，计洋一元五角，店中人领至后面厕所内开饮，后被兵头查知，已罚去洋银五十元，今由捕头邀为见证是实。司马商之白翻译，以无照卖酒，固属违章，惟西兵每三五成群至酒店索扰，亦有不是，两造厥罪，惟均西兵既罚洋银，着汤亦罚洋银五十元以儆。并商请白翻译照会兵头严加管束，

869

勿使兵丁在外饮酒滋事，白君允之。

（1900 年 12 月 7 日，第 9 版）

苏城热绍酒同业声明

吾行热绍酒一业，缘近来市上薪桂米珠，百物皆昂，抑且铜元步长，我业进货概归洋码，吃亏非常，故于前月廿六邀集同行公议，五月朔为始，每斤增价八文，概皆允洽。讵料有不法之徒伪谣言增价四文，刊入《新闻报》，有临顿路全泰昌将酒价忽增忽减，关碍同行大局。今传单再叙刻该东面允日为始，一例更正，归六十四□，毋得阳奉阴违。今择于二十在大关帝庙敬神音、乐全堂，倘后再乱行规，察出罚洋四十元，通风报信者，酬洋四元。倘同行东人欣捐设立公所，分福禄寿之等。昨而各朋友不缘，苏绍洋价不符，受苦更甚，于五月始照修加一申算。恐未周知，特此声明。

（1908 年 6 月 12 日，第 6 版）

升图说三

十合为升，十升为斗，此古制也。康熙四十三年，以民间所用升斗面宽底窄，若少尖量即致浮多，稍平量即致亏少，由大学士九卿议改升斗底面，一律平准，故会典升斗皆用方底面如一。今民间量谷有用圆筒为升者，量酒虽论斤，而□酒亦有用圆竹筒者，尚是唐宋以来量酒用升斗之遗。即《考工记》梓人饮器用升之意，故于旧制方升之外，亦增圆式一种，以期适用。

（1908 年 9 月 21 日，第 27 版）

深夜卖酒·泰和面馆[*]

四马路西群仙戏园隔壁西泰和面馆深夜卖酒，由捕查获，昨将该馆主王阿根传至公堂请究，判罚洋五元充公。

（1909 年 2 月 24 日，第 4 版）

上海新开同庆永高粱烧酒行先行交易，择吉开张

本行向在牛庄开设高粱酒厂，今因推广生涯，分设上海美租界头坝广东街中市，自运牛庄、洋河高粱、山西汾酒，代客买卖横泾各路烧酒，精制各种露酒，秘方卫生，药酒一应俱备，定价格外克己，以广招徕。凡士商赐顾者，请认明太白商标为记，庶不致误。

（1909 年 8 月 5 日，第 6 版）

深夜卖酒·王惟珍羊肉粥店*

元芳路一百十二号王惟珍羊肉粥店深夜卖酒，被捕查见，禀报捕头，请廨传究。

（1909 年 10 月 10 日，第 4 版）

惯于偷捐

烧酒业恒升张大顺同扭台州人吴裕璜至工程局控称：吴由江北带酒二十□乘大阪船来沪，偷捐已非一次，判留候。该同业补词察核，并请货捐局查明捐章再讯。

（1909 年 10 月 10 日，第 20 版）

酒店违章

西华得路三阳泰酒店深夜卖酒，违犯定章，昨被捕房查悉，禀请公堂传案讯罚。

（1909 年 11 月 3 日，第 4 版）

沿途卖酒

昨有住居北四川路四百二十九号屋内之日本人林芳造雇车运载洋酒在

途兜售，由捕拘入捕房，禀奉捕头饬林退去，候再传讯。

（1910 年 3 月 12 日，第 20 版）

广州·违章运卸火酒之纠葛

法商林吗洋行前因运卸火酒违背定章，被佛山酒行厘务公所扣留，经该国领事照请督宪交回在案。兹闻袁督接文后照复法领，略谓：此事前接贵领事官来文，即经札行广东厘务总局查复去后，旋据该局详称，据佛山酒行商人谈道清呈称，十一月十四日有花地黄福隆号用旧洋箱装载花酒三十箱交里水乡渡转运至佛山，黄（福）隆号收入当往查看，已被挑去四箱，经扣留二十六箱。据佛山黄福隆说称，系向省城林吗洋行买来，已领三联运照等语。惟伊所领运照，并未赴厘厂报验盖戳，且照填运往贵州省安顺府字样，何以运至佛山起卸，请为查究等语。查法商林吗报运贵州火酒何以忽在佛山黄福隆起卸，又不携照赴厘厂呈验，应请贵领事官饬令该商查明见复，以凭核办。

（1910 年 3 月 24 日，第 11 版）

深夜卖酒·王宝生 *

福州路一百八十六号某菜馆深夜卖酒由捕查获，昨将该馆内之王宝生传至公堂，判罚洋五元充公。

（1910 年 4 月 29 日，第 20 版）

深夜卖酒·薛阿二炒面店 *

云南路薛阿二炒面店深夜卖酒，巡捕以其违章回禀捕房，请廨传究。

（1910 年 5 月 16 日，第 20 版）

假造洋酒

杨云林出售假造白兰地洋酒，昨被印捕查获，由廨讯明，判罚洋十元充公，无洋改押十天。

（1910 年 6 月 22 日，第 20 版）

意国赛会奖给头等金牌同庆永高粱烧酒行
广告　创造太白牌卫生露酒声明假冒

本行在上海虹口头坝广东街，专运牛庄、洋河高粱、横泾各路烧酒，设厂创造太白牌，新发明各种花果卫生露酒、各色药酒，商学各界，无不欢迎。前赴意大利都郎城万国博览卫生会比赛，本行所出太白牌推为全球第一，奖给头等金牌，业已广销各国。中华酒畅销外洋，此是本行创造之苦心。近有假冒本行太白牌出现，凡赐顾者，请认明真牌，庶不致误。

窃维酒为我国出产之大宗，家常叙谈，惟酒遣兴，良朋宴会，非酒不欢，以及补血气、舒筋络，其奏效最为神速。酒之为用大矣哉！然非力求改良，则尤不能成卫生之完全品。自泰西通商以来，洋酒输入内地，金钱外溢，漏卮日深。本主人为挽回利权起见，亲赴欧美各国名厂，考察各种名酒制造良法。回华后，不惜工本，采办四时花果，拣选地道药材，加意研究。参用泰西格致提炼造成佳酿，专以培元、扶阳、调经、活血、平肝、润肺、开胃、健脾、祛风利湿、消闷、解□为宗旨，至装潢之美丽，携带之便利，赠送官礼，尤为合宜，价廉物美，无逾于此。今将各种卫生露酒价目、花名开列于左，功用另详仿单。

【中略】

凡蒙各埠运销出口，均可代为报关装载。

（1912 年 11 月 1 日，第 12 版）

王枞泰酒栈广告

启者：本栈向在浙江开设有年，精造远年花雕、京庄绍酒，专运洋河高粱、官礼名烧，兼制红白玫瑰玉液金波以及京方五茄皮、虎骨木瓜等各种露酒。久蒙各界称许，四远驰名，今特分设沪上英界带钩桥北，择吉本月初六日即七月九号开张，倘荷诸君赐顾，认明招牌，幸勿有误。特此声明！

（1913 年 7 月 8 日，第 4 版）

声明假冒·胡荣德堂*

本堂自制风湿天医药酒一种，天下早已驰名。光绪年在上海各处寄售，宣统年移至老永和酒栈寄售。近因外埠无耻之徒，将我天医酒三字假冒，诸君赐顾，认明本堂牌号不误。此酒专治男妇左瘫右痪，半身不遂，手足麻木，不能移动，筋络牵制，历节风痛。一切三十六种风，七十二种气，并寒湿诸痛，手不能持物，足不能履地，无论名医百药无效，服此酒立服痊愈。轻者一瓶，重者半打，包好不再发，真有返老还童之功。售价大瓶一元，小瓶半元。

上海寄售处：四马路老永和酒栈小东门外余孝贞酒栈。

总发行所：绍兴城内广宁桥胡荣德堂。

（1913 年 7 月 12 日，第 4 版）

饬查赌窟

城内福佑路城隍花园后某茶居内，屋宇幽深，附设有酒肆，沽饮者甚多，另有一密室，外挂天祥牌号字样，内则骨牌数桌，昼夜不绝，赌兴甚豪，输赢极大，与赌者类皆青年游手，男女混杂，且时有因赌斗殴情事，附近警局充耳不闻。现为淞沪警察厅□□□访闻，已饬探查禁矣。

（1913 年 10 月 7 日，第 10 版）

法公堂琐案·龙东洋酒公司控复康洋酒店假冒事*

龙东洋酒公司大班控称，复康洋酒店主邝英其冒本公司白兰地酒牌号，已报捕查出真赃，求请讯究，并请追偿损失。讯之，邝供：商人店中原箱之酒，实向龙东公司定购而来，伪酒只有数瓶，系由侍者某甲持来掉换他货，当时商人不在店中，由学徒误掉下来，并非自己伪造，求宥。聂谳员商之德副领事，判赔还损失洋一百元，再罚洋四百元充公，伪酒毁去。

（1914 年 1 月 1 日，第 11 版）

设立中国酿酒厂事[*]

现有人在京以资本洋五十万元，设立中国酿酒厂，归德人管理，厂址已择定颐和园附近。

（1914 年 5 月 24 日，第 2 版）

上海新开天顺元高粱烧酒行择旧历
六月十五日先行交易，择吉开张

本行向在天津设立高粱酒厂，历有年所，兹分设上海虹口吴淞路头坝中市总发行所，自运牛庄、洋河高粱、山西汾酒、横泾各路烧酒，代客买卖批售天津本厂白玫瑰露酒、五茄皮酒，并精造新发明各种花果卫生露酒、佳制秘方药酒，选料既俱纯洁，制法亦甚精良，其味醇厚，其性温和，装潢精致，送礼款宾，尤为特色，诚商战时代之美品也。各种品类，另详仿单，并愿廉价出售，以广招徕。凡蒙仕商各界赐顾者，请认明得利商标，庶不致误。

（1914 年 8 月 6 日，第 4 版）

讨酒账受人口实

英租界石路三益酒店伙王锦堂，因开设妓院之石氏妇人拖欠酒账洋二十七元，避匿法界曹文彬家内，前往向索无着，王即回店纠同王阿才、王文彬、冯才林等至曹处，将皮箱一只搬去作抵。该氏旋至捕房控告，捕头以索欠不应强搬皮箱，饬探至英捕房，将王锦堂等四人提至法界。昨解法公堂请讯，石氏供与曹文彬同居，亏欠酒洋十余元，确有其事。是日王等

前来索取，适妇人不在家中，遽将皮箱强行搬去，内有银鼠皮袄、皮紧身等绸缎衣服，请为追究。讯之，王供石氏与曹系是夫妇，前开妓院拖欠酒洋二十七元，避匿不还。后经访知匿居法界，前往索取，曹将衣作抵，商人恐有瓜葛，将箱封锁保存，请求公断。王阿才等三人同供前往取箱是实，聂谳员以王等追欠不应强搬衣箱，致原告有所藉口，判箱内衣服，无凭不追。并将酒账一并注销，至王等违章搬物，着罚洋四十元，王阿才等各罚五元充公，衣箱给原告领去完案。

（1915 年 3 月 17 日，第 10 版）

苏城绍酒同业广告

本业公所已于阴历五月初十日成立，事务所暂设柳巷。特此布告。

（1915 年 6 月 25 日，第 4 版）

上海新开同福永高粱烧酒行择于阴历七月二十七日开张

本行开设英界新闸马路中市坐北朝南门面，自运牛庄高粱、洋河高粱、山西汾酒各路烧酒，零趸批发，如蒙各宝号批售，其价小号格外从廉，以广招徕诸顾。倘蒙外埠函购，原班回件。此布。

另制各种花露瓶酒，清香扑鼻，浓厚适口，足称酒中特品。凡馈送官礼、大庭饮宴，均□相宜，其装潢之精雅，携带之便利，仿市售买，罕有伦比。荷蒙绅商学界惠顾，无任欢迎，请认明本行麻姑进酿图商标为记，庶不致误。

（1915 年 9 月 4 日，第 4 版）

宿松具禀公民

宿松具禀公民王虎臣、许达、洪凤文、王良臣、张问明、胡光甲、吴钧、周坛杏、高受益、石泮池、汪师范、张效祖、祝荣薰、张秉彝、朱同顺、沈协樵、吴正东、胡子贤、石荣义、罗琼林等：

为违章强办坑商虐民报请申详以重公卖事。窃政府设立公卖局，原因经济困难，为万不得已之举。然必详订章程，俾官民共知遵守。凡我国民，自应仰体时艰，勉力输纳。自安徽第二区分局到县成立，开征至今月余，烟业无一客来，酒店纷求歇业。在分局必藉口商民违抗，希图抵制，而不知该分局任意强迫违章办理之所致也。分局刘委初来筹备，贵会欢迎，并未提及招商之事，乃竟先自请行分栈职务，商人只得请求支栈，又手示条件，准设支栈五处，每处取押款洋一千五百元，试问伊分栈押金究竟已缴若干，经费照章五厘，又加津贴二厘五毫，只准给支栈三厘，余归分栈。支栈处所既多，费用必大，万难开支。商人已将困难各情，由商会申详在案。闻总局批准商办，商人遵复往请，留难更甚，并求县知事解决，仍断不准商办。查部章公卖局以官督商销为宗旨，招商承办分支栈，经理烟酒买卖事宜，确系商人性质。今分局必自经办，不知何意？若架罪宿松商人推卸延宕，独无外商可招乎？此自办分支栈之违章者一也。

安徽费额规定二五，独较他省倍重。然本省一律，何敢要求？惟费额以价格计算，宿松烟价不一，自二三千文至六七千不等。今每百斤估八千之价，自应纳费二千，合产税洋八角，共计三千一二百文。低烟之价，恐抵不足。不惟已过十分之五以上，且至值百抽百矣。查部章公卖价格，随时公布之。随时者，随时市为转移也。宿松市面商情，在上宪本不深悉，分局驻宿多时，明知市价若此，乃故抬高，拒绝外商，致种烟农民捧货待毙。此征收价格之违章者二也。

开局之后即派巡丁调查，极似认真办理。烟叶则派地保挨户查明，出烟若干，由何出售，造册报局。宿松种烟之家不下数万户，何能遍及？税局开办多年，未闻下乡一查，而烟无一件偷漏，何必故为滋扰乎？至查酒，则无论卖与不卖之家，内室私房，搜寻殆遍，见有水缸、米缸、豆腐缸，均指为酒器，勒令每缸一口，月作酒四次，每次二十斤，每斤二十文。不知生意大者，月或可作二三次生意，小者一次犹不能销。如此调查，烦扰实甚。昨有酒业张寅畏本不在家，巡丁竟入内房与妇女吵闹，回禀分局，即加以不受调查之罪，函知贵会，处以五十元以上之罚金。后经张禀明，先一日已查明纳费，粘贴印照，始批免究，其为妄报，已可概见。尤奇者，许镇、高惟松等十余家，向不卖酒，司丁查时并未见有滴酒，仅凭一二空缸指为酒器，亦令纳费。昨闻各店报告贵会请转，仍复催缴。查部章凡贩卖烟酒商店须于包裹盛储上粘贴印照，以便稽查，未尝言查见有缸者即要纳费。此稽查手续之违章者三也。

私烟私酒固当处罚，惟必查有实据。昨有高怡顺、程大盛二家，均查明只酒二缸，遵章纳费。次日巡丁往贴印照，见有小缸内盛残糟，指为私酒。不知酒非一日能成糟，更显然易辨，乃竟不察，送县处罚。又有一陈姓，本不卖丝烟，因费则未定，烟店暂停，邻人知陈有自食之烟，特作乞酤之请，付钞一枚，陈并未受。经巡撞见，竟处以一百二十倍之罚款，闻亦未归公。查部章缉查者必有私烟私酒实据，虚者反坐，查获者必报主管局所，不得私自办理。今乃不问虚实，概行处罚，罚款亦不归公。此处罚失当之违章者四也。

以上各情，均出部章范围之外，乃不自反，办理不善，徒欲加罪，地方不思宿松农民惟恃烟为生计，从前此时销烟将半，今则无一人办，皆因税费过重。况邻邑黄梅烟夹二百斤税，与公卖不过一千四百文，宿松较重四倍。现梅烟销数甚多，宿松农民日夕呼号，欲贱售而不得。若酒业生意，虽微小店，亦恃为生计，今愿赔捐一月，求请歇业者，实因扰累不堪，不求照章办理减轻费则，将商民交迫，而流弊更多，公家亦毫无裨益。贵会负维持商民之责，既经各商报告，何得隐忍不言？万不得已，只得谨请贵会申详请各大宪鉴核，恳饬分局减轻费则，照章招商承办分、支栈，以重公卖而救商民，德便公便，上禀宿松县署。

（1915 年 10 月 17 日，第 4 版）

吉、奉烧商反抗公卖记

化险

烟酒公卖实行伊始，起而反对者，在东省已有吉、奉二省。兹闻吉林方面自公卖议决实行后，全省三十七县烧商，共计二百三十五家，皆派代表来省会议办法。闻昨在永升店内会议，咸谓烟酒公卖实行，烧商无存在地步，惟有止烧改营他业而已。其不能存在之理由有三：

（一）近年来捐税迭增，如票银税、牲畜税、营业畅销税等项，若烧出酒来，原本价值一吊，加上捐税须卖二吊，方不亏赔。如每吊再去公卖费二百文，焉有余利可获？

（二）包办烟酒公卖分栈须缴纳押款，烧商原本皆被粮石、牲畜占用，焉有两份资本来营此业？

（三）公卖局之限制，烧商大受束缚。如已将酒烧出，该局未能售尽，欲继续再烧，货已停留。若间断一日，人工牲畜即损失不资，有此种种困难，势不能遵照局章，再行营业云云。

闻烧商议决后，已将以上情由缮具禀词，呈递财政厅批示。如无转圜地步，拟由旧历十月一日起，即实行缴票停烧矣。

奉省烧商对于中央颁行公卖规则极端抗议，相约停烧，已略详本报。乃事为当局所闻，报告京部，奉令如不遵照，一律封禁，另由公家出资开厂烧售，并令省商会各税局，婉劝烧商静候，另定办法。各烧商智识有限，闻此严谕，顿生惶恐，后忽又兴高采烈。一若有恃无恐，其故闻因被某国人代为主张，日前在幽密宽阔之场所，萃集各代表开议，咸以我同业迭次加捐，名目繁多，从未反抗。今次公卖毫无转圜之希望，而公家对待商民如是，其严且竟有封禁之表示，转瞬开厂制造，毅然实行置我等十数万烧商之生命于不顾，生机已绝。只可徇某代表之提议，暂为维持。若公家犹有怜悯之心，决不出此下策。其时某代表介绍一外人列席发表意见，大旨不外乎迁地为良，暂避其锋。而某代表等则以距离铁道弯远之处，甚多不便，尚望再事斟商。该外人愿将资本一体加入，今有约章为凭，既属营业范围，又不背乎公理，且登录手续甚易。其言娓娓动听，只因各烧商意见未一，尚须续商。并闻该外人乘此时机，业已集合团体，为四面之运动。且其主张既大且宏，拟声请该国官宪，为全体之保护厚利所关，将以一举手之劳，达一网打尽之目的。事被段兼使所悉，昨已密电政事堂，大意以东省处于特别地位，须放大眼光，不能与内省事同一律，拟请另定妥善办法，俾于国计商情两无窒碍。一面知照商会，劝令各烧商毋得怀疑妄动，致生枝节，静候核示遵行云云，则此举或有转机之望矣。

（1915 年 10 月 18 日，第 6 版）

吉烧商反抗公卖再纪

奉、吉烧商之反抗公卖，余已一志本报矣。兹奉天方面，虽经官商调解，尚未得如何结果。而吉林方面业已同盟罢市有日矣。兹将吉商反抗情形续志如左：

同盟罢市之起源。自吉林财政厅宣布添设公卖局时，全省酒商尚无反对者，因彼时尚不知公卖税率抽收至百分之十五之多也。嗣分栈招成派员查验各商现存酒量，各酒商始明悉公卖之底蕴，于是纷集酒仙会，共议抵制，当场公举鲁国鼎代表全体，具禀巡按，要求免去公卖，以恤商艰。旋经批驳，各酒商已无勇往直前之决策，团体势将涣散。嗣闻奉省亦反对公卖，且将有取消公卖之势，该团体之气为之一振，于是乃振奋精神，再接再厉，一面联合各业（凡带卖酒者俱在其例）同盟罢市，一面仍举鲁国鼎为代表，将烧商全体意见再行禀陈巡按使，意决志坚，势不至达免去公卖之目的不止。

带销加入之原因。吉城粮米店、杂货店以及梨窝药店等，多带售烧酒，以为营业中之一分子。此在专卖为转嫁税，本无加入之必要。因前年财政厅新立酒牌税，凡带沽酒营业，每年均须领酒牌二次，无论销售若干，每牌税价三元。而各店售销数量稍小，统常年之红利，间有不敷酒牌税之六元者。此次再加专卖税，售价高昂，销量势必减少，不特难望余润，或虞亏赔酒牌税，故各店以为其为无利润希冀之营业，毋宁加入同盟，或有万一之望云。

酒商所持之方策。鲁代表二次上禀，复经按使批驳。其批语谓：禀悉，此案前经批示，该代表等均深明大义，共体时艰，自宜劝导财东实力奉行，期为国家增加收入，何得以止烧要挟，希图把持法令，严重首要惩处，不稍宽假，该代表等慎勿轻于尝试，自干咎戾云云。酒商奉批后，又集会讨论，仍拟再禀按使，并虞及或攖怒锋，则代表等难免有被押之结果。然众志既决，亦在所不计，倘代表被押，则重举代表，以继其后。倘终不能达目的，则以最下策解决之，下策维〔为〕何？据酒商言云，倘终难挽回，则移入租界烧酿。法令虽严，难达于租界之地。与洋商联络租界之外，令洋商立栈销售，或假洋商名义，其不能移迁者，或入外商股本，或假洋商名义，均可避此专卖云云。

反抗所持之理由。各酒商以公卖税率既烦且重，而不能及于租界地。年来酒商之亏赔如何，姑且莫计。仅以公卖言之，租界内之烧商不纳公卖，其售价必廉，则租界外之酒商何能与之竞争。以故群起反抗，此酒商所持之理由也。

酒商现在之态度。自外表观之罢市止烧，其团体似甚坚固，自其内容窥之，则极复杂而无统系。若官家永持沉静态度，恐不出两月，卖者自卖，售者自售，团体亦即冰消瓦解矣。现在所以能坚立其团体者，不过坐观奉省之成败耳。倘奉省公卖取消，则吉林亦自取消，否则有例可据，更激再剧之风潮。如奉省公卖实行，吉林酒商团体亦多无声消减，公卖一事，亦无须政府之劝导矣。

（1915 年 11 月 3 日，第 6 版）

滨江酒商反对公卖之近信

滨江酒商全体反对公卖局，连日假商务会公议对待方法，已宣布于各报。兹闻该酒商等于本月一日议决，如商会不为维持，则自向公卖局质问，无论发生何项困难问题，亦须同负责任。故签名画押者二百余家，当由各商执事齐赴商会议定，赴公卖局质问。一切如达不到目的，即一律罢市。商务会总理张香亭恐酿出意外，力为劝阻，允于今日会晤滨江县张知事磋商办法，如此期内该局勒收公卖费，即嘱其来会领取，切不可有罢市情事，致令官府干涉等语。于是各酒商始纷纷散去，闻各酒商此次所藉口者，以该分局收税章程紊乱、办法不良，故誓死不肯承认。现该局局长已隐匿他处，恐有辱殴情事，各酒商亦因此反对愈厉云。

（1915 年 11 月 10 日，第 6 版）

吉省反对公卖两事

滨江酒商因吉林第三区烟酒公卖分局重征公卖费全体反对，屡在商务会会议对待方法，日前决定质问该分局局长，如无正当之答复，即将分局捣毁，一律歇业。经商务会总董张香亭劝阻，允于本月二日与张兰君知事会商办法。讵该总董并未实行各酒商齐集商会提议前案，以商务会已无相当之办法，各酒商百五十余家（仅指到会者）决于上午一律罢市。张总董恐摇动市面，当由电话请张知事莅会，向各酒商力为开导，略谓：内地如有此等办法，本埠亦当承认，否则本监督自有办法，请诸商仍须照常营业。倘此问题未解决以前，该分局如再催收公卖费，令其到县署领取，余（知事自称）即时赴该分局调查一切，并拟电请省宪设法维持云云。于是各酒商始各回柜开市，照常营业。

五常县属烟酒各商对于烟酒公卖一事极不赞成，上月上旬该处烟酒各商闻省局将委员前往该县，设局实行收费，该商等乃集议对待办法，竟议决以武力对待。嗣省局派委张夔氏前往设立分局，未及至县，该商民等即集三四百人，声言非与该委员为难不可。迨张委员至时，商民等即拟施以野蛮手段，幸经当地警察及县署游巡兵队等为之阻拦排解，商民等乃始散去。闻省城接五常县电谓张委员现正染病沉重云云。

（1915 年 11 月 11 日，第 6 版）

警厅谕令茶馆酒肆莫论国事 *

自国体问题发生，谣言迭起，现茶馆酒肆奉警厅谕，均贴有"莫论国事"四字，以息谣诼，现地方安静如常。

（1915 年 11 月 15 日，第 3 版）

苏州·绍酒业之呼吁

苏城绍酒业前因禀请另设公卖分栈，未邀批准。惟国税紧要，未便稽延，故特将苏垣存货应纳公卖费，先行照缴，当备洋二千元，交由吴县孙知事转送第三区烟酒公卖分局唐局长处，请领印照，以便行运。乃此款送局已两月有余，唐局长并未将印照填发，以致存货未能运销。前日绍酒业王济美等二十六家禀请苏常道尹署核示，经殷道尹据禀，饬行吴县知事查明复夺。

（1915 年 11 月 17 日，第 7 版）

酒业商人之呼吁

江苏烟酒公卖自开办至今，已届三月。近又有绍兴酒商禀请财厅另立名目创办酒捐。昨日午后，上海酒商特开全体大会，均以自公卖以来，商业已经疲困，若再加酒捐等名目，商业实难支持，公议电禀财政部、财政厅外，拟一律暂停进货。兹将电文录下：

财政部、财政厅钧鉴：查烧酒捐税已征百分之二十，嗣公卖成立，合并已增至百分之三十余。今酒捐成立，细阅章程，实增至百分之五十，商家实无一线生机，万难承认，请收回成命，以舒商困。驻沪泰兴酒业公所、上海征雅堂酒业公所同叩。

（1915 年 11 月 26 日，第 10 版）

苏常酒商反对酒捐之无效

苏常等处开办酒捐，各酒商曾开会筹商反对，酒捐局张啸风局长当即赴宁请示。兹悉张局长到宁谒见财政厅胡厅长，面陈各商反对情形时，当由胡厅长面谕，谓苏省酒捐向有坐贾、门销各税，大半由商董包办，其中弊资甚多，所缴至公家者不及十分之三四，似此任意中饱，尚复成何政体。且当国家经济困难之际，不得不实力整顿，遂有奉部饬行取消坐贾等税名目，仿照浙省改办酒捐之举。是此项酒捐并非创办，未便任听各商藉词反对等语，谕令回苏，从速启征，一面切实劝导各商，勿得误会要挟云云。张局长返苏后，已布告各商遵照，并将各处分局人员一律派定，饬令从速前往设局开办矣。

附各分局主任委员名单：吴县横泾酒捐分局主任员吴月涛，吴江主任员沈枢，无锡主任员陈同寿，昆山主任员王庆蠹，常熟主任员吴兆熊，武进主任员胡善元，宜兴主任员刘邦翰，江阴主任员黄凤飞。

财政厅致酒捐局电文二件。

（其一）苏常酒捐局张局长览：据苏常酒业代表吴章巨等联名电称：公卖甫行，忽又设酒捐局，机关重迭，手续烦苛，商情惶恐，势将停酿，不独酒捐无着，而公卖亦因之妨碍，于国于商两受其害。伏乞立将酒捐局取消，或并与公卖局，以恤商艰等情。查此次整顿酒捐，派员设局专办，无非为清理积弊起见，捐率统照浙章核定，又非杜撰。若云既有公卖局，又有酒捐局，试问直隶、浙江等省何独不然？本厅长亦系公卖局会办，此事现虽分而终必合。各酒商不必以公卖局为口实，仰即转谕遵照。厅。感印。

（其二）苏常酒捐局张局长览：据苏州商会电，据烧酒、黄酒同业吴万顺、钱义兴、裕盛和、童义大等联名环称：苏州酒商因办公卖，销数疲滞，现又特设酒捐专局，仿照浙绍章程，税率骤增，机关歧出，缸捐层叠，检查定章琐屑苛扰，商困难支，势将停酿，迫恳电请裁并，以维商业等情到会。合亟据情电陈，除电禀农商部外，伏祈俯念商艰，迅饬捐局暂缓进行，无任感祷等情。据此，查此案，昨据酒业代表吴章巨等电陈，即经明晰，电饬该局转谕遵照在案。兹据前情，仰再遵照前电，转饬知照，务须劝导各商，勿任误会要挟。切切！厅。卅印。

（1915 年 12 月 4 日，第 6 版）

东三省之烟酒

自奉、吉、江三省各烧商反对公卖后，官府屡为调停，并允转请政府，设法变通。惟迄今两月之久，尚无相当办法。闻长春各烧锅于旧历二十三日有停烧消息，双城于二十五日止烧，江省呼、绥各县烧锅亦已停业，并将所有糟粮，如数由窖内启出饲猪，藉免赔累。

吉林第三区烟酒公卖局开办后，滨江酒商全体反对，行将停业，经县知事允为转请财政厅核办。昨奉批回，谓烟酒公卖系部饬通行办理，未便中止，仰该知事协同公卖局饬令各酒商，按卖价每元征收公卖费一角二分。倘敢故违，着即重惩毋宽等因，当经张知事会同陈局长布告周知矣。

哈埠附近各烧锅均已止烧，各酒局存酒无多。故于日昨每酒一斤由二角四涨价一角二，计每斤三角六分。究其暴涨原因，不独居奇垄断，且因俄币跌价所致，将来势须涨至四角以外云。

（1915 年 12 月 14 日，第 6 版）

扣留未贴印照之绍酒

公共租界福州路同宝泰绍酒店前日在浙省购买绍酒四百坛，由沪杭火车载运来沪，暂存日军港货栈。昨晨□民船三艘装载往北，被江苏第二区烟酒公卖局司事在陆家浜地方查见，均未粘贴印照，当将该三船一律扣留提局，将酒充公。闻该分局谢局长已禀报省局查核矣。

（1915 年 12 月 18 日，第 11 版）

皖烟酒商竟准歇业

皖省烟酒商以公卖局抽税过重，曾经呈请商会转咨该局如能照百分之十二收税，即日报征，否则宁愿收歇等语。现闻该局函复商务总会，略云：据远和等请将公卖价格改定为百分之十二等因。准此，查公卖价格，迭奉财政部批饬，业经本局函知在案。嗣因体恤商情起见，两次电禀财政部，请减五厘，改为十分之二征收，未蒙批准。而本局已饬各区，自十一月十一号起，暂照十分之二征收。本局对于商等之苦衷，已属无微不至。该商等亦应仰体本局之苦衷，遵照办理。乃远和、义昌桓等犹复藉词嚣渎，欲以改业为抵抗主义，实属刁狡已极。如果自愿改业，本局亦不相强，准其到局出具永不复开切结，即日歇业，并由本局派员往验，将制烟酿酒各项器具毁弃，然后任他可也，请烦贵会转饬为荷云云。现闻该商多有实行歇业之意矣。

（1915 年 12 月 19 日，第 6 版）

不许谈论国事

沪上军警各机关近奉上台饬文，以滇省风云紧急，每有好事之徒罔谈国事，无知愚民闻之，惊疑惶恐，庸人自扰，皆由于此。嗣后茶坊、酒肆一概禁谈国事，以免淆乱听闻。除饬省垣警厅传谕宁省各茶、酒店铺缮条禁止外，沪地五方杂处，人类众多，所有现时国事，亦应禁止罔谈，以免

885

谣诼而定人心云云。

（1916 年 1 月 16 日，第 10 版）

卖酒未捐执照

舟山路小杂货店主妇陈曹氏卖酒无照，被英美工部局捐务处查悉，昨日知照捕房转禀公共公廨出单传讯。

（1916 年 1 月 24 日，第 11 版）

扬州·禀请豁免酒捐

江邑濒江瓜洲镇。前经县知事署委任司员刘牧斋前往该处征收酒捐，各户以捐税重叠，商民困苦，不堪担负。昨由该镇酒馆公举代表石某至县署禀请免收酒税，未知能否照准也。

（1916 年 2 月 22 日，第 7 版）

酒甏未贴印照

烟酒公卖局调查员张玉生前日查见闸北余丰酒店酒坛上未贴印照，即将该店伙许月清扭控四区警署押候，讯明核办。

（1916 年 2 月 28 日，第 2 版）

苏州·酿户包卖酒税印花

苏垣土黄酒公卖税照章每坛酒作四十斤，贴印花一纸，税洋一角二分，由酿户（即酒作）缴价，领印花贴坛，发运各酒铺销售。嗣由支栈经理吴干卿君议定，每印花一纸加收洋二分，作为建造公所之用，故每纸共收一角四分。各酒铺见印花上书一角二分，而酿户收一角四分，心疑酿户之弊，多有将印花退还酿户，自赴支栈另买印花者，乃支栈售给酒铺只收一角二分，以致各酒铺群向酿户交涉，各酿户等即与支栈吴经理交涉，并报告唐分局长核示。旋经唐局长与吴经理召集各商在支栈事务所开会，当众宣明原委，决定嗣后公卖印花概归酿户，至支栈购买每纸须洋一角四分，各酒铺不得直接赴栈购买，以归一律，现众商均已允洽矣。

（1916 年 3 月 14 日，第 7 版）

山东·烟酒商呼吁迭来

济南旱烟商恒祥义、春和、三和庆等号具禀公卖总局，吁恳将各该商前赴兖州采购之烟叶所有追增新税请宽既往而责将来等情。该局批云，该商赴兖运烟究竟如何情形，局难悬揣，候饬行三区分局查明饬遵。

公卖总局昨据高密县酒商利泰、福昌等号禀诉，该县公栈经理检察勒派，恳请鉴察，准予歇业等情。该局批谓按斤贴照、按价征费乃公卖之规章，并非浮收可比，如该经理人到庄检验酒斤，以少作多，该商等尽可据实告明，眼同过称。若欲以征收局数为比例，部章无此规定，碍难准行。至该商请求歇业，应赴征收局禀请示遵，不必来省越诉云云。

（1916 年 3 月 17 日，第 7 版）

无锡·绍酒漏税之败露

昨日有自绍来锡之纸船，在游山船浜上货舱中抬出无印花税票绍酒数百坛，适为酒业公卖支栈稽查员陶伯华、周鹤亭、陈玉书行过查见，立唤地保将私运之酒如数扣住，雇舟驳至公卖支栈存留，以便照章充公。旋复经驻锡督征之李委员，在游巷内章万源酒栈房内查出无印花绍酒一百数十坛，当将详情禀请苏局核办。唐慎坊局长据报后，于昨日率同第三区分栈经理钱钧石乘车来锡督饬，支栈经理陶赞臣将该酒店从严罚办。闻其罚款数目，照章须在千元左右云。

（1916 年 3 月 18 日，第 7 版）

嘉兴·藏匿私酒之败露

嘉兴北门大街塔弄口吴震懋三白酒店开设有年，店主吴小宝于去年购运未贴印花之私酒五百余坛，寄藏邻居隆顺水果店内，每于深夜雇人挑运，水果店主知其弊而未举发。本月十九日早晨八时，长润酱园正在该处挑运之际，经路人察知，向水果店主查问，始得真相，立即报知岗警检阅并扣留，不准装运。现已由警士报知警佐，转报县知事核办矣。

（1916 年 6 月 21 日，第 7 版）

酒店深夜卖酒·广东宵夜馆

四马路一百六十六号门牌共和楼广东宵夜馆主何山与山西路一百五十六号门牌某酒店主范阿长，均因深夜卖酒违章，由捕查获。昨将何、范二人传至公共公廨，经中西官讯明，会判何罚洋三元、范罚洋二元，一并充公示儆。

（1916 年 6 月 24 日，第 11 版）

湖北·禁酒商人之呼吁

武汉所酿高粱酒向来营销数省，营业甚大，槽坊多至五六十家，即烟业生意亦为不薄。自上年开办公卖以来，两业纳税虽只百分之十二，无如到一埠即加捐一次，益以沿途关税、厘捐各项并计，不下值百抽五六十。烟业尚可支持，酒业则公卖后，外埠生意十停其八，该帮受困不堪，现因亏折歇业者已过大半，所余各槽坊值兹暑天歇酿，又拟停工罢市，业已分禀公卖局、财政厅，要求减免公卖费之半及停止印花税，若不达目的，即行罢业。烟商亦同时要求酌减公卖费，以恤商困，并闻已上书于大总统矣。

（1916 年 6 月 30 日，第 7 版）

湖北·酿酒坊歇业之原因

武汉酿酒之槽坊近因捐税繁重，公卖费断难如前担负，特歇业要求减免捐费。兹悉此次歇业与同盟罢市有别，盖系槽坊向来规例六、七两月炎热停酿，所有原缴筹饷捐、各项捐输，此两月皆免完纳。上年议包公卖费时，系每灶月认捐钱二千四百八十串，并未议暑天停缴，兹各坊欲援筹饷例而行，公卖局不允，谓若欲报歇业，本年即不准复贸，以杜取巧。又以各坊停业者多，存在者生意必畅，拟加每灶为月捐三千串。各坊尤不能承认，是以决计停业，非达目的不再酿烧云。

（1916 年 7 月 4 日，第 7 版）

卖酒未捐执照

浙江路二百十号门牌食物店因未向工部局捐领酒照，私自卖酒，被工部局西人查悉禀廨出单。昨将该店主冯阿林传至公共公廨，经中西官讯明，判冯罚洋十元充公，着令缴洋开释。

（1916 年 7 月 22 日，第 11 版）

上海新开同义和酒行

本行在牛庄、天津创立酒厅有年，拣选上等原料麦素、花精、果汁，聘请技师，极最纯良酿造高粱干酒、白玫瑰、五茄皮药酒，各种醇厚玉液，色味清芬，早已脍炙人口，遐迩闻名。今特开设同义和酒行在上海十六铺宁绍码头□东门面开张交易，代客买卖牛庄、天津、洋河高粱，山西汾酒，各路烧酒，零趸批发，欢迎接待，不分彼此。兼售瓶头诸品，卫生花露药酒，特别改良，与众不同。瓶外五彩赤壁图商标为记，以杜假冒。制法精良，装置艳丽，馈送亲友，款宾娱客，尤觉精美可爱，舟车携带，日饮咸宜，诚物美价廉，试之不谬。承蒙绅学商界诸君惠顾，不胜铭感之至。

（1916 年 8 月 10 日，第 4 版）

绍酒漏贴印花之处罚

公共租界王宝和绍酒店在吴淞起运绍酒一百三十余坛，漏贴印花，被江苏第二区烟酒公卖局稽查员查见，将酒扣住送局议罚。嗣由该商一再具禀，请将被扣绍酒发（还）。昨经谢分局长批示云：印照并不实贴，且未填注月日，实属有违定章。惟据具呈请求，姑念物力维艰，从宽责令，于补纳公费外，加罚三倍，以示薄惩。嗣后如有前项情事发生，定当从严处罚，毋谓宽典可屡邀也。来呈未贴印花，着即补送毋违。此批。

（1917 年 6 月 9 日，第 11 版）

运酒未贴印花

天津人樊国钧前日运酒两坛由大沽来沪前往浦东烂泥渡销售，当因未贴印花，被三区岗警易树泉查见，将樊带署。经解警正诘，据供称：因初次来申不知定章，求宥。解警正以异乡之人，情有可原，判令补贴，从宽免罚，一面奖给该警洋一元，以示鼓励。

（1917 年 6 月 24 日，第 11 版）

周浦镇酒商之不平

浦东南汇县境周浦镇烟酒公卖支栈经理徐文湛自承办以来，除照章征税外，每担加收浮费洋一角二分，致各酒坊无可支持，停止酿酒者已有多家。近徐经理以收入不见踊跃，特派栈司朱维然下乡，不问其已否歇业，一律勒收，已歇各坊，都不愿付，朱栈司遂回报徐经理即以各酒坊有意抗税，同盟要挟等词函请南汇县公署饬警提究。各坊主闻之群抱不平，爰于昨日邀集同业讨论对付方法，旋经公举代表赴公卖总局申诉，并请派员调查秉公核办，以恤商艰云。

（1917 年 8 月 11 日，第 10 版）

济南・酒商禀诉苛累

齐河智乡四区薛官屯郭姓在庄开设酒店，历年亏累，停止酿烧。于去岁阴历正月间，业将池座平毁，在县公署三次递禀请求免税。腊月间酒税委员马式云到邑城，并不下乡按池查验，亦不召集郭姓酒商进城，即行填写牌单，饬差发给。郭姓一见牌单大为惊惶，急赴县城与该委交涉，而该委已去如黄鹤矣。郭姓以去岁已完纳空税一年，今岁实难再受此扰累，已来省向总局禀请免税矣，未知总局能主持公道否。

（1918 年 3 月 14 日，第 7 版）

酒店违章受罚

广东路三百三十四号门牌某酒店深夜卖酒，被六百零一号华捕查见，回诉捕头禀廨出单。昨将该店经理单少廷传至公共公廨，经中西官讯明，以单违章属实，判罚洋五元充公。

（1918 年 4 月 6 日，第 11 版）

冒收烟酒牌照税之追究

本埠江苏第二区烟酒牌照征收处主任一缺，于民国八年一月一日起，经烟酒公卖局另换认商陈杰接充，并设机关于西门外文曜里，业已开始办公。惟前主任顾元基自阳历年终得悉撤换消息，即印用临时四联单，预向城厢内外应领牌照各纸烟酒店征收上半年税银，各店未明情形，大半缴纳。追候至阴历年终，持单往换正式牌照，讵所设金庭会馆机关已撤，无从倒换。各商店复至文曜里新认商处呈验，不肯承认。各店主乃邀集两业同人会议后知此次共被顾收去洋千余元之谱（计发出联单四百余张，大店四元、小店二元）。会议良久，经某店主得悉，顾元基现经省委为本埠第二区烟酒公卖分局科长，自应向彼交涉，从速料理。议定后即推某店主于昨前往公卖局，寻顾交涉矣。

（1919 年 2 月 11 日，第 11 版）

拦收牌照税告一段落

前本埠征收酒烟牌照税主任顾元基，因擅印临时四联单，预向各店私收税洋千余元。经各商店持据向新认商陈杰验看，不认，乃向顾交涉，责令料理，并推姚锡奎为代表。现闻前日顾已央人担保，允于二十日前后，凭单换照。

（1919 年 2 月 15 日，第 10 版）

新到大批洋河酒

马立司长滨路、重庆路南首新马乐里对门马吉里口新开庆福酒行，自荷谭公登报鼓吹后，除代代花顺气酒、双料玫瑰及各种双料药酒，均受各界欢迎外，而洋河酒销路更多。本行主人不惜重资，亲赴洋河，运到大批来沪，贩货既多，运费较轻。从本日起，每瓶足称念两，只售四角二分，每斤四百文，批发九折，格外克己，以副顾客雅意。

（1919 年 3 月 11 日，第 2 版）

苏州·密查私酒

苏州第三区烟酒公卖分局林金藩局长近因查悉吴县、无锡两邑之槽坊酿户，于产销时大半不贴印照，私运赴浙，悉从太湖输出，故呈请省局长苏区添设分栈稽查员十九人，专司密查偷漏，一面咨请温、杨两知事会衔出示晓谕，并分饬各乡警察协助办理。

（1919 年 4 月 23 日，第 7 版）

上洋新开长生泰东号绍酒栈九月初十日开张

本号开设十六铺桥南首，自运远年花雕、京庄绍酒、洋河高粱、五茄皮酒、玫瑰露酒、各种药酒、各式瓶酒，增加应时小酌，如蒙各界赐顾，不胜欢迎，格外优待。特此布闻。

（1919 年 10 月 29 日，第 1 版）

酒店违章罚十元

虹口崇明路九十一号门牌酒店因深夜卖酒，违背定章，被九十六号三道头西捕查见，归禀捕头，转请公共公廨出单。昨晨往传该酒店主马晴波到案讯罚，讵马抗传不到，中西官缺席判决，着罚洋十元充公。

（1920 年 3 月 26 日，第 11 版）

马玉山公司领得酒照

马玉山公司大餐间布置整洁，肴馔精美，营业甚为发达，其扩充情形，已见前报。但前此未领得酒照，不能设酒，因税捐局每年只在三、四月间发给一次，该公司在昨年十月开幕，是以报领不及。闻日昨已由税捐局领出，此后随时可以设酒。又前报所载，该公司将三层楼添辟餐室一所，不久即可告竣，能容八九十人，布置甚为华丽，以后各界人士，欲请客宴会者，均可往接洽也。

（1920 年 4 月 17 日，第 11 版）

卖酒未捐执照

小沙渡路五百十二号门牌小杂货店，因卖酒未向工部局捐照，被捐务处西人查悉，以其违章，通知捕房，转禀公共公廨出单。于昨派探将该店主潘兰亭传至公堂，经中西官讯明，判潘罚洋三元充公示儆。

（1920 年 6 月 2 日，第 11 版）

敬告全国烟酒公署及各酒商公鉴

窃缘小坊于八月十三号，由川沙起运烧酒五十八担半，拟销上海，照章向川沙支栈缴完产地半税，贴印照，制有联单，即行开船。讵料船至高桥，未至销地，忽有上海第一分栈调查者数人上船扣除，强行勒捐，出言恫吓，若不任其勒捐，即将酒货交高桥小轮拖去充公云云。但小坊不知半途有此情形，而船人愚不熟识章程，因事在半途，寡不敌众，听其所为，而五十八担半之酒定要勒罚洋六十五元。事后小坊所知，着敝友即向该分栈理论，乃经理程兆魁、协理胡少伯强词夺理，一味蛮

893

横。敝友不得已，既要勒罚六十五元索取收据，而回查分栈章程，只有货到销地照捐，而无越境扣船勒罚之权，显见该分栈任意扰商违章苛罚，实属暗无天日，为此心不甘服，除禀烟酒公署外，特登报端以供公鉴。

川沙裕泰酒坊启。

（1920 年 9 月 1 日，第 4 版）

上海醴源酒行中秋佳节八月初五日起大放盘十天

本行开设北山西路杨家坟山旧址，精制各种除疗滋补药酒、花露香酒，价目列右：

鲜木瓜、五茄皮、史国公、绿豆烧等酒每洋均八瓶，红白玫瑰露酒均六瓶，牛庄、洋河、山西汾酒等均四瓶，此外名目繁多，不及齐载，各界诸君惠顾者，请认本行，庶不致误。

（1920 年 9 月 15 日，第 6 版）

酒店未捐执照之科罚

俄国人叶子科，在公共租界百老汇路三百零一号门牌间设酒店，未向工部局捐领执照，被该管捕房捕头查悉，以其违章，请廨出单，于昨将该俄人传至公共公堂，经陆□□会同领袖领事、特派员麦拉夫君会讯明白，以其不应违章，判罚洋五元充公以儆。

（1921 年 1 月 9 日，第 11 版）

酒店深夜卖酒

宁波人杨万邦，在劳合路五十三号门牌开设酒店，因于深夜卖酒违章，由一百九十三号巡捕查见，将酒器带回捕房，捕头谕候转请公共公廨出单传究。

（1921 年 8 月 8 日，第 15 版）

漂白乡浅染业酌加酒资声明

启者：窃吾业司伙向仗酒资养家糊口，所觅工资甚微，讵近年以来各物腾贵，日觅微利，实难顾家，吾等困苦情形难勉，诸君洞鉴，因此万不得已商恳各宝庄号、客帮及染坊代发等，诸君仁慈恻隐，体恤时艰，一诺成金。兹于民国十一年正月起，按月酒资均照敝业规单结算，诸祈原谅，感德无涯。特登《申》、《新》两报，以希周知。

漂业公所启。

（1922 年 1 月 17 日，第 1 版）

旧历辛酉年各业盈余之调查（四）·烧酒行

高粱烧酒行一业，沪上南北两市同业，不下三十余家。近年烟酒税重增，而去年度又有交易所同业之附股者，亦大受损失，且粮食昂贵，售价虽高，牛庄关山东来源不甚充足，故各行盈余者少。兹抄录征雅堂公所调查盈余各行录下：

庄恒升盈二千两，恒义震一千两，裕和二千，裕大和一千，恒兴一千，恒慎五百，万春一千，洽记五百，裕丰永一千，裕兴永五百，广和申一千，益顺恒五百，万泰源一千，康成二千，同丰裕五千，同升和五百元。

（1922 年 2 月 3 日，第 14 版）

绍酒增价

近年以来，原料增昂，百物腾贵，实难顾全成本，亏折浩大，营业难支，前已邀同业会议。我业迭亏血本，又受重叠之捐税，万不得已，增价稍偿损失。不谓前次议决，不折不扣，难以实行，爰又邀集第二次会议，公决准于九月初一日起，绍酒零沽每斤增价一分二厘，双重绍酒每坛增价四角，行使放样京小酒等，一律照加。除通告南北市各同业共同遵守外，特登《申》、《新》两报声明，望各界惠顾，诸君原谅为盼。敬此布闻。

上海绍酒公所再启。

（1922 年 10 月 19 日，第 1 版）

上海同和永酒行择于是月初八日开幕

本行开设在新闸桥浜北大统路，坐西朝东，双间洋台门面，特派干友，分向各地采办。自运牛庄高粱、洋河高粱、山西汾酒、浙东远年花雕，并请华洋名师及本主人研究所得，亲自督造各种花果露酒，名目繁多，不及细载，质性精良，芬芳馥郁，功能通经活血、驱寒退暑、有益卫生，且装璜华丽，送礼犹宜，旅行携带，可作良伴。如蒙惠顾，请认明双狮商标，庶不致误也。

（1923 年 4 月 21 日，第 1 版）

满洲之将来

顾昂若

【上略】

满洲尚出高粱等酒，满洲地土肥沃，高粱禾稻最宜产生，高粱之酒即由高粱禾稻酿而制者也。中国南方各省人民喜饮高粱，以之满洲所出之高粱，大半销往中国南方各省。满洲尚出红酒甚多，红酒由□制成，价较高粱为廉，销往西比利亚各地者居多。自俄皇下禁酒令之后，国内酿酒工厂均在禁止营业之列，各外国酒品亦不准入境，以呈此项红酒在俄秘密销路甚大。世界商业（萧）条，百业废弛，满洲商务反日见发达，投资安全，以之各国资本家均有染指之想。今日满洲商情，华人经理之公司有一千六百七十五家之多，而外人经理之公司亦不下一千三百八十七家。

【下略】

（1923 年 4 月 29 日，第 20 版）

广东运来新酒多种

北四川路十号永利威酒庄自上月开幕以来，营业甚旺，新自广东总庄运来之兰花牌各种酒价如下：西藏菩提酒、远年三蒸酒、生雪梨酒、白茅根酒、白柠檬酒、金银花酒、鲜橙花酒、白玉兰酒、青梅旧酒、黑糯米酒、白糯米酒、状元红酒、竹叶青酒、双蒸旧酒。

以上各酒，除前列二种，每大瓶售四角（小瓶二角半）外，其余每大瓶均售三角半，小瓶则仅二角云。

（1923 年 10 月 1 日，第 17 版）

徐州·烟酒业一律开市

本埠烟酒两业因抵制加捐，自十三日一律罢市，迭志本报。兹悉此项风潮，省令朱道尹、崔知事查办，道尹朱振仪昨邀请商会赵、张两会长向两业疏通，从速营业，并许以圆满结果。今晨（十八日）烟酒两业，始开市交易，惟门上均贴有"奉道宪谕，暂为营业"字样云。

（1923 年 10 月 21 日，第 11 版）

请禁伪造粱烧运销内地

江北泰兴县公署近据该县商会呈称：县属境内各酒作素制粱烧（即泡酒）等酒，发售各省各地，行销已久。不料近来有种奸商，不顾公益，只图厚利，竟将外洋运来之火酒烈品搀和，或伪造泡酒名义，混冒销售，罔顾利害，贻患非浅。查火酒一物，用以燃点，其性颇为激烈，岂可充作饮料？人民不知，往往受其愚昧。且近年以来，此种伪造泡酒，行销颇广，其中受害尤深。上海为酒商荟萃之区，不得不预筹抵制方法，应请当道切实严禁，并随时注意严查，发遇逞箱之火酒运入内地者，即系私制伪冒泡酒之原料，亟宜严厉侦查，并恳转咨江苏第二区烟酒事务局令知所属第一分栈分知该同业一体注意等由。该县翁知事据呈前情，准即出示布告外，已移交到局，请为一体查禁等因。季局长准即令知该分栈知照上海各烧酒行遵照，切勿将伪造泡酒混冒销售，并随时查察。如有奸商将前项火酒成箱运入内地者，许即密报，以凭查阻严惩云。

（1923 年 11 月 10 日，第 15 版）

火酒搀和烧酒之示禁

江苏二区烟酒事务署昨将泰兴县翁知事咨送之布告，转发第一分栈，实贴上海华界各烧酒行前，俾众周知。兹将原文录下：

泰兴县翁为出示严禁事。案准县商会函开：据本邑酒业册商季少如、陈峰九略称：本邑烧酒，运销上海、苏、常各地，乃近有奸商，将舶来品之火酒，成箱购进，搀入土酒，在沪出售，冒充泰兴泡酒。查火酒一物，内含他种毒质，外洋运入中国，仅供燃烧之用，并非饮料。若误饮之，小则足以损肿，重则伤害性命。是以此种伪造之泡酒，不独于泰兴酒业之名誉有损，亦且于卫生有害。故驻沪全体酒商议决，切实访查，并请公卖分栈查察，停止发给运销印照。诚恐本地商人，贪利忘义，或有将火酒成箱运入，伪造泡酒，运出销售。略请函县备案，如有大宗火酒成箱运来，经人查获告发，准予按律严办等情，由会到县。准此，合行出示严禁，为此示仰商民人等知悉。尔等须知本邑土出烧酒，历来运销外埠，原系大宗物品，若搀入外洋火酒，冒充泡酒，希图渔利，不特生命受其危害，于商业前途大受影响。自示之后，如有上项情事，一经查获，或被告发，定即提案按律严办云云。

（1923 年 11 月 11 日，第 15 版）

上海绍酒业增价启事

谨启者：我业近年因原料增价，百物昂贵，不得不为保本计，兹于甲子年新正初八日团拜会公同讨论，议决自元宵日起，绍酒零沽每斤增价八厘，原坛双加重，每坛增价二角，行使、放样小京酒等类均一律照加，恐未周知，特登《申》、《新》二报布告。

上海南北市绍酒业公所谨启。

（1924 年 2 月 18 日，第 5 版）

惠泉厂之新消息

（一）惠泉厂所制香槟啤酒及葡萄酒，颇受社会欢迎，已由上海法大马路康成源记酒行缴付押柜三千元，担任为上海总经理。凡各埠愿任分销者，可与上海法大马路康成接洽，或与本社接洽均可，所定批发章程均系一律，并无歧异。

（二）惠泉厂之股份现在尚有优先股余额，每票面一百元，只须实缴洋七十二元，其红利系按十八成派分，优先股派得十二成，其股息系按月七厘，如愿入股，可与本社接洽或由康成转洽亦可。

（三）惠泉厂之灭火药水，系为公益起见，故定价极廉，每瓶只售洋三角，如系团体机关或旅社校舍购备，减收三分之二，每打只付二元四角可矣。

上海家庭工业社识。

（1924 年 2 月 23 日，第 7 版）

南北绍酒业改售大洋通告

窃缘敝业向售小洋，现为小洋骤短，不得不邀集南北同业公同议决，于五月望日为始，改售大洋，京庄每斤售大洋一角三分六厘，花雕每斤售大洋一角四分八厘，不折不扣，特登《申》、《新》两报声明。此布。

绍酒公所启。

（1924 年 6 月 15 日，第 2 版）

香槟啤酒市价声明

本品定价本系大瓶四角半、小瓶三角，外埠川税另加。前次报载特价，系三月朔至端午节，一时的放盘。现在端节已过，一律仍照旧章，大瓶每瓶四角五分，每打四元五角，小瓶每瓶三角，每打三元。外埠各依川税多寡、比例酌加。例如成都售价，大瓶每瓶须售一元八角，小瓶每瓶须售一元二角，实因路途遥远，水陆转运，耗费正巨，加以各项捐税，正与舶来品同，故其售价亦与舶来品同，并非有意居奇，盖与就地产品，固不可同日语也。特此声明。

家庭工业社启。

（1924 年 6 月 16 日，第 18 版）

酒商凌复初启事

谨启者：鄙人向在泰西洋酒食物界营业，迄今十有余年，并创设凌复初洋酒行，在上海新康路八号，经理各国著名酒厂，专做进口营业，颇称发达。今蒙礼昌英行将三星牌啤酒于本年六月间起归鄙行独权经理，该三星牌啤酒商标由礼昌英行在上海英领事公署注册在案，并中国海关注册妥洽。今为扩充营业起见，凡外口各埠欲分□此项三星牌啤酒营业者，无论新旧顾客，请派代表即向敝行接洽，但须经理者行号或公司备函，盖有正式图章视为有效，无任欢迎。否则虽鄙人亲友，概不作复，事关营业，诸希原宥。自以登报起（廿二号）十四天为限期内，敝行给有优待条件（即水脚等情有讨论余地），一俟过期仍照普通经理章程办理。

上海新康路八号凌复初洋酒行凌复初启。电话：中央九百十四号。

（1924 年 7 月 23 日，第 1 版）

国货产品领得奖证
——张裕公司，民达油厂

张裕酿酒公司出品精良，兹又得商品陈列所第三次展览会品评会最优等证书，已于前日领得云。

民达油厂年来极力整顿，聘请化验技师改良制造后甚为发达，昨亦由商品陈列所品评会奖以最优等证书，业经领得云。

（1924 年 7 月 29 日，第 19 版）

南北高粱烧酒业栈司增加力资启事

敬启者：窃敝栈司等向无工资，终日肩挑担负，全恃上下送卸等力钱，以资赡养。讵奈迩来百物昂贵，生计日艰，更兼铜元充斥，洋价倍增，所得薪资实际已减其半，仰事俯蓄，殊觉难乎为继。不得已同人会议，要求将各项力资概改大洋计算，藉以支持上下力一项，业荷各本行经理俯允增加外，惟送卸等力，务恳各宝园号俯念时艰，苦力枬沐堪怜，准自七月初一日起一律改为洋码赐给，得赖济哺同人等，不胜感祷之至，伏乞公鉴。

（1924 年 8 月 1 日，第 1 版）

上海啤酒公司启事

阅本埠新康路酒商凌复初于七月廿二号各报登载广告，敝公司爰将下开之陈述，查三星牌啤酒向由敝厂供给，直至去年阳历九月间，因货款不付，停止出酒，曾经起诉公廨追偿货款在案。该牌啤酒前由敝厂所出，虽未登过广告，然各界颇多知悉。兹特声明：现如凌复初君重新将三星牌啤酒发行市上，该啤酒与前货不同，并非由敝厂供给。除公廨讼案外，敝公司与三星牌已无关系，特此郑重声明。

民国十三年八月三号。

（1924 年 8 月 3 日，第 6 版）

张裕开幕后之商况

张裕酿酒公司代理行自本月二十五日开幕以来，生意日见发达，西人登门采购者甚多，夜市更忙，樱甜仁葡萄酒、白兰地酒销路最旺。该行原订八时开门，晚十时收市，蓝总理改为九时开门，十二时收市云。

（1924 年 8 月 31 日，第 21 版）

上海同和祥酒行开幕通告

本行为谋商业之发展、国产之改良，亲往欧美考察，以资借镜。兹以视察所得，力图进步。现值新屋落成，谨订于旧历十月十二日先行开幕。自运牛庄、洋河高粱、山西汾酒、横泾各埠烧绍名酒等外，且督工监制各种花果露酒，质液清润，甜香适口，非但有益卫生，并可供作礼品，即装璜一端，亦非常美丽。近在开幕期内，特别廉价，以示优待。如荷赐顾，请移玉东西华德路邓脱路口可也。

同和祥酒行谨启。

(1924 年 11 月 10 日，第 2 版)

同义和酒行营业畅旺

南市十六铺同义和酒行以及老白渡裕和酒行经理戚纯荪等，经营高粱烧酒数十年，并在牛庄设有数厂，自制原浆高粱，各色酒品均用纯粹国产原料酿成，行销各省，颇称发展，并无半点火酒搀和。近闻该行蒙泰兴酒商公所及沪绅姚文枏、李钟珏诸君均予赞许褒奖，批发及门市部营业更行畅旺。

(1926 年 4 月 3 日，第 18 版)

镇江·酒商纠葛案定期会审

镇埠酒商杨鉴泉与烟酒公卖分栈前经理周文甫等，为高粱充公一案，涉讼县署，业已年余，未能裁决。日前江苏全省烟酒事务局派委员汤文焕到县会审，虽经讯问一过，因案情纠葛，仍未解决，汤委员随即回省复命。兹闻该委又定于十二日来镇，十三日下午再行会同傅知事开庭审讯，大约经此次讯问后，即可有公平解决矣。

(1926 年 5 月 12 日，第 10 版)

无锡·扣留大批烧酒土烟之纠纷

本邑烟酒税稽征处所辖之黄埠墩、麻塘桥等卡，近日查获大批泰兴县烧酒船，计有四十余艘。每艘装酒三百担左右，因票货完全不符，即经稽征处如数扣留，知此项烧酒仅实缴酒税四成，因即勒令补税六成，并照章当以一正五罚之处分。讵该酒商四出运动，请由省局电令稽征处，只须验明坛票相符，不论斤量，即予放行。该处以泰兴烧酒规定为二百五十斤，故投税时，计坛不计斤，现该酒商等所装之酒，每坛有七百斤左右，显系蒙混偷税，故未允遵办。现省局已派五区烟酒分局长洪孝思来锡调查真相，并向稽征处及酒商方面疏通一切，以冀设法解决。又本邑土烟业应纳税捐，早经遵章报认，土烟进口纳捐，门市出运，则以分运单为凭，各卡照票放行，藉免一货两税之弊。近自商人杨某、朱某两人包认烟酒税后，另行设卡稽查，即将各烟纸店门市出售运往四乡各镇之烟，亦并扣留，勒令重捐。土烟业协兴元、李汇兴等十余家，特于前日开明被扣货单，联名缮具节略，投呈县商会请求秉公处断。

（1926 年 5 月 15 日，第 10 版）

上南川红白糟坊启事

日前胡树针认包五库闵行烟酒税捐，年比仅二百六十八元，因私设分卡苛扰被控，奉省事务局撤委在案。兹闻有陈侃元增比认包，据说已由分局委任试办，于五月初二日邀同方琴伯在周浦召集酒商开会，陈侃元至席声明，年比四百五十二元，添设分卡五处，上、南、川三县酒商须认定三千六百元，庶可开支港收作为渔利。当时虽无办法，查其实在认额只一百元之增，且此项捐税向由厘卡兼征，若照此种办法，私饱显见，苛扰情形与胡树针同出一辙，我上南川同业绝对否认，诸希鉴谅。

（1926 年 7 月 19 日，第 1 版）

同春永酒行开幕

西藏路北泥城桥南同春永酒行，自运洋河、天津、牛庄高粱各路烧酒及精酿花果露酒，货真价廉。兹定于明日开幕，大减价数天云。

（1926 年 7 月 23 日，第 21 版）

上海南北绍酒业增价通告

谨告：近因百物昂贵，惟米更甚，而绍酒之源，系出占米之本，且兼

903

各项开支步大，捐税叠增，以致本源亏累。特于八月十八日，为酒仙尊神寿筵之期，邀集南北同人在本公所酌论略须增价，以顾血本。议决九月朔日起，加大绍酒，每坛加价四角，花式小酒以此推类，零沽每斤加一分二厘。仰蒙各界明鉴，兹特登《申》《新》二报声明。此布。

南北绍酒公所启。

（1926 年 10 月 5 日，第 2 版）

王宝和绍酒栈迁移声明

本栈自乾隆九年开设上海小东门咸瓜街，于咸丰二年始迁于南京路中市，历百八十余年。所有门售批发京庄、花雕、太雕醇酿，皆由山阴本坊自运来申，毫无半点土酒、次货冲杂，自运牛庄名厂高粱，并无非类醉性毒品指染，所以小栈久享时誉，为上海首屈一指。近有无耻之徒隐蚨牌号，希图土酒毒品蒙混顾客，实伤人道，故本栈特将各种瓶酒，一律改用五彩精印招贴，以示区别，并在农商部注册。今因集益里口房屋翻造，迁移对过望平街口西首朝北门面，择于夏历九月十四日开张。凡蒙绅商赐顾，请认明本栈金坛为记，庶不致误。

（1926 年 10 月 19 日，第 3 版）

呈请发还粱烧之县批

南市余记酒行前被洋酒税征收局查获冒充高粱两篓，送请上海县知事公署，发交县警察所讯办在案。兹有南北烧酒业公所征雅堂代表方志铺呈请县公署将人货一并发还等情，昨奉徐知事批示云：

呈悉。查此案前准上海洋酒营业税征收局咨送，冒充高粱两篓、挑夫一名过署，当经检同原件，函行县警察所饬传该行行主到案，依法讯办在案。兹据前情究竟是否的系牛庄高粱，是非详细审验不足以明真相，仰候再行县警察所详细审验，再予核办可也。此批。

（1926 年 12 月 18 日，第 15 版）

余记酒行高粱之交验

本埠余记酒行前有高粱两篓在途被洋酒营业税征收处指为搀和火酒，当即连同挑夫解送上海县公署请究。现据南北粱烧公所具呈到署声称，该酒系牛庄高粱并无火酒搀入，请求发还等情。徐知事当以所诉各节，殊难凭信，故于昨日将此项高粱发交县警察所，详细审验究竟有无火酒，以凭核办。

（1926 年 12 月 27 日，第 11 版）

嘉定酒业同行暨酿酒各户公鉴

敬启者：自民国四年开办烟酒公卖以来，吾嘉定酒业为免除贪吏奸商蹂躏起见，纠合股分，承办太嘉宝公卖分栈，以图自救。乃因上级机关敲剥太甚，每年收数不够比较，几于不能维持，无可如何，公议加征栈用四分，以支开销，其有不敷，由各大同业垫款凑解。荏苒八年，相安无事。至民国十三年，太仓人朱恺俦以为有利可图，勾结军阀走狗孙少川氏，横加比额，篡取经理，一面以狐媚手段敷衍各股东，认为继续办理，不过换一出面人名字而已。吾同业愤其无礼，便议取消加征之栈用一项。朱恺俦一再哀求，大家怜而许之。迨是年战事突起，太、嘉、宝三县均遭兵祸，朱恺俦反利用此机会，将经征公卖款捺解，一面仍藉词不敷比额，请求吾同业仍前垫款凑解。同业见其可怜，亦勉允之。而朱恺俦狼心益炽，至十五年，因受第一分栈地域之欺侮，朱恺俦倡议组织太、嘉、宝三县取缔火酒事务所，严禁搀水火酒入境，以保吾太、嘉、宝三县之酒业及民众之生命。三县商会一体赞成，拟具章程，呈奉前省长公署立案。不料朱恺俦人面兽心，反利用此机会，与专事推广火酒之奸商勾结，尽力推销搀水火酒，以致泰兴到申之北，酒从年销二十余万担之巨额，减至二三万担。吾邑各槽坊，亦仅有二三家开锅自吊。其妨害民生已堪痛恨，而取缔火酒事务所，查禁綦严，嘉定境内未能全销火酒，朱恺俦乃与孙传芳之财政处长曲卓新结合，将太嘉宝分栈取消，改归第一总栈办理。朱恺俦则与专销火酒之奸商方琴伯等凑缴证金，自为第一总栈经理。而太嘉宝分栈之股本及

905

历年垫款暨置不问，一面仍于黄白酒额定公卖费之外浮征栈用，种种不法情形，言之发指。本日酒仙诞辰，吾同业公司议决，自太嘉宝分栈取消之日起，此项朱恺俦浮征之栈用，应向朱恺俦算还。缘从前为同业自救起见，故有此加征之费，至改为总栈，则并非吾同业，当然不能任其浮收也。至于股本垫款，亦当聘请会计、法律名家，向之清算，断不任其随便干没也。特此声明，伏希公鉴。现将公卖规定数目开列如左：

烧酒每绍坛四角三分二，黄酒每绍坛一角九分二，白酒每绍坛九分六厘。照此数目，如有加收，即系浮冒。

敦仁堂酒业公所敬启。

八月十八日。

（1927 年 9 月 19 日，第 1 版）

嘉定县酒业同行公鉴

敬启者：朱恺俦欺侮吾业同人，取消吾同业公司组织之太嘉宝公卖分栈，浮收栈用各节，业经本公所登报公鉴。现在朱恺俦又别出奇谋，朦请第二分局长将原在嘉定办理公卖事宜之陈磐南君撤销，委托太仓专运火酒之老公茂酱园经理黄振勋办理，由黄振勋委托迭犯火酒充销、有案可稽之孙织文驻嘉办理，并由兜销太嘉境内火酒掮客张慰椿奔走运动。吾同业拼股，照此情形，是一般专销火酒之奸商。因江苏省政府、上海公安局、卫生局力主严禁搀水火酒混销，故由朱恺俦朦请分局专任一班火酒奸商在嘉定，摧残我烧锅同业，毫无疑义。青天白日之下，岂容鬼魅如此横行，现经决议，一致反对，具呈列宪，听候解决。想国民政府以民众为依归，断不任贪犯无忌之朱恺俦横行到底也。谨此通告，伏乞公鉴。

敦仁堂酒业公所公启。

（1927 年 9 月 19 日，第 1 版）

绍兴·呈复绍酒出运重捐情形

绍兴第五区酒捐局，昨将绍酒出运重捐情形，呈复省局云：

窃奉钧局第二二三七号令开：案据绍兴酿商全体代表章履正等书称，窃查吾绍酿造各种酒类，运销全国，捐税独重云云，合行令仰该分局长即便遵照详晰核议具复，以凭察夺，转呈此令等因。奉此，查是案先据酿商代表章履正等以前情具书到局，据经批令，候奉钧示，饬遵在案。伏查原书所陈各节，均系实在情形，而追溯绍酒捐费独重原因，由于民国四年既增两项加倍之捐，复收公卖偏重之费，酿商因此受根本之打击，税源因此受极大之影响，十余年来，减酿、停酿，甚至缸额仅及原有四分之一。盖绍酒向分本庄出运两种，本庄销于近地，捐重而高其售价，减销之数尚稀，出运行销外省，捐重运费尤重。而外省土酒捐轻，成本亦轻，比较价值，竟有一与三之高下，于是绍酒销路锐减，绍商有迁业外酿之举，如苏州、无锡、金坛等处，仿造绍酒者，年多一年，汉口近亦有多处仿造行销。在商人以捐率不平，避重就轻，在职局以酿额日少，严加查挤，一方正迁避之不遑，一方无异以驱其后，循此以往，势必致素酿出运酒之绍商，尽驱于外省而后已。五区分局征收比额出运酒捐居十之六，似此状况，江河日下，若不亟筹补救之方，税源涸竭，可立而待也。钧长精心果断，令饬通盘计划，务于税收商情兼筹并顾，具见洞察周详。分局长悉心审慎，以为目前谋培养税源，维持绍酿之计，非免除出运捐税不为功，出运捐税免除，非特绍商不屑外酿，而绍酿从此可以扩充。至于免除之后，原定比额，分局长职责所在，一面通盘整顿，一面昭示激劝，自当负其责任，毋使短绌。分局长服务乡邦，关怀库储，既不敢自贻伊戚，又何敢徒托空言。

（1927 年 9 月 23 日，第 7 版）

控出售冒牌白兰地

法商龙东公司，昨延普莱梅律师代表，投法公堂核称：原告向来代售爱纳洋行出品三星牌白兰地洋酒，曾在伦敦注册（许）可证。近由原告查得治下俄国人古勃所开之洋酒店内仿冒原告之三星牌白兰地商标，报经捕房，前往将此项洋酒抄案，请求察核并请究办外，赔偿损失五千两云云。被告由郭兰克律师代辩称：被告所开之酒铺，向工部局捐领正式执照（许）可证，抄案之洋酒，乃由三发洋行与东方汇理银行接洽，向法国定来，所有商标与原告之商标完全不同，且瓶口之盖与瓶之式样亦完全各异，所控毫无证据。原告请求各节，敝律师极端反对，请求将案驳斥。中西官谕候会商堂谕核判。

（1928 年 11 月 14 日，第 15 版）

上海同义和酒行添设分行通告

本行开设在十六铺宁绍码头，已十余年。自运真正牛庄、洋河高粱，各路烧酒，并监制各种瓶头花露、药酒，零趸批发，货真价实，各省驰名，列蒙泰兴酒业公所各团体及沪绅姚文格先生等所赞许。近鉴市上火酒充斥，饮者不察，受害非浅。本行为提倡国货，维护大众饮者卫生起见，除本行誓不用火酒外，早登本外埠各日报、各特刊，迭经郑重通告，谅荷各界洞鉴。兹零设分行于南市大码头街一三六号朝北门面，谨择于是月十八日正式开张，以便各界就近惠顾，并希认明本行牌号，庶免混误，如蒙赐教，无任欢迎。

（1929 年 1 月 27 日，第 2 版）

无锡·酒税增高影响酒业

锡属新安乡，素称产酒之区。今由邑人宝鲁圻承办无锡全县烟酒公卖，对于该乡酒类公卖，改换招商投标，规定该乡每年最高数额九千六百元。当经宝鲁圻委托郁富全下乡，印发通知，声称遵照以前办法，仍招请该乡酒商承包，以资熟手。但有钱、杨诸人，认为其中有利可图，愿以一万零八百元承包。现该乡酒商以每年九千六百元负担，似难支持，今超过原额千余元，势必影响营业，故纷纷改业，另谋生计。

（1929 年 7 月 22 日，第 11 版）

南京济丰高粱酒厂驻沪发行所十月初十日开幕

本厂延聘洋河酒师，按照洋河曲酒制造方法蒸酿大曲高粱酒，数载以来，极蒙首都各界赞美，比较洋河之酒及舶来品有过之而无不及，且系纯粹国货，粮食精华所制，绝无其他杂质搀于其间。兹因沪地为世界第二大商埠，上等各物无不应有尽有，独上等高粱酒一宗，尚付缺如，往往有负爱酒名家之雅望。本主人有鉴于斯，特在沪设立发行所于浙江路，专售本厂所出纯质上等高粱酒，价廉物美（冬可御寒，夏可解疫，和胃活血，润肺滋肝），诚于卫生上大有裨益。各界仕媛请尝试之，方知言之不谬也。并专备特别盖头大小瓶酒，以免搀和杂质之弊，其装潢之精美，酒质之纯良，极合馈供官礼及交际赠品之需。想爱酒如太白仙者，当必有以欢迎此纯真佳品也。惠顾诸君，务须认明济丰厂之酒仙商标，庶不致误焉！

▲总厂设立南京通济门小门口。

▲首都发行所设下关鲜鱼巷内。

▲沪发行所设中央旅社后街浙江路八〇九号，电话：六三四七二号。

（1929 年 11 月 9 日，第 10 版）

白兰地冒牌上诉判决

法商龙东公司由普莱梅律师代表，在法公堂控昆仑酒厂等假冒白兰地商标，当经昆仑厂迁请朱文黼律师代理。第一审时，双方争持颇烈，卒以证据不足，宣告昆仑无罪。原告不服，提起上诉，昆仑仍请朱文黼律师代理。

昨日（二十八日）开审，被告除冯云初未到外，余均到庭，双方辩论终结，仍宣告昆仑无罪。

（1930 年 3 月 1 日，第 17 版）

天津裕庆永酒庄启事

启者：本号精制高粱酒，加料各色露酒、药酒。发行以来，五十余年，颇蒙社会赏议，顾客欢迎。惟有不肖之徒，仿冒本店牌号，以劣货充售，欺蒙主顾，使购者真假难辨。本号有鉴于此，特于民国十八年一月以金狮商标注册立案，嗣后赐顾诸君认明金狮为记，庶不致误。谨此声明。

总店：天津法租界廿二号路。

支店：上海法租界天主堂街。

（1930 年 3 月 11 日，第 6 版）

嘉定·是否火酒公决化验

本邑酒商混用火酒，十居七八，上月杪县公安局，又在西门新开之周振新槽坊中，查出火酒二十瓮及漏税陈酒五百瓮。除将漏税陈酒解交公卖分局依法罚办外，所有火酒解存县政府。兹经陈县长召集公共各机关，于本日（一日）上午十时，在县政府决议办法，当经决定，当众每瓮汲取一小瓶，资送专家化验，倘确系火酒，当依法严办。

（1930 年 4 月 2 日，第 10 版）

工部局布告第四一八八号·为核发外人旅馆、菜馆、酒店及售卖啤酒店执照事

为布告事。照得本局执照委员会定于三月廿四日星期四下午四时，在江西路二〇九号本局内开会，以决定次年度所应发给执照之外人旅馆、菜馆、酒店及售卖啤酒店（在铺内供饮者）等之数目及地点。凡欲请求给发新执照或其现有临时执照，将于三月卅一日满期者，须于三月九日以前，将陈请书送交本总办核收，其在三月九日以后送到之陈请尽不予考虑。本局当于三月九日以后另发布告，使界内居民对于发给执照或更换新照有向执照委员会提出抗议或表示赞助之机会。欲得空白陈请书者可向本局捐务处索取，此后十二个月至下届执照委员会开会止，除临时执照外，本局将不颁发新照，合特布告周知。此布。

西历一九三二年二月二十五日。

总办钟思。

（1932 年 3 月 7 日，第 5 版）

上海啤酒厂紧要启事

良心救国团鉴：两次敬悉指责玻瓶间有劣货，谆嘱改良，足证贵团爱国热忱，无任钦迟。敝公司爱国之心本不后人，惟玻瓶一项，日用所需，为数綦巨，向来难于挑剔，类皆辗转运用。其实亦是援照国内其他啤酒厂家同一办法，乃向本埠华商购来之旧瓶灌用之办法相同，竟致误会，谨此声明，诸希公鉴。

（1932 年 9 月 4 日，第 6 版）

大廉价一月牺牲血本以广招徕广告

本酱园酒行不惜巨资特在上海北江西路、海宁路北首，自建五开间三层楼石库门大洋房为发行所，电话四一五五五。敦聘专门技师，设厂制造各种著名佳酿，伏酱秋油，并搜罗全国著名国产日常家用必需食品，有美必备，无丽不臻，以毅力恒心提倡国货为宗旨。兹于开幕之始，不论零趸批发，一概大放盘一月，牺牲血本，以广招徕，藉以酬答惠顾者之雅意也。

今将营业节目摘其大略者，分志于后：

牛庄豆油、洋河高粱、天津高粱

【下略】

（1932 年 9 月 11 日，第 7 版）

扬州四美酱园为国货年提倡国产，本月十二日起假座本公司八折廉价十四天

扬州酱菜素负盛名，四美出品尤推此中翘楚，其原料除向著名出产地采办外，并自置巨大园地，雇有经验富足之老圃，悉心培植，是以得天独厚，与普通植物迥乎不同。其制造酱菜，纯以上等面粉制酱而成，故有天然甜味，与糖精制成不同。每年出品常感供不应求，从无减价。本公司以

宣扬土产为职志，况本年尤为国货年，如此优美土产，自有提创价值。爰与四美主人情商本年多备出品，不计成本，八折廉价十四天，以资提倡。区区微意，聊尽国民之天职耳。

萝旧头、十锦菜、乳黄瓜、宝塔菜、甜酱瓜、松菌油、佛手姜、辣椒油、酱青椒、臭腐乳、香腐乳、糟腐乳、糟青鱼、小麻油、抽油、紫金山野百合、北高峰野百合、南京白花百合、桂花冰糖熟藕、天苜白毛嫩尖、天苜凤尾嫩尖、天苜嫩台衣尖、姑苏虾子酱油、宁波臭冬瓜糊、苏州添盛酱瓜、平湖酒酿糟蛋、苏州五香枫鱼、绍兴棋子腐乳、牛庄青嫩虾瓜、宁波香糟风鳗、丹阳尽卤香醋、昆明本色酱油、镇海美味泥螺、洋河大曲美酒、杏花村陈汾酒、东全居五加皮、青青枇杷花蜜、青青紫云英蜜、北平茯苓夹饼、蜂蜜软松子糖、苏州糖果瓜子、云南屈制白药、海盐辟瘟盘香。

(1933 年 8 月 19 日，第 21 版)

金瑞兴悦记绍酒栈开幕特别大廉价

本号设厂于浙江绍兴感凤乡，制酿远年花雕、真陈绍酒，并运销洋河、牛庄高粱、苏烧、各种药酒，总栈开设苏州六十余年，素蒙各界赞许。兹为推广营业、便利顾客起见，特设分栈于上海英租界马律师重庆路口，自十一月十五日开幕起，特别大廉价三星期，无论每罐每斤，不分大小，买一送一，打破廉价、滑稽手段，实事求是，为日无多，幸勿错过，价目列后：

原酒：

花雕、状元红、竹叶青每坛十二元、八元、十二元。

建庄、行使、京庄每坛三元八角、四元四角、二元。

零沽：

花雕、太号花雕、京庄、竹叶青每斤二角另八厘、二角四分、一角九分二厘、二角四分。

上列各酒买一送一。

瓶酒：

白玫瑰每元六瓶，五茄皮每元七瓶，太号花雕每元三瓶，实价发卖。

本号电话：三三八七九。地址：马律师重庆路口。

（1933 年 11 月 17 日，第 6 版）

欲饮极佳高粱酒者鉴

高粱大曲、干酒乃国产酒类之王。海上大都沽卖，不但不加研究，且用次种杂酒搀和，再兼上年火酒混入之风甚盛，以致饮者寒心。国货销路，因此大受打击。本主人有鉴于斯，特赴产地，采办最上等原浆干酒，装置瓶头，分等发售。值此试销期内，一律照码八折，如蒙光顾，无任欢迎。倘贵客以远道不便，可用电话通知，随即送到，无论路途远近，不取送资。今将各种高粱酒名目及价格，胪列于后，以便采择。

甲种极品真原洋河高粱酒每大瓶洋六角；

乙种优等真原洋河高粱酒每大瓶洋五角；

超等真原牛庄高粱酒每大瓶洋四角五分；

特等真原天津高粱酒每大瓶洋四角；

兼售远年太号花雕每三大瓶实洋一元。

滋大昶酱园酒行谨启。

地址：北江西路爱而近路口。

电话：四一五五五号。

（1933 年 12 月 9 日，第 21 版）

康成酒厂一月九日起大减价三星期至三十日

国产出品：花果露酒、洋河高粱、五茄皮酒、白玫瑰酒，一律九折。

洋酒食物部：斧头老牌三星白兰地，每瓶六元四角五。

香烟雪茄、糖果饼干、桂花年糕各种礼品。上等雪舫蒋腿每斤七角四分。

国产红白葡萄酒，每元二瓶，奉赠锦美酒篮一只。

地址：法大马路朱荷三路。

电话：请打八三七四三号。

（1935 年 1 月 10 日，第 19 版）

工部局取缔劣酒之原则

——以有害卫生者为限　假冒牌号可诉诸法

上海洋酒公会前以市上劣酒充斥，妨害营业，特具呈工部局，请求援照法租界当局取缔劣酒办法，加以取缔。并规定领取捐照时，须于每瓶招贴纸上载明瓶内成分及出产国度。如系原桶进口，在沪装瓶者，应载明装瓶商人之字号、地址等。如系烈酒，并须载明酒精成分。此事屡经工部局警备委员会，会同警务、卫生等处及法律部详加讨论。倘工部局采取法租界取缔劣酒之办法，是否与公共租界附则有所抵触？或谓若将酒类性质加以规定，势须先行订定酒类标准，但既经订定之后，如何施行检查，又复手续浩繁。惟中国新刑法现已施行，对于奸商假冒牌号损及他人信誉利益之处，均有明文规定。是工部局法律部遇有此类情事发生时，尽有起诉之凭藉。再则若批准洋酒公会之请求而加以保护及援助，则如何处理始不致超越工部局寻常行政之范围？

以上诸点，均曾详细论及。据警备委员会讨论之结果，佥谓劣酒固应取缔，惟只可以有害卫生之酒类为限，即在假冒牌号、发售劣酒之事发生，酒商自有法律解决之途径可寻，故公会之所请求，欲于领取执照加以种种现定，显然不在工部局寻常事权范围之内。故所请各节，碍难照准云。闻工部局董事会日前开会时，对于警备委员会之所决定，已予通过，函达该公会矣。

（1935 年 7 月 14 日，第 14 版）

财政部批示土黄酒营销照章纳税

——不准援引火酒记账办法

上海市商会前据土黄酒作业同业公会函请转呈财部准予援引酒精办法，凡土黄酒营销华界，完纳全税，行销特区，暂行免税，以恤商艰等情。转电去后，昨奉财政部批示云：尤代电悉。查火酒改办统税后，租界内华厂均已遵办。惟因有少数洋厂，藉口条约，拒绝纳税，经税务署□议抵制方法，对于华厂指定行销租界之火酒，准其暂予记账。此项办法，系属临时性质，一俟洋厂就范，即应取消。从前卷烟等项开办统税时，均有先例可以证明。若土黄酒，则纯系华商制造，与洋商绝无关系，既无抵制可言，何能妄相援引？前年土酒改办定额税，该上海市土黄酒作业同业公会则请保留行销租界之半税印照，今又进而为免税之要求，总缘不明事理，作此非分之希冀，殊属不合。仰即转饬该公会通知各同业，遵章纳税，毋再烦渎。此批。

（1935 年 7 月 31 日，第 10 版）

土酒不得重请改装

〔南京〕苏印花烟酒税局前据武进酒酱业公会呈请解释关于已改装土酒请改装事，特转呈财部核示。财部已指令该局，凡土酒经一次改装后，即不得重请改装。（三十一日中央社电）

（1935 年 8 月 1 日，第 12 版）

泰兴土酒被扣纠纷

——产地实行停业罢酿，酒商向税务署请愿

苏北泰兴所产土酒，每年销沪总额达一百六十余万，为本埠梁烧酒业唯一营业。日前因由泰兴运沪之升花土烧一批，被苏浙皖（区）统税局上海查验所扣留，致起纠纷。泰兴酒商，以交涉未获效果，已全体停业。酿户亦以无法向外推销，实行停酿，形势愈趋扩大。兹分志如下：

分电府院紧急制止

泰兴酒业同业公会以泰兴酒商既已停业，影响所及，不但国税受损，酒商破产，且全县数十万人民平日直接间接以酿酒为生计者，势必发生严重问题。昨特分电府院各机关，请求紧急制止，兹觅得原电如下：

泰兴联会商人殷殿元，以遵章纳税之升花土烧五十三件，于八月三日，无端被苏浙皖区统税局上海查验所扣留。查商人既无违反国家现行之

915

法令，即不应受扣留之处分。官厅对于人民所为之处分，应负民法之责任。上海查验所靳所长病国病商，滥施职权，非法扣留船货已达一月之久，尚未释放。各商咸视上海为危途，被迫不得已，遂激动全体酒客之公愤，一律自动停业。将来泰兴一全县直接间接所受之损失，应由该所长负责。除分电中央党部、国民政府、行政院、立法院、监察院、财政部、税务署外，用特代电钧长请求紧急电令制止靳所长之非法扣留船货，迅予发还，以重国法而恤商艰，不胜迫切待命之至。谨电陈。泰兴县酒业公会主席委员李国梁叩。江。

泰兴酒商昨日请愿

泰兴酒商殷殿元，因酒船被扣已达一月，直接间接损失重大，昨特由泰兴亲自至申，会同驻沪泰兴酒业公所代表至财政部税务署请愿，并面递呈文，历叙该所长之扣货非法事实，请求纠止，并悉泰兴全体酒商酿户，必要时亦将来沪请愿呼吁云。

（1935 年 9 月 4 日，第 12 版）

上海查验所通告酒商

——客酒来沪照常报运，谣言停业绝非事实

苏浙皖区统税局上海查验所以近阅报载上海市高粱烧酒行公会登报通告，内容诸多不实，诚恐内地酒商不明真相，昨特发出通告，张贴新闸桥、三板厂、新桥等处广为晓谕。其文云：

为布告事。照得本所于本年八月三日，凭线查获杨志庭以泡酒混充土烧匿税运销一案，经呈请财政部税务署派委抽验属实，听候处分在案。所有泰兴继续来沪酒船，仍然照章查验，并未停止会磅手续。乃近阅报载上海高粱烧酒行业同业公会通告，内称据泰兴酒业公所驻沪代表封子京通知，指本所查扣此案泡酒为非法，至今匝月，未经释放，已激动全体酒客之公愤，一律自动停业云云。特通告各会员，谓短期内北酒势必无货抵埠，嘱暂时对于趸批卸酒一概停止批售，免得无货交解时，惹起纠纷等情。查泰兴酒船，现下依然照常来沪，该封子京通知梁烧公会各节，实属

捏造谣言，故淆听闻，合行布告周知，各商必自信无混充匿税情弊，自可照常报运会磅销售，无须心怀疑惧，致为一二奸商利用，妨害本身营业。本所查验人员，向极奉公守法，倘有留难需索情事，准予随时投所指捏，依法惩办。此布。

中华民国二十四年九月四日。

所长靳巩。

（1935 年 9 月 5 日，第 13 版）

酒馆请领执照，工部局审核通过

工部局对于界内旅馆、酒馆、饭馆（在餐时可售酒者）以及售卖啤酒、麦酒之营业执照，循例每年审核一次。上月二十日，工部局警备委员会特开审核会议，分别准驳。本年请领执照者，凡二十四家，其中请领全新执照者四家，既领临时执照，现请领正式执照者二十家，以上各家除东百老汇路三百二十四号一家。因邻近酒馆已足额，不准再添设外，余皆照准。据捐务处主任言，现有饭店酒肆，加以新给执照者之数目，较之上年无甚出入。

（1936 年 4 月 3 日，第 12 版）

粤米价涨

〔广州〕粤米涨价情形，日趋严重。余汉谋、黄慕松十二日再电桂当局接洽桂米运粤条件，并请先撤禁米出口令，以便采购。又酒业行因米价飞涨，酒价未能提高，自动停酿者达三分之一。（十二日中央社电）

（1937 年 1 月 13 日，第 4 版）

皖烟酒税收渐增加

〔南京〕皖烟酒税务向称窳陋，全年收入仅得廿三万元，按全年比额只收四成六七左右。顷据财部息，该省烟酒税自局长陈国梁就职后，积极

整顿，税收逐渐增加，每月收入已自四成余增至九成五以上。现部署方面更派员前往切实调查，以期整顿完善。（廿七日中央社电）

（1937 年 1 月 28 日，第 4 版）

顾永泉、赵世骥律师代表施德丰酱园酒厂清算并召盘通告

为通告事。兹据施德丰酱园酒厂经理来所声称，本号因市面不景气，以致经济周转不灵，无法维持，迫不得已，惟有停止营业，委请代表清算等语。据此合亟通告周知所有该号债权人，务希于十五日内，径至圆明园路一三三号四楼秉公法律事务所登记债权数额，以凭摊偿，否则以自愿放弃债权论。所有该号债务人亦须于十五日内至上开地点，将所欠债务如数清偿，否则即行依法诉追。又如有愿受盘该号店厂基生财及牌号者，亦希至上开地点接洽。本通告除照缮张贴于店门外，合再登报公告如右。

顾律师事务所：圆明园路一三三号。

赵律师事务所：江西路二一二号。

（1937 年 2 月 4 日，第 5 版）

财部调查各省灾况

〔南京〕财部对本年受灾各省之赈济，极为重视，除已赈放者不计外，现已调查黔、桂、陕等省受灾实况，俾作分配赈款标准，日内即可具体决定。又该部以黔省灾荒严重，已会同内部核准该省暂禁酿酒，以免滥费民食，并电咨该省府查照。（四日中央社电）

（1937 年 5 月 5 日，第 4 版）

伪造印花案犯已解法院

财政部税务署稽查员郭德文、李远等奉命密查，得城内肇嘉路七一六号新吉乐斋印刷所伪造河北省印花烟酒税局印花税票及税照、图记、木戳、招牌纸等伪品，连同主人金志刚一并鸣警，带入老北门警察所等情，

已志昨报。兹昨税务署长吴启鼎备函致沈所长，对于被告伪造高粱印花税票、税照等等出卖于某大酒商混用，影响税收甚巨，务请严究主从各犯，尽法惩办，以维国税等情。当经讯问，被告金志刚供：此项伪烟酒印花票等，系由不认识之顾客定印，不知违法等语。供词异常狡展，昨已呈解地院讯办。

（1937 年 5 月 21 日，第 14 版）

印刷所主伪造文书

——减处一年六月

城内肇嘉路吉乐斋印刷所主金志刚，伪制河北印花烟酒税局图章一颗及戊种、己种、辛种查验印照各一包，及辅兴立酿酒厂高粱酒、提庄干酒、和记、裕丰、永裕、庆永招牌纸各一包，查验印照木板四块，大小木板、戳记三十七个，意图为不法之利益，为税局查获，解送地方法院，以伪造文书罪起诉。昨经王善祥推事审结，判决金志刚伪造有价证券，罪真情确，惟姑念初犯，减处有期徒刑一年六月，以儆。

（1937 年 7 月 4 日，第 16 版）

嘉兴·查获无税土烧

嘉属烟酒稽征公局嘉烟酒征收所所长，连日派员至新塍、桐乡等处稽查土烧，发现白酒颇多。前昨又在嘉兴之圣源、同和、公信等烧酒行，查获漏贴税证之土烧百余坛，结果令各该号具结核办。

（1937 年 7 月 31 日，第 6 版）

立法局报告本港去年烟酒营业畅旺

——鸦片销出竟达二万余两，红丸窟被破获九十三家

去年本港鸦片之销出，达二万二千一百六十八两，搜获红丸亦达三百九十三万六千二百三十粒，此项数字，均比一九三六年度大量增加。上述

惊人之统计，系载在最近立法局发表之一九三七年度出入口公署周年报告书者。该报告书为主任成美顿草具于本年四月十九日，全文共分九节，对于酒烟、鸦片、红丸在本埠大量增加及新兴商店出口品之繁增均有所阐述。兹录如下：

酒税增加

该报告书首述去年酒税之增加，比之一九三六年超出二十一万三千一百五十六元。此项税收中，百分之四十系由本埠酒厂之缴纳，而中国酒与日本酒则仅占百分之十耳。酒税之征收与一九三六年度并无差别，其所增加之原因，一部分由于上海与中国内地因战事迁港居留之人口增加，对洋酒之购买力因而同样加强也。酒精之销数，亦做成新纪录。盖本埠香料制造厂景象日佳，侦查私酒工作颇有开展，计破获私酒厂或机关共一百八十三宗，其中七十二宗系在市区内者，较诸一九三六年度多八十四宗。

（1938 年 7 月 30 日，第 4 版）

受战争影响酒业损失重大

——当前营业较盛战前，捐税繁重价格飞涨

本埠酒业原有一千七百余家，其同业公会设于南市一八一三号，沪东杨树浦、虹口一带六百余家，南市三百余家，均被毁于炮火之下，仅余公共租界、法租界及沪西曹家渡之八百余家，尚能照常营业。据云，每一酒行所有资本及家具存底有三千元至五千元不等者，即规模较小之酒店，其资本存底，亦在一千元至二千元之数。华界被毁之九百余家，平均每家只以二千余元计算，其损失总额已达二百余万元之巨。至于存在之八百余家，因本埠人口增加，目下营业，反较战前为佳，惟所销售者，概系采自失陷地区，捐税异常繁重，每坛须纳三元六角及所谓保险费一元二角，运费亦较往年加倍，以致价格飞涨。除山西汾酒来源断绝外，著名绍酒（如章宝、丰奎记造者）每坛（五十斤）前售六元五角者，现需十二元；天津茄皮前售十二元者，现需十八元；洋河前售二十五元者，现需四十元；牛庄前仅售十四元者，现需二十五元。

（1938 年 10 月 14 日，第 11 版）

今年全国米谷丰收，调节战时军粮民食

——设仓储押提倡节约限制消耗，沪市因新米涌到价格已大跌

【上略】

提倡节约，限制酿酒

粮食行商屯积大宗粮食，致妨害军粮民食之供给时，地方政府得令其出售，必要时平价收买之，并限止主要粮食酿酒及其他不正当消耗，倡导人民自动节约粮食，及提倡食料种类或成分之变更，规定米之碾白程度及麦类磨粉之粗细。至于欲订购洋米者，必须经行政院之核准。同时政府已饬海关禁止粮食之出口及转口至沦陷区域，所以战时我国之军粮民食，决不致发生恐慌之虞。

【下略】

(1938 年 10 月 23 日，第 10 版)

海门新订货物限制

宁波轮船业同业公会近接海门出入口货物查验委员会通知，新订限制出入口货物办法，并定于本月十六日（明日）起实行，请转饬所属各轮公司遵照。其规定如下：

（一）食粮类。如谷、米、麦、蕃薯、蕃薯丝、蕃薯粉、豆、玉蜀黍、粟等，一律禁止出口。

（二）酒类。除有关医药用途限制外，如啤酒、葡萄酒、关东高粱酒等，一律禁止入口。

（三）化装品类。如香粉、蔻丹、胭脂、口红、香水（雪花膏、花露水不在其内），一律禁止入口。

（四）杂项赌具。如麻雀牌、排九牌、纸牌、骰子，一律禁止入口。

关于未组织运销公司或运销处之主要出口物品，凡贸易委员会规定二十四种货物，已遵章购买外汇，经登记查验后，准予自由出口。（以上现代社）

(1938 年 12 月 15 日，第 9 版)

杭伪组织横征暴敛

——苛捐杂税达十项之多

〔杭州通讯〕伪浙江省长汪瑞闿，自登台后，即大举搜刮民间仅存之资产，恃以为劫后维生之具，亦遭罗掘一空。且既经伪省府征收之税，伪市县府亦同样征收，同一名称，竟须经过几个伪机关压榨，以致民怨沸腾。兹将伪省府征收之苛捐，概述于下：

一、烟酒业牌照费

伪杭州市长何瓒，订定杭市征收烟酒营业牌照费章程十四条，于十一月八日公布，十一月份开始征收：

（一）申请登记；

（二）分季缴纳；

（三）分等领照。

凡负贩小商，亦须同样办理。如匿不申报，查获之后，科以按照税额十分之二罚锾。但伪财政厅亦订定全省烟酒牌照税条例，与伪市府所公布者大同小异。

二、营业执照费

伪市府于去年十二月间设置杭市工商业登记事务所，三个月间，工商业登记领照达二千七百八十家，内以茶馆、酒菜、糖果、药材、洋广、南货、面店、旅馆为多，尤以茶馆为各业之冠。伪市府近又限令工商各业，凡不领照而私自复业者，定即严罚不贷。

【下略】

(1938 年 12 月 16 日，第 7 版)

全国十一月份对外贸易入超七百三十余万

——出口纺织、□维首位

进口洋货

【中略】

酒：啤酒、烧酒、饮水等，四〇五一八九元。

【下略】

出口土货

【中略】

酒：七八六九九元。

【下略】

（1938 年 12 月 25 日，第 11 版）

全国一至十一月份对外贸易

——进口日本占首位

进口洋货

【中略】

酒：啤酒、烧酒、饮水等，二五一四九六四元。

【下略】

出口土货

【中略】

酒：一一一五八二八元。

【下略】

（1938 年 12 月 26 日，第 9 版）

张飞熊、张事本律师受任言茂源永记绍酒栈常年法律顾问

——并代警告冒用商号各家启事

本律师等兹受任上开当事人聘请为常年法律顾问，嗣后如有侵害敝当事人一切权利、财产、信誉、法益者，本律师等依法当尽保障之责。并据声称：本栈酿造绍兴各酒，行销各省，已历百有余年，颇蒙各界所赞许。曾设门市部于沪南，亦有多年，经呈请实业部注册，给有商号，设字第八九八五号执照可稽，现迁设于福州路六八一号照常营业。兹查本市尚有言茂源酒肆多家，均非言氏后裔，显见冒用商号，实属攸犯刑法第二五三

923

条之罪，委托登报警告冒用商号，各家限于登报日起拾日内改用其他牌号，以免混淆而启纠纷。否则，即请依法诉究等语，前来据此合代警告如上。

事务所：吕班路廿四号。电话：八五三八七号。

言茂源永记绍酒栈地址：四马路云南路口。电话：九四四九四号。

(1939 年 4 月 15 日，第 5 版)

黄翰律师受任同泰源德记酒行常年法律顾问代表紧要声明

本律师受任上开当事人常年法律顾问，并据该酒行经理单甲三君声称：本市成都路第一○一一号门牌同泰源高粱烧酒行，前由李大有君独资创设，自本月十五日起，经李君邀请单甲三加入资本，改组为同泰源德记高粱烧酒行，推举单甲三为经理。所有改组以前同泰源对外人欠、欠人及一切权义行为，概归李大有君个人自行料理，与同泰源德记无涉。除订立合伙契约外，为此委托律师代表登报郑重声明等语，前来合代登报声明如右。

事务所：爱多亚路中汇大楼二三八号。电话：八一七九四号。

(1939 年 4 月 20 日，第 2 版)

工部局对物价尚无统制趋势

—— 惟主要物品达"饥馑点"时，工部局始将运用特殊势力

发言人非正式表示。《大陆报》云：本埠物价继续高涨，至空前水平。一般食物价格约涨什三。昨据工部局发言人非正式语记者云：惟米等主要物品达"饥馑点"时，工部局始将运用特殊权力，统制上涨之价格云。此与华籍人民尤有关系，工部局方面昨未正式发言，局方今日（十三日）午后四时三十分开董事会，不致讨论此事。

此种局势不能长久。消息灵通方面相信，无论法币如何，此种局势，乃暂有之事，盖供求律将调整局势。若有抬高价格，以贸利者，他人将定较低之价，以广招徕也。众信若米价高涨，造成米之饥馑状况，工部

局将据一九三七年军兴后米荒时之先例，而运米入口，按照规定之合理价格出售之。

观察现象势难平抑。西药亦已涨价。据拜耳药厂称：该厂药物均已高涨什三，他如橡皮物品、出租汽车、舶来香烟等莫不涨价。啤酒虽仍维持原价，惟据现象察之，不久亦将涨价，势所难免也。

【下略】

（1939 年 6 月 14 日，第 10 版）

上海设戒酒公所

上海设立戒酒公所，在英租界工部局后礼拜堂对门。其设立之本意，原为轮舶水手起见。因伊等上岸，多有赴酒店沽酒，及酒酣耳热，往往生事。自公所成立，则此弊可免。所中室宇清洁，器具华美，并有书籍新报，可以怡悦耳目。或一礼拜一会，或一礼拜再会。会日选备精馔佳肴，异果名糕之类，以为小宴，以供清谈，特不用酒耳。前礼拜六已经开堂，聚会者为水手及上海西士二百余人。铁公水师提督，于饭后亦来视看，大有庾亮南楼，兴复不浅之意。其人伉爽豪迈，水手见之，多伸〔生〕敬爱。提督亦甚为夸奖，以其制度之善也。

（1939 年 7 月 18 日，第 14 版）

杂粮转口一律免税

——浙西实行各物一税

海关转口税税则规定杂粮及其制品内，免税者为米、谷、小麦三种，今后糠麸、荞麦、高粱、玉蜀黍、小米、豆饼、棉籽饼、花生饼、菜籽饼、其他籽饼未列名杂粮粉等，自四十五号至五十四号，一律准许免税，以示体恤，各关均已奉令遵办。又浙西税务处规定战区各县，只征特种消费税一种，计包括烧酒、土黄酒、土烟叶、土丝、糖、卷烟、食盐、火柴、煤油等，其余各县原征各税，一律撤除。现余杭、富阳，北岸武康、德清、吴兴，杭市县海盐、海宁、嘉兴各县，均已开征，颇著成效。因各物一税后，经过战区各县，不再重征，均称便利。

（1939 年 7 月 27 日，第 9 版）

黔禁以米麦酿酒造糖

贵阳黔省府以各县酿酒熬糖，大多以米、麦、苞谷三种为原料，每年消耗甚巨。现值抗战时期，粮食关系重要，亟应广为储蓄，以裕资源，特制定黔省禁止酿酒熬糖办法，定十二月十六日起实行。（廿五日电）

（1939 年 11 月 27 日，第 4 版）

工部局布告第五一九一号·为核发酒馆执照事

为布告事。照得住居静安寺路五八〇号之吴瑞生君现欲在该号屋内开设酒馆，陈请给照。本局现正考虑发给一临时执照，民众倘有异议，应于一九四〇年一月廿六日星期五中午十一时以前，以书面向本总办兼总裁提出，合特布告周知。此布。

西历一九四〇年一月十八日，总办兼总裁费利溥。

（1940 年 1 月 19 日，第 2 版）

一九三九年上海工业之回顾（三）
——工部局年报之三

【上略】

烟酒食品业、烟草工厂在战时受损綦重，上年有新厂两家，曾在西区建造厂屋，其中一家业已开工，另有大规模者一家，正在筹办中。若干公司所制出品，包售位于较小之烟厂。新设之汽水厂及啤酒厂各一家，已经开工。前设于东区之饼干公司一家，已在西区建厂开工，本地所制饼干及糖果之销路，大抵兴旺。面粉厂之产量，在年底时已见减少，其原因为内地销路减色，且华北运销困难。油厂因芝麻□□及棉籽等不易自内地运沪，营业较为清淡。茶叶于夏间有大宗出口，突然畅销。欧战发生以后，北非市场断绝，工厂数家，曾于年底因时令关系，宣告停工。

【下略】

（1940 年 1 月 29 日，第 9 版）

工部局布告第五二〇〇号·为核发西式旅馆、餐馆、酒店及售卖啤酒执照事

为布告事。照得本局之执照委员会定于三月十五日星期五下午四时半在江西路二〇九号本局办公总处开会，以决定次年度所应发给执照之西式旅馆、酒店及售卖啤酒店（在店内饮喝者）等之数目及地点。凡欲请求发给新执照，或其现有临时执照将于三月三十一日满期者，须于二月二十九日或是日之前，将陈请书交本总办兼总裁核收。二月二十九日以后送到之陈请书，不予考量。本局当于二月二十九日以后，另发布告，使一般民众对于发给新照或旧照转期有向执照委员会提出抗议或表示赞助之机会，欲得空白陈请书者，可向本局财务处捐税股索取。在此后十二个月内至下届执照委员会开会时止，除临时执照外，本局将不颁发新照，合特布告周知。此布。

西历一九四〇年二月十四日，总办兼总裁费利溥。

（1940 年 2 月 15 日，第 2 版）

庄源大号为瓶酒增价启事

本号开设虹口庄源大弄，迄今已有百五十余年，所制绿豆烧及各种露酒均采用国产原料，质纯味佳，而为各界所称道。兹因各种原料一再飞涨，为顾全血本计，迫不得已，于国历二月十四日起，大瓶改售法币一元二角，小瓶改售六角四分，批发折扣照旧。本号批发所仍设在巨籁达路九十七号至九十九号本支号，本号虹口原址已于国历一月十九日复业，该区各顾客务请就近赐顾为荷。电话购货，随接随送。本支号电话：八三九六〇。

（1940 年 2 月 15 日，第 6 版）

中国酿酒公司为象头牌土酒变更售价启事

本公司采办优等国产原料，聘请酿造专家配合制造，所出品象头牌五茄皮、绿豆烧、白玫瑰、郁金香酒等均经科学方法蒸滤而成，清洁卫生，酒味醇厚，容量充足，饮之强精补血，久为各界所赞许。兹因原料继续飞涨，为顾全血本计，自二月十五日起，大瓶改售法币一元二角，中瓶改售六角四分，惟大瓶郁金香每打改售法币五元五角、中瓶每打改售三元三角，批发九折照算，特此通告。

事务所：法租界康悌路四四一号。电话：八三九六一号。

（1940 年 2 月 15 日，第 6 版）

张振元绿豆烧大王涨价启事

本园所制绿豆烧大王，其原料纯以国产米麦、绿豆、红粮，经过科学方法，用最新机器酿成，故酒味醇厚、滋养丰富，与市上类似之酒迥然不同。虽出品未久，然已深蒙各界赞许。兹因原料继续飞涨，成本激增，为保全血本计，不得已于二月十四日起，大瓶改售国币一元二角，小瓶改售六角四分，批发折扣照旧。电话购货，随接随送。

总批发所：新闸路梅白格路口张振元酱园。电话：三〇六〇四号。

（1940 年 2 月 15 日，第 6 版）

统计物价之变动
——二月份（一）

【上略】

（一）啤酒

上海啤酒及怡和啤酒每箱加价十一元，桶头啤酒每公升加价一角五分（上海、怡和两公司），瓶装四八或七二，每箱涨售三十五元，桶装每公升涨售八角五分（中国厂）。

（二）土酒

先后涨价二次。第一次，大瓶改售一元二角，中瓶六角四分，大瓶郁金香每打涨至五元五角，中瓶三元二角。第二次，土酒大瓶再涨至一元五角，中瓶八角，大瓶郁金香每打七元，中瓶四元五角，葡萄酒每打七元二角（中国公司）。（未完）

（1940 年 3 月 23 日，第 11 版）

物价之变动

——三月份（二）

【上略】

（二二）堆栈栈租

照原租价涨三成，（大安栈）加二成，（久和栈）杂粮每包第一个月一角六分，连上力在内，第二个月一角。其余各种杂货，照加三成。（大丰栈）绍酒堆栈栈租，加大绍酒及加大仿绍酒，每坛每月一角，京大酒一角三分。（绍酒堆栈）

【下略】

（1940 年 4 月 15 日，第 12 版）

法租界内发现劣质食品

——牛乳掺水及用染料制造饮品　酒类冒牌出售尤多　均处重罚

【上略】

（四）饮料，对于伪造饮料之取缔，仍在继续中。

子、某号用染料以大批制造饮料，并以葡萄酒及山东酒名义出售，被处罚款一千五百元。

丑、某号用下等酒精以 Hennessy 牌烧酒名义发售，被处罚款三百元。

寅、某号贩卖未记明来源之酒类，被处罚款一百元。

（1940 年 6 月 10 日，第 7 版）

老裕泰酒店店主等被捕，经理赌负甚巨
不理店务，客户定批绍酒无法交货

云南路汕头路口老裕泰酒店，为以前被人暗杀身死之唐嘉鹏即唐阿裕所创设，至今已历多年，惟店主辗转盘让，亦已多人。上年由常州人陈姓接盘，营业未久，店主即患病故世，店务由其女婿苏州人龚国梁任经理，朱润安任协理，并推广营业。除门市交易之外，兼营批发绍酒事业。最近有永福昌、同丰号、碧壶轩、章玉堂、章文正、吴传忠、华艮芝、马柏堂、沈霭堂等十户向老裕泰酒店经协理龚国梁、朱润安二人，定购大批绍酒，价在数万金之谱，交付龚、朱二人定钱二万一千余元，双方订立成单，盖有老裕泰图章，约期于废历端午节前交货。乃龚近因出入沪西各赌窟，输负颇巨，致无法筹款弥补交货，竟自离店不别他去，而店方发觉龚离店并有客户订购大批绍酒之事，委杨俊麟律师代表，登报声明，谓经理龚国梁所经手诸事，归由龚自行理楚［处］，与店方无涉。乃客户永福昌等十家见报，同委张事本律师代为登报驳复，并以该店主及陈姓孀妇与经协理龚、朱二人有共同诈骗行为，□情报告捕房，仅将协理朱润安拘获。后又会同法捕房往蒲柏路将店主妇逮捕，听候移解法院诉究，一面查缉在逃之龚国梁归案究办。

(1940 年 6 月 10 日，第 8 版)

昌华酒行开幕启事

本行择于夏历八月初一日（即九月二号）下午二时开幕，敬备杯茗，恭候各界光临指教。新张伊始，特别克己，电话购货，随接随送。

营业要目

专员采办：洋河高粱、绍兴花雕、各地名酒，零趸批发，格外从廉，代客买卖各地名酒、土酒、绍酒，服务认真，价格公道。

发行瓶装美酒：五茄皮、绿豆烧、白玫瑰、木瓜酒、原庄洋河高粱，批发零卖，特别克己。

（行址）小沙渡路、新加坡路口七百三十一号。

（电话）三三五五五转。

（1940 年 9 月 2 日，第 1 版）

绍酒飞涨

——瓶酒二元五角

绍酒来源仅能绕道乍浦运到少许，以致上海绍酒存底日薄，囤户争相购囤后，市价日趋激涨。封锁前京庄五十斤装，每坛最高售价仅二十二元，封锁后暗盘未几即高为二十四至二十六元。八月一日酒业公会决议，改明盘市价为二十八元算，惟不出一月，暗盘又起涨风，由二十八而二十九，至三十，至三十三四元。最近自十二月一日起，酒业公会又改订明盘市价为每坛三十六元。但同业暗盘涨风更厉，竟超越规定市价，高抬为三十八至四十元。同时，瓶头花雕由每瓶高峰价一元八角更涨为二元五角。至于苏酒，价格飞涨，数天内已由市价每罐二十一元算，暗盘狂跳至二十六七元云。（雁）

（1940 年 12 月 1 日，第 14 版）

各界短简·红酿绍酒到沪

浙省绍酒素具盛名，向为中外各界乐饮。每年运沪销售，数极可观。兹有红酿制酒厂特将藏有多年红酿陈绍数十坛，为飨沪顾客起见，业已陆续运到，现设发行所于法租界华成路四五弄，电话：八六六二二号。

（1941 年 1 月 19 日，第 11 版）

潘仁希律师代表中国酿酒公司声明象头牌商标专用权
并警告冒牌奸商及敬告酒楼菜馆等代售处暨顾客密切注意启事

兹据上开当事人声称：本公司出品象头牌绿豆烧、五茄皮、白玫瑰、高粱烧等各种酒类，均用上等国产原料酿制而成，酒味醇厚，质量精良，

931

故行销遐迩，向为各界所称道。而所用象头牌商标，亦早经于数年前呈准商标局注册，取得商标专用权在案。讵最近经本公司查得，时有不肖奸商竟敢收集本公司各种象头牌佩装空瓶，灌以劣酒，黏上仿制或类似之虚伪商标，在市鱼目混珠，欺蒙顾客，以图不法之利益。亦有明知为冒牌劣酒，而仍代为经售者，妨害本公司之营业信誉，实非浅鲜，实属不法至极。除已分别警告诉究外，特再委请代表，登报警告各冒牌奸商，如再有上开不法行为，发现当即依法严究，不稍宽贷。并请敬告全市各酒楼、菜馆等代售处暨顾客务须认明象头商标及注意瓶口英文封条，以免误购受欺等语前来。据此合代启事如上。

（1941 年 3 月 28 日，第 4 版）

各界杂讯·五梅牌洋河大曲

丰泰酒坊出品五梅牌洋河大曲酒，质醇味香，风行全沪，前因交通关系，一度脱货。兹已大量运到，仍由公大广告社、节约服务社等处代售。

（1941 年 4 月 20 日，第 11 版）

酱油酒业等继起抑低售价

本市各业因鉴于当局决心抑平物价，并将超逾限价之商店分别处罚后，咸具戒心，纷起自动抑价。兹悉又有酱油酒业、烧酒业及泰康食品公司等，继起依照五月二十六、八日旧币定价折合中储券，出售货品。

（1942 年 7 月 13 日，第 4 版）

酒菜业可登记领证

上海食油同业批发处对酒菜馆整数购油感困难，酒菜业纷请该批发处设法补救。该处经调查确系实在情形，但碍于遵守规约，不得直接售给，故亦行用登记申请手续，按其需要，予以最低规定数量，发给购买证。该证附载一切条款，卖买双方均须照章办理，证中载明：凭证可向已在该处登记之零售店会员中任何一家购买，悉照规定零售价格卖买。凡此项凭证购去之油，零售店得□购油人所书证条向该处报销，由该处照数补给。如此则既不妨碍零售店门销数量，而致减少一般市民之需求，复可解除酒菜业之购油困难。至于利润，均归零售店。

（1942 年 11 月 7 日，第 5 版）

酒菜业购证暂缓签发

本埠食油同业批发处，定货五百吨（合一万担），业已正式签字，另［零］售店方面，复于昨日起，已将存货发售。厦门路、福建路、天潼路、白克路各食油出售商店，均可见到此种行列，是以市民对食油一项，目前似已可无需过分忧虑。

领购油证，本月暂停

食油同业批发处，对于昨日各报所载"酒菜业领购油证"一项，以与事实有不符处，恐外界发生误会起见，特向大通社记者郑重声明：按酒菜业购油证数月前已开始签发，本月份起，因食油配给量之不充，批发处当局曾出有通告，暂缓发给。

五百吨油，配给有期

又据食油同业批发处负责人称，已签字之五百吨食油，移动证接洽已有头绪，下星期二或三当可配给各零售店应市，惟为避免囤积及造成黑市计，首次配给量暂定为一千担至二千担。

（1942 年 11 月 8 日，第 4 版）

酒业调整售价

—— 联谊会拟定整个办法

军配当局对本市酒类配给事宜，向指定上海特别市酒类同业联谊会办理，且对各项酒类亦由工部局物品统制科评定限价在案。而迄今二月来，酒类市价动荡不定，联谊会为抑平估价起见，业已拟就整个办法，以谋同业福利。各酒店会员，可向该会申请，并将每月应需之数额申报该会，以便重加调整。

（1943 年 3 月 9 日，第 4 版）

今年酒类消耗达三万万元

本埠酒类同业联谊会，为阐明该会宗旨起见，特于昨日下午向记者发表谈话，略谓：上海酒业各同业向无统一组织。该会成立后，拟联络各业办理关于酒类配给事宜。渠又称，酒类虽系奢侈品，但每年消耗数量殊巨。据可靠统计，本年度达三万万元。

（1943 年 3 月 14 日，第 5 版）

存酒数量

——绍酒高粱卅八万坛　　总值六千五百万元

大通社记者昨向上海市酒类同业联谊会探悉，该会对本市存酒实施调查后，业已获知本市存酒之总数，为绍酒三十万坛，其他粱烧酒等总数亦达八万余坛。估计此项存酒之总值，照公定价格计算，绍酒达四千五百万元，粱烧等亦达二千余万元，共计达六千余万元。

（1943 年 3 月 19 日，第 4 版）

粱烧酒事实上不能囤积

前报载本市粱烧酒总数存达八万余坛之说，兹据市粱烧酒行同业公会来函谓：各会员酒行向系代客卖买，极少存货。况粱烧一项，香味酒色，极易走漏，事实上不能囤积，所载一节完全业外人所臆测，务请更正。

（1943 年 3 月 21 日，第 4 版）

粱烧土黄酒限价已核准

本市粱烧酒行业同业公会对各酒之限价，业经两租界当局核准如后：

洋河高粱酒零售价格每市斤二六元五角；天津高粱酒每市斤二七元三角；甲种土黄酒（京庄）每坛五十五市斤二四二元八角，每市斤四元八角；乙种土黄酒（顶庄）每坛五十五市斤二二二元二角，每市斤四元四角。

（1943 年 5 月 19 日，第 4 版）

上海酒业股份有限公司召开创立会公告

本公司业已筹备就绪，并经呈奉上海特别市经济局核准备案。兹定于本月廿二日（星期六）下午一时，假座宁夏路（八仙桥）青年会九楼东厅，举行创立会报告筹备经过，讨论公司章程及选举董事监察人。届时务祈各股东携带出席证，准时莅临，共策进行。除分函通知外，特此登报公告，再惟恐函件或有遗漏，务希届期准时莅临为荷。

筹备主任：戴春风。

筹备员：孙敝之、言重伦、彭熙、李佑才。

筹备处：长兴路一八一、一八三号。

电话：八三八九二。

（1944 年 7 月 21 日，第 2 版）

工业界纱布为主

工业生产，本有二厂：一为三厂镇的大生第三纺织公司，又称大生三厂，出产魁星牌等商标之纱、布，畅销大江南北，声誉卓著；一为张啬公故里——长乐镇之颐生酿造酒厂，出品之船牌、地球牌等烈性酒，早年誉满中外，一九〇六年并荣获意大利特种奖状。二厂均为张啬公手创，于抗战期内，均蒙重大损失。大生三厂，曾被日寇强占数载，后虽发还，而重要机械零件多被劫走，一时工作不能进行，陷于停顿，现虽复工，全部机器仍不能完全动工。颐生厂之损失，为状更惨，酿酒工具，既荡失无存，厂屋又迭遭敌伪摧残，墙坍壁倒，鸟兽为巢，令人目不忍睹，开厂更是遥遥无期。故目下该县工业生产，仅有大生三厂之纱和布矣。

（1946 年 6 月 4 日，第 7 版）

广州两工厂

——饮料厂制造啤酒汽水，纺织厂华南规模最大

〔本报广州十二日电〕记者昨参观广东实业公司之饮料厂及纺织厂，查前者，系此次接收后，去年十月一日复工，每月可制啤酒五万瓶，汽水卅万瓶。

（1946 年 6 月 14 日，第 2 版）

绍兴破坏较少

——人口仅八十四万人

这里破坏更少，市面亦完整如故，不过人口战前为一百二十万人，而现在仅八十四万人了。土地面积为二百四十万亩，可耕种者二百万亩，中心学校九十七所，国民学校五百○七所，私立小学三所，失学儿童四万○七百○三人，失学成人十六万五千五百九十三人，失学妇女八万五千○四人，这里特产为驰名的绍兴老酒、锡箔与淡水鱼、丝绸等。战前酿酒，每年要在十万缸以上，而现在则锐减至十分之二，仅有二万余缸。酿酒的原料，主要是糯米和曲，倒不是本地出产，是以丹阳、金坛、溧阳、嘉兴等地的糯米作原料的。绍兴老酒，除著名的状元红、加饭、竹叶青、善酿、花雕外，更有一种名为"女儿酒"，其味至醇。据说是大户人家在产女后，即加工制造一缸或数缸，酿好后，封固缜密，即埋藏于家里行走必经的路的泥土下，令人践踏，等女儿长大后，将此酒取出飨客，其味甚醇，以博取饮者之赞美为荣。

（1946 年 8 月 25 日，第 8 版）

台中去来——十二月一日台北航讯

本报台湾特约记者杨育

酒香处处，垂涎三尺

台湾全省属于专卖局的制酒工场，一共有三十四处，分布于台北、台中、台南、台东、嘉义、花运港等地，其规模最大的要算是台北的板桥制酒工场，其次就是台中铁道东侧复兴路畔的一处了，我曾抽空去参观了一次。过去，台中的专卖分局与酒工场是合在一起的，至今年八月间，即告分开，专卖分局只管专卖物品的配销，酒工场则致力于生产制造。

制酒工场的陈事务股长，首先领导记者到制造"白露酒"的工场里去参观。成立了二十多年的工场，从房屋的外表看上去，确已显得非常苍老，何况战争也没有饶过它，丢了一个炸弹在它旁边。光复以后，曾接收后加以修理，开工了一个时期，可是现在又因损坏而停工了。"白露酒"，普通就叫米酒，原料是米，另外再加糖或蜜发酵而成。制酿发酵的一室里，有着十四个大铁桶，当米糖放在里面经过十余天的发酵后，就有无数的铁管把初步酿成的酒通至蒸馏室，加以严密的蒸馏。其间因为混杂有许多渣滓，所以蒸馏后就输至一只紫铜色的锅炉里去过滤。经过这几道手续后，米酒即告制成，然后再从管子里流至仓库间里的大桶中，加以贮藏，随时随地，多可以把它输至包装间里去装瓶。制作的方法因为大部分依靠机械，所以雇用的工人并不多，总计整个酒工场中，约有二百名左右。米酒的酒精含量是百分之二十二，普通人吃似会感到些刺激。虽然这部分工场停工很久，可是在里面转了几个圈子，到处多闻到一股触鼻的酒香，"一杯在手，万事全休"的老饕们到了这里，无疑的会涎垂三尺的。

现在所开工制造的是含酒精百分之十七的"芬芳酒"，手续比较繁琐一点，虽然原料也是米，但必须要拣精白的，先使它浸水，后取出制曲，再使他在许多大铁桶中发酵，之后就把另一间专贮着的酒精用管子通到里面，这样只要经过八九天后，也可算是制成了酒，不过因为含酒精的纯度很低，怕有细菌潜在，且防其变质，所以初步制成后，加以过滤，再使它从铁管中流过一个热度很高的沸水炉，杀灭细菌，然后通至贮藏室。可是到了贮藏室的大桶里，它还得隔两个月才可以取出装瓶。

每日产酒，二百公担

装瓶间里机声震耳，叮叮当当的玻璃瓶响成一片。在机器的一端，两个女工把空瓶一排排的塞在架子上，一层层的被机器卷进去，在冷热水中涮了几个浴，但当它们从另一端出来的时候，却还是排得端端正正的，然后又机械地向前开步走，中间经过一个专司检瓶的女工后，就一个个左右周旋在一架装酒机上，依次地被引上，装满放下，再移至另一架装盖机上装好了瓶盖。这时候，许多女工又把它们塞进了一架大机器中，再沐一次蒸气浴。你将以为这是最后一次的除菌、消毒了吧？其实不，当它们湿淋淋的从里面出来以后，还要经过一个女工，用电灯光仔细将它检查，有无破裂及杂质，然后才由人工贴上了标纸，加以包扎，听说以前运贴纸与包扎也是用机器的。

这样高速度的生产，每天可有二百公担的成品，约可装酒一万二千瓶。不过近来销路不如理想那样好，因为很多人不能彻底明了专卖事业的性质，以致私酒充斥，成了一个最大的影响。往昔日本人统治台湾，财政收入百分之七十九是依靠专卖事业，可是现在我们却在为专卖事业叹苦经，相差不可以道里计，真是从何说起呢？

（1946 年 12 月 11 日，第 9 版）

绍酒到源稀落，价格齐步上升

〔本报讯〕日来绍酒到源稀少，市销不弱，价格猛升。远年酒每坛六五市斤为卅二万元，普通千陈五〇市斤价为十八万元，平均较上周涨起二成左右。抗战以还，绍酒产量一落千丈，盖产地频年米荒严重，禁酿甚久，第以东北、华北，销路中断，虽产量减少，存货未见稀落。胜利后米价之上涨，不若酒价之烈，故上年产地尽力酿造。据业中人云：上年产量总额约为六十万坛，较之战前尚不逮远甚。

（1947 年 3 月 23 日，第 6 版）

上海酒业股份有限公司通告

径启者：查本公司卅五年度股东大会召开在即，并拟填发正式股票，收回所有临时股款收据，凡我股东所执临时股款收据如有转让、承受或其他变更事项，限于登报日起一个月内携带所执临时股款收据及转让受让或其他变更事项之申请证明文件，移玉本公函办理登记手续。事关各股东本身权利，恕难个别通知，特此公告。务希各股东遵照，迅速办理为荷。

董事会启。

（1947 年 3 月 25 日，第 3 版）

台湾酒业巨子到沪协商运销

台湾省营酒集公司总经理朱梅，日昨飞沪，将晋京接洽要公。据谈台省秩序，已逐渐恢复，生产事业，亦正依照预定计划猛进。酒业公司统辖酒厂十四家，规模宏大，鉴于国内洋酒充斥，经济损失浩大，亟谋挽回利权，近年来所制台湾啤酒及威士忌，品质极佳，不久将大量运沪，为国货争光。此来与财政部货物税局接洽免税进口及招请代理商，均在顺利进行中。俟晋京后，拟于下星期四飞返台北。

（1947 年 4 月 14 日，第 4 版）

绍酒酝酿新价

绍酒以米价陡涨，来货成本骤增，虽逐步上升，但仍不克补抵后货，昨市暂无交易，同业正集议新价中。

（1947 年 5 月 6 日，第 6 版）

酒市狂腾

近日绍酒、苏酒，涨达五成，前途潜势颇坚，烧酒涨风尤烈，较前月涨达一倍半。

（1947 年 5 月 27 日，第 6 版）

烟酒消耗

七月份香港出入口署发表统计，烟酒两项也占了相当可观的数字。烟的进口共值 1824729 元（港币），出口 993891 元。酒的进口共值 872279 元，出口 603791 元。烟的入超八十三万余元和酒的入超廿六万余元，当然是香港市民所消耗的了。

（1947 年 8 月 28 日，第 5 版）

渝市货物生产统计

〔本报重庆八日航讯〕本市货物近年生产情形，兹据货物税局统计，缕列如下：

（一）卅五年一月至八月，卷烟四七〇一五箱，棉纱一九九六六包，火柴二九一五箱，铁一〇四一吨，非金属三一〇〇〇公担，金属一一七八公担，煤三七七九七〇吨，土烟三五六六一〇市斤，土酒一二四七九桶。

（二）卅六年一月至八月，卷烟六五〇〇五箱，棉纱二八二五四包，火柴九六〇七五箱，铁二〇二七吨，非金属四五九八公担，金属七六〇五公担，煤三五五〇三一吨，土烟三一七〇〇五市斤，土酒八六七〇桶。

（1947 年 10 月 13 日，第 7 版）

商业简讯 · 青市港务局统计进出口数据[*]

据青市港务局统计：十一月份进出口货，计进口总量六万零一百八十一吨，煤炭估百分之卅，面粉、木料、鱼类次之；出口一万八千五百四十四吨，盐类、棉纱各估百分之八十二，次为酒类。

【下略】

（1947 年 12 月 16 日，第 7 版）

七 行业动态

杭州·酒业会议加价

　　省垣上下城各酒肆近奉财政厅明文，自八月一日起实行增加印花，每酒五钱，加贴印花三角，业由酒捐局出示布告在案。兹闻酒业同行以捐既增加，而售价照旧，未免于成本有亏，昨日邀集同行各举代表在吴山酒仙庙会议加价，每斤加钱十文，准于下月初开始。

（1915 年 7 月 26 日，第 7 版）

杭州·酒酱业停市纪详

　　自烟酒公卖章程发表后，杭城一般经营酒业者，咸以近十年来之酒上捐税重迭，负担匪轻，若再征收公卖费，营业之损失益大，故迭次吁求酌减。现在酒业全体以公卖局已于八月一号成立，是公卖费即于一号起征，而以前店中存酒，当然毋庸征费。兹以公卖酒捐局长对于各店存酒在章程未施行以前，仍须一律补缴征费。前日有某栈坛酒出门，警察责令补缴，与之争辩，又被将酒扣留。于是该业同人连日在酒业公所会议，定于五号起，不论大小酒店及兼卖酒类之酱园，一律停止营业，筹议维持方法。如果私行售卖一坛者，罚洋百元，一斤者，罚洋一元。故昨日各酒店、酱园均双门紧闭，实贴维持营业、停止交易之红条。一面联名具禀巡按使暨财政厅长、烟酒公卖局长，历陈本省酒酱两业近年困难情形，愿恳减收公卖费，以恤商艰，拟俟奉批后再行照常营业。惟闻警察厅以酒虽属消耗品，而酱油一项实为菜蔬所必需，已劝令从速开市，以免城墅居民有淡食之虞。又闻杭城酒商王赤周、陈诚实、丁济裕等以烟酒公卖系奉大总统批准，自应勉力负担，但历年存积在店，底货有气出质坏者，有味酸色变者，有存贮过久一坛不及半坛者，有开出酒券已归饮户随时支取者，此项店内存货，亦须报缴公卖费，未免凭空受损。现在联名具禀财政厅拟在绍未曾运杭各酒，且俟绍地章程定后再行遵办。至历年存积各酒，一律免纳公卖费，以恤商艰而纾民困，未识能邀准否。

（1915 年 8 月 7 日，第 7 版）

杭州·酒酱业已允开市

酒酱业因归缴公卖费激成停止营业之风潮，五日下午酒业商人暨酱业商人，先后至杭总商会，声请出为维持以保商业。经总理顾竹溪君再三劝导该两业商号即日开市，一面允为与筹备主任员汤君商酌，务使国库商情两无偏倚。酒酱商人以法律不溯，既往存货当在免征之列，未允即日开市。复由顾君反复开导，仍不照允，乃先令各酱园将酱货照常营业，以待解决。酱商遵劝而散。顾君亦即陈商警察厅夏厅长以酱业允于明日（六日）开市，惟不售酒，恐不肖之徒，藉资事端，请饬区派警随时保护，当承夏厅长允准照办。六日上午，顾君谒见筹备主任汤君调停其事，商谈许久，其结果承汤君允准：

（一）先令即日开市；

（二）将为首人严行处罚；

（三）现存酒类照《公卖征费章程》，自当酌量通融，以恤商艰。

昨日湖墅江干，各酱园大半照常营业，城中各官园亦多开市。惟生意陡增，几乎应接不暇，于午后闭门休息。下午酒业代表陈守山等十人、酱业代表十余人，复至总商会听候办法。当由顾君将陈商汤君各节明白宣布并再四劝导全体开市，酱业即允，当晚转知同行，明日照常营业。酒业代表亦允，通告同业明日（七日）先行开市，静候解决，并仍请顾君转达商情困苦，乞予格外通融体恤。即晚，该总商会遍发传单照知酒、酱两业翌日开市，时间不及，乃拟就遵告登报广告，俾众周知。

（1915 年 8 月 8 日，第 7 版）

杭州·开市后之存酒征费问题

酒酱业停市风潮，已迭志前报。兹悉各酒店已于昨日一概照常营业。惟财政部对于征收公卖费一层，持之甚坚。昨已有电至浙，未知该酒商见之，又将何如也。兹将财政部来电录下：

浙江烟酒公卖筹备处汤主任，凡商民自公卖局成立之日起，非经检定贴有印照者，即认为私货，无论先期购定。但系销售于市场，即当征费。北京设局以来，各商旧日存酒均受检定，照章缴费。仰该主任速召各商，妥为开导，切勿误会为要。财政部。鱼。

又闻汤局长当征费之初，原拟分别通融，以示体恤，乃酒酱商人事前既不禀请官厅，复不略陈商会，情同默认。迨实行征收，乃即停业，要免补缴，将置官厅威信于何地？于是坚持照章征费。嗣经顾君为商乞怜，再三磋商，汤君始允通融，将为首者罚办，一面照章减征公卖费十成之五。但闻减征一节，尚须电部请示，方可实行。

（1915 年 8 月 9 日，第 7 版）

租界绍酒业反对公卖

黄酒业商朱锦康具禀江苏第二区烟酒公卖分局，请在沪组织南北市黄酒业公卖分栈，呈缴押款三千元，恳予给照承充，已奉批准照办在案。兹悉北市绍酒同业，以同业在租界开设酒店，对于国家既有印花、落地等税，对于租界又有营业、房捐等捐，负担本已极重。租界各业货物于内地华界种种捐税，向不完纳。今朱商事前并不接洽，辄欲垄断同业，万难承认。现朱以事多窒碍，闻已具禀分局，请求撤销原案矣。

（1915 年 8 月 9 日，第 10 版）

苏州·关于烟酒公卖之暗潮

苏常烟酒公卖分局招商钱维慎设立分栈，烟酒各业群起反对各节，已记前报。兹悉绍酒业八县总代表单渭年（王济美店主）、金家悦（金瑞兴店主）二君已在柳巷内张公馆中设立绍酒同业事务所，并续行邀请同业议定第三次上禀办法，禀内声明必须另设分栈理由，通禀财政厅道尹、省公卖筹备处核示，一面商请代表赴宁，面谒各当道陈述理由，以免隔阂。烟业仍由总代表王润甫及八县各代表列名续行上禀。其禀中系遵照部章，声明必要情形，请求另设分栈，一面亦另举代表赴宁面陈理由，务达目的而后已。

苏垣杜酒一业向以吴干卿为董事，凡一切捐税等项，皆由吴君经理，素为同业所信任。此次钱维慎请办分栈，事前未向吴君接洽，吴君深不以为然。旋经潘万盛、顾得其、贝大有等各酱园主及杜酒业等，与吴君商议，仿照绍酒业办法，禀请另设分栈。遂于七月初十日，在元妙观机房殿内开会，城厢内外，各杜酒店及大小各酱园、各酒作均到会，约有四百余人。绍酒业派代表罗姓，烟业亦派代表数人，先后到会旁□。下午二时开会，当场议定，公举吴干卿、鲍某为总代表，上禀省分各局，请求另设分栈，并须请代表先谒分局长，然后赴宁面谒各当道，所需旅费，等等，由各店铺摊认。议毕散会，已五句钟矣。

三区分局长唐翼之君，因烟酒各业反对钱君独设分栈之事，特商请绍兴同乡陈庆垓君（陈君现任县公署承审员）出为调停。前日，陈君简邀烟业代表王纯甫，绍酒业代表单渭年、金家悦诸君，至瓣莲巷陈君寓所，面商调停办法，当由陈君宣布意见三条：

（一）准其另设支栈，不附属于分栈，其押款亦径缴分局；

（二）烟酒二业均附入钱之分栈内，试办三月，再为定夺；

（三）钱君系缴押款三万元，如有能缴押款三万一千元者，惟将钱案撤销。

王、单、金各代表答以第一条部章无此规定，未便照办，第二条无可驳之价值，第三条须剔除烧酒业，方可照办。商议至再，尚未有若何解决云。

（1915 年 8 月 23 日，第 7 版）

苏州 · 烟酒公卖罢市情形

第三区烟酒公卖分局长唐慎坊、招商钱维慎（烧酒业中人）承办分栈事宜，事前未与烟酒各业接洽。迨发表后，各县烟酒商群起反对，各举代表来苏筹商，禀请另设分栈，迄今尚未解决。讵唐分局长详准定于八月二十五日开始征收，前日出示通告，各商听候本分局督同分栈，按铺检查存货，以便分贴印照。由各商将应征公卖费，投栈缴纳，由栈掣给四联印照执业。倘有不服检查，及所报不实，定即照章罚惩云云。烟酒各商闻之大为恐慌，旋由烟业代表王纯甫，绍酒业代表单渭年、金定悦等赴商会，陈述以各商之反对分栈经理人者，并非抗纳捐税，实因钱维慎系属烧酒业，未能深悉他业内容，故有禀请另设分栈之举。今分栈、支栈多未确定，遽行检查，难保不因扦格而生误会，适有冲突，其咎谁归？恳请电达省宪，准予暂缓检查，俾国税商情双方并顾等情。商会总协理允准照办，立即发电，其文如左：

南京巡按使、财政厅、烟酒公卖筹备处钧鉴：据各帮烟业暨绍酒业代表来会环称：顷奉分局长谕定，二十五日查货启征，事关国税敢不凛遵。惟分栈、支栈组织尚未确定，遽事检查，恐滋误会而碍进行，乞请展缓维持□市等情。本会查三区分栈虽已有人禀请承办，而各商内容均未接洽，八邑烟酒商董现正集苏会议，妥筹办理，依法进行。若遽派巡检查，难保不生冲突，理合据情代陈，伏乞俯准，电示饬遵，期顾国税而顺商情。苏州商务总会叩敬。

此电于二十四号拍发后，尚未接复。乃唐分局长于二十五号即派调查员一人、巡警四名分赴各铺检查存货。各铺俟其查毕去后，绍酒业齐集柳巷事务所会议，以现在分栈问题尚未解决，遽行检查，似近压迫，于是各铺均主暂行闭市。当经代表单、金二君向众宣布，商会已据情请缓，警察长崔厅长亦赴商会主张调停，观此情形，不日当有下落。代表等意见，若先行闭市，未免贻人口实，乃众商等群情愤激，置之不顾，遂一哄而散。至下午绍观各铺均一律闭市，商务总会协理蔡君伯侯（吴总理因公赴杭）已将闭市情形电告省宪核示。警察崔怡庭厅长亦已会同吴县孙知事禀谒道尹，面商办法。

（1915 年 8 月 27 日，第 7 版）

苏州·绍酒业闭市尚未解决

苏垣第三区烟酒公卖分局唐慎坊派员带同巡警调查存货，致绍酒业闭市各情，已记昨报。兹悉此事商会已接巡按使复电，饬行厅处察办，照录各事于后。商会去电云：

南京巡按使、财政厅、烟酒公卖筹备处鉴：敬电计呈钧览，昨日（二十五日）分局实行挨户检查，绍酒商店一律闭市，苏城烟酒各铺大小林立，群情惶骇，不速和平解决，恐因牵动市面。追再电陈，伏乞俯准电饬分局暂缓检查，妥商办法而维秩序，无任盼祷。

巡按使复电云：

苏州商务总会鉴：敬、宥两电悉，已转饬厅处察酌办理，仍仰妥为劝导，勿生事端至要。

又闻商务总会已将此事情形，具详道尹核示。闻殷道尹以此等事总以国税、商情双方兼顾为是，乃唐分局长办理不善，致有绍酒业闭市之举。若不早为解决，恐牵动市面。昨已详请巡按使，彻查办理。

（1915 年 8 月 29 日，第 7 版）

南市酒业之公卖问题

上海南北市绍酒业前由章衍禀准烟酒公卖分局组织分栈，其押柜洋四千元，尚未遵章呈缴。缘同业中有人反抗，章即悻悻回里，迄未有人继续承办。兹闻南市某某等十余家，刻已联名具禀谢分局长，并呈缴押柜银二千元，仍拟组织分栈。谢分局长已据情转详省局长核准，将于日内开办云。

（1915 年 9 月 4 日，第 10 版）

苏州·烟酒公卖之近况

苏州自划定第三区烟酒公卖以来，烧酒业中之钱君直垄断烟酒两业权利激成罢市，早志报端。兹闻土酒已由吴干卿承认，惟支栈、分栈仍未解决，捐款约有二万，解归第三区中抽三成为办事机关之公费。现悉举领袖一员、干事六员、文牍二员、调查数员，据云开支如有不敷，再议办法。但绍酒业闭市已有一旬，尚未闻有开市消息，现菜馆中已大受影响矣。烟业则近日迭次开会，未有一定成见，据闻恐亦将至罢市地步云。

（1915 年 9 月 8 日，第 7 版）

苏州·绍酒业业已开市

苏州绍酒业因公卖分栈经理钱维慎缺乏信用，请求划分另设分栈，未能照准，因而闭市各情已迭纪前报。兹经唐分局长及殷道尹先后电详省局，巡按使转电中央核示，嗣于前日接财政部复电谓：苏州绍酒业不服征税闭市，似此刁风万不可长，应饬地方官照违抗国税例，从严惩办云。又财政部另电谓公卖税统限九月十五号开征云云。吴县孙少川知事、警察厅崔怡廷厅长接电后，即至商会，与吴蔡总协理等商议，以分栈之事，尽可从长讨论。若以日久停市，无谓孰甚，且各商损失亦多，殊属非计，遂邀代表单渭年、金家悦二君到会，嘱令劝导各商铺即日开市，然后再将分栈事宜通融商办。代表等即回事务所开会宣布后，众商允为先行开市，并议定先将应缴押款及应纳公卖税款，一并预约定数，暂送商会。吴县知事转交中国银行存储，俟分栈事宜解决，再交分局，免蹈违抗国税之嫌。议毕后，各酒铺即于九月九号一律开市，一面将所议情形，请由县、警二署据情详复省道各署批示饬遵。

（1915 年 9 月 11 日，第 7 版）

烟酒公卖芜商之呼吁声

皖省烟酒公卖共分八区，芜湖划在第三区管辖，境内计宣、南、宁、泾、旌、太、广、郎、当、芜、繁等十一县。省城烟酒公卖筹备处已派李子辉君来芜组织第三区公卖分局，业由烟帮商人凤吉庭、酒帮商人翟昌侯承包，设立分栈。议定押款一万五千元分两期缴，第一期缴洋五千元，第二期缴洋一万元，定期本月二十日成立，二十二日开征。近因皖省烟酒每斤已认筹议捐八文，今公卖局又定值百抽二十五，与江苏烟酒公卖局所定值百抽十二案事属两歧。前日有烟酒两业公所吴义隆、王积泰、曹恒丰、王怡泰等商号报告芜湖商务总会设法维持。其报告略云：功［法］令既系部颁，各省自同一律，芜湖无论如何，当无异议。讵时未几，忽闻功［法］令虽自部颁，各省多自为谋，轻重之间，大有不同。比经同业，转询凤君。据称：他省如何，不甚明晰，惟安徽须将从前每斤八文之捐再加两倍，而公卖费部章所定值百抽十至五十之数，究须抽若干，省处长尚未决定，商等初以为此系分局分栈之口吻，不足为怪。嗣见凤君又来催促，据称：省处长示已决定将八文再加两倍一案，并入公卖费内一案办理，归值百抽二十五，并闻于九月二十二日开征，闻之殊深骇异。查江苏为富庶之区，烟业一项向无八文之捐，次又无两倍之增，竟蒙许以值百抽十二。而安徽每斤已认八文，今又定以值百抽二十五，轻重倒置，莫名理由。查安徽桐城、宿松两邑，所产烟叶，除本省购销外，以运销江浙两省为大市场。今拟值百抽二十五，是十元之烟叶骤加二元五角，而烟丝之不能出省可知矣。况十数年以来，各种纸烟、吕宋烟业已侵夺过半，若再加以极重之捐，恐外国烟丝瞬息又出现于中国也。

至于芜湖酒商，近年本已形不支之象，现在市上所销之酒，洋酒侵占十之四，客酒又占十之三，土酒不过十之三。凡开设酒坊者，均以酱坊、杂货酱坊水作为主体，而糟坊反为附属品。今再骤加极重之捐，数年之后糟坊净绝，而外洋麦酒又通行于中国也。为此迫不得已，理合据实报告，恳乞贵总会鉴核，转咨安徽烟酒公卖处处长暨芜湖烟酒公卖分局局长查核，展缓开征之期，并援照江苏成案，按值百征抽十二之例，立案征抽，实为公便云云。商会接报告后已为据情分禀财政部、安徽巡按使，并转咨财政厅安徽烟酒公卖事务筹备处及第三区烟酒公卖分局矣。

（1915 年 9 月 22 日，第 6、7 版）

湖北·武汉烟酒商反抗公卖之结果

武汉各汾酒坊因公卖之故，相率歇业。兹经商会从中调停，得公卖局之承认，不依设栈之规定，仍旧自由营业。惟每一酒坊一甑，按年纳税钱一千六百八十串。此系比照旧有筹饷捐（每年八百四十串）加倍抽收各酒坊，以得加价之实益，一律乐从，已于十八日开始复业。现在汾酒每斤已由一百六十文涨至一百九十二文，系按二成增价。惟有资本薄弱、销路疲滞之酒坊数家恐难担负，情愿改业，已报明闭歇矣。

各处运汉烟叶、丝烟，刻已由第一区公卖局兼烟酒税局按章加税，方准起卸。惟各烟店以烟刨捐与押柜金二者并行，担负颇难，仍要求不已。但闻大店并不坚持，只各小店必欲达到减免押金目的，连日仍赴各官署递禀诉苦。段使昨特饬武昌县知事传谕烟帮董刘东昌等，谓公卖为国家要政，全国皆然，一省未便独异，务须仰体时艰，勉力担负，毋肆禀渎云云。

（1915 年 9 月 25 日，第 7 版）

苏垣酒业捐税之暗潮

苏属仿照浙省章程改办酒捐，派员设局开办，详情已纪前报。兹悉吴县所属各市乡酒业商人以公卖与酒捐系属重复捐税（酒捐按缸贴印花，公卖亦贴印花），且改办酒捐较前次坐贾、门销税增加一倍有余，商力实难支持。旋经原办坐贾等捐董事、现充黄酒公卖支栈经理吴干卿遍发公启，邀请吴县城厢及各市乡酒业酿户等于十一月二十三号在事务所（元妙观内）开会，筹商对待之法。是日到者一百三十余人，公同商议，大致以公卖甫经开办，又须增加酒捐，商民担负过重，实难承认。若上禀邀求，亦属空言无补。旋有人倡议停酿，各酿户等以我等早有是意，惟有歇业最为上策，当将停酿一节缮就公启，令到会各人签字。当场全体签允字毕，遂提议上禀之事。因为时已晚，约定先行起草，缓日再议，遂即散会。

苏常酒捐局长张承德以此次改办酒捐系财政厅长详奉财政部饬办，未便任听反抗，特饬派本局巡船，四处严查偷漏。数日以来，阊胥、娄齐各门城外之运送黄酒、高粱烧酒各船被扣留者有七八船，均指为偷漏酒捐，将船货锁住，报局候示。酒业同人即与原办酒捐董事吴干卿等齐集胥门外醴泉公所开会，以此次改办酒捐，系就原有坐贾、门销等税改办。而坐贾等税向分四季征收，本年春、夏、秋三季之捐，已由吴董向苏城税务公所完纳，领有印照运单。是此次被扣各酒，均经完纳捐税在先，即使改办酒捐新章，果能实行，亦须从明年酿出之酒办起，今酒捐局指为漏税，殊属违法。当即公举代表数人，赴宁上禀财政厅、巡按使核示，而酒捐局张局长亦已赴宁请示办法矣。

第三区公卖分局开办后，绍酒业争设分栈，一时未能解决。当先缴送押款洋二千元后，屡次请领印花。而唐翼之局长以所缴未足额，不给印花。即经绍酒业公禀殷道尹饬县查复，迄未解决。前日唐局长饬派调查司事在观前宫巷查见有店伙某甲挑送老万全酒两坛，指为偷漏公卖税，当即扣留，唤同岗警解送回局。经唐局长备文转送吴县知事署请收□□〔押后〕，孙知事即电话知照商会，转告绍酒业可以将某甲先行保去，然后商办。而绍酒同业即在本业事务所会议，以我业存货公卖税早经缴纳二千元，屡次请给印花，分局不给。今该局反扣留绍酒，指为漏税，有是理乎？当时众情愤愤，咸以被扣之某甲任听收押，我等决无往保之理，议定上禀各长官，听候公断，唐翼之局长亦已赴宁请示矣。

（1915 年 11 月 29 日，第 6 版）

关于酒捐问题之复电

江苏全省酒业公会因酒捐已奉饬归并，各税所照旧征收，新章当然无效。而各税所则或循旧例，或照新章，主张颇不一致，当于前日电致财政部特派员王君，请即公布，以释群疑。电文已录昨报。兹再将该公会所接复电录下：

酒业公会鉴：筱电悉。现已同财政厅、公卖局商议归并，以期一致矣。

王荃本。

（1915 年 12 月 20 日，第 10 版）

扬州·烟酒局风潮未已

扬州烟酒公卖分局长拍卖经理酒业，各商起而反对，现已两月，未能釮平，收数不甚畅旺。兹闻省垣商局长□〔将〕派员来扬彻查，与商会接洽，商酌办理。现闻该分局长有强制执行之说，未知所派委员能彻底根究否？

（1916 年 6 月 19 日，第 7 版）

北京电·粤省酒业罢工[*]

粤省酒业因公卖局庇承办商人苛征激愤，一律罢工，电请维持，即令朱省长查办。

（1916 年 12 月 3 日，第 2 版）

公卖中之粤酒商罢工者

粤垣酒业商人近因公卖局祖庇承商，苛抽牌费，遂有联行罢市风潮。兹将关于此事电文汇录如下：

省河酒税局长呈财政厅文：窃局长自本年三月间开办省河酒税，计至五月比较有长，获邀奖励在案。迨六、七月战事发生，税源渐短。八、九月战事剧烈，江河梗塞，米薪腾贵，多数停蒸，税收愈短。十月粤局粘平，各家始复开蒸，方期税项有长，上慰宪□。乃不料本月二十七日，据省河甑户纷纷到局报停煮饭，经局长再三劝导，均无听者。查省河甑户原有二百四十家，今报停煮饭者二百三十七家，几至全数停歇，局长不胜骇异，为诘其原因，金谓土酒营业日难，若再加公卖抽费，不独负担太重，而且条例亦繁，宁愿牺牲营业等语。查各店既报停煮酒饭二十日后，则停蒸歇业，省河税项即已枯竭，局长忝司，收入不敢壅于上闻，理合具呈申请察核，伏候钧裁。

酒业研究所陈锡福等电府院文：北京大总统、国务院财政部、全国烟酒署钧鉴：鱼电计早达钧座，迄未获命，现公卖局竟以变本加厉苛章祖庇承商任意横勒，商不堪业，激动公愤。省河全部已于俭日全体罢工，群情汹涌，祸变无极，迫再电乞维持。

朱省长电北京烟酒事务处文：元电请将酒税交公卖局接管，筹划统一，利便商民，名目自属正当。惟于粤省商情尚多未洽，本省公卖迭经商禀，窒碍各情，嗣后变通办理，由商认缴十五万元，由现商加至二十万元，各酒户概未承认，并设酒业研究会多方抵制，几至停甑，影响酒税，牵累堪虞。是公卖之收入无多，而办法几经折阅，酒税预算岁列二百万有奇，现甫经归并财政，规复旧章，实行整顿，以期渐有起色。于今屡易机关，难免商民疑虑，复望阻揽，恐少数之公卖尚未开办，而原有多数税收转致锐减。本省财政困难已极，未便纷更，失此巨款，拟请俟公卖办有成效，再行归并，较为妥善。

（1916 年 12 月 11 日，第 6 版）

广州·酒工失业诉苦

粤省酒行酿户自公卖局开办，因抵制苛抽，联行停甑，迭记前载。兹查该行工党三千余人，自停甑后全体失业。各该甑户亦已停给工钱，因此异常愤激，事经□□已久。讵于五日午刻，忽有该行工人四百余名，各佩酒业工团失业诉苦等字样之白布衿章，纷由四城拥到省长公署，守卫军队以其突然而来，声势汹涌，不悉其来意若何，恐酿巨变，立在头门，严阵以待，并向工团严行制止，不许拦入署内，工团人等遂植〔直〕立署前旷地，举出代表三人，入署求谒。旋由朱省长派委出与接洽，允为转圆〔圜〕，并饬传谕工人恪守文明规则，静候办理，勿得鼓众滋事，致取罪戾。该代表唯唯而退，工团亦一哄而散。

（1916 年 12 月 13 日，第 7 版）

吉林·烧商罢业风潮

吉林全省各烧锅突于上星期同盟罢业，停止烧酒，以致日来酒价骤涨。探其罢烧原因，系由于烟酒公卖局征收税费，须按逐月均价折收，而各烧商要求仿照奉天办法，以小洋一元二角折抵大洋一元，未经邀准，故同盟罢烧。财政厅对于此事颇为注意，正在与商会协议劝导及根本解决方法。

（1919 年 7 月 2 日，第 8 版）

崇明酒业风潮之结果

撤换支栈经理。崇明县外沙各酒店商，因经理烟酒税之施仪生苛征烟酒税项，全体罢市。曾经苏省烟酒税事务总局派委厉受之驰往崇明调查，一面电令驻沪江苏二区烟酒税局长刘赞臣切实查明，具复在案。兹悉省局所派之委员厉受之莅崇后，查得施经理实与舆情不甚融洽，除据情具复省局核办外，一面已请崇明外沙商会调停，故各烟酒店业经开市营业。该省委事毕于昨回沪，已与驻沪二区之刘局长接洽，故由刘局长昨日电请省局核示。兹将原电及外沙商会布告分录于下：

刘局长电：省局长鉴：冬电敬悉，遵即前往外沙，查施经理（仪生）用人不妥、不洽舆情，应请撤换，而各酒店受人蛊惑，言过其实，姑念照常营业，乡愚无知，请予免究。谨先电闻。刘际仕叩。齐。

外沙商会布告：崇明县外沙商会布告文云：为布告事。前准烟酒联合会函称，各酒商罢市各节，随经本会电呈各当道去后，兹准省公卖局饬派厉委员到会调查。业蒙来委当众申明，施经理不洽舆情，在所难免，静候回省撤换，并劝各酒商照常营业，以维市面等因，为特布告各酒号谨遵委谕，照常营业。切切！勿违。特此布告。

四月七日。

（1920 年 4 月 9 日，第 11 版）

闽省酒商电告罢业

中国烟酒联合会昨又接闽省酒商公帮快邮代电云：上海中国烟酒联合会陈会长钧鉴：敝帮各商号因近年来银根紧塞，百物昂贵，工资飞腾，市景萧条，本皆亏本，无可支持。现复憔悴于局长章景枫苛政之下，更难苟安旦夕，不得已另图别业。于本日一体宣告停市罢业，知念谨闻。闽酒商公帮泣叩。有。

（1920 年 9 月 8 日，第 10 版）

烧酒业罢运之风潮

上海酒业一分栈经理程兆魁现因承办年满，对于加增公卖费问题不能勉力从事，具呈江苏二区烟酒事务分局请为通融，仍照旧额继续办理。兹闻该局孙局长因加增公卖系奉江苏财厅令饬，并奉省局命令加增。该商既不能照案加增，自应撤退，另换新商承办。已据郁某呈称常年认缴税额八万二千元等情前来，应予批准归郁商担任。现该业同行查得新商接充第一分栈经理，于一切手续均未接洽，遽增税款至四角八分，且欲征收现款，诸多为难。况又规定时间验货，并发印花，同业因分栈与认税性质相似，若欲现款征税，则同业多感不便。因特邀集开一临时会议，结果，自昨日为始，一律停止运货三天，容再熟筹相常之办法云。

公平通信社云：本埠南市梁烧酒行同福永、同昌、同福昌等四十余家，均在王家码头、大码头关桥一带，因反对第一分栈经理包揽勒税，突于昨日起宣告罢市，停止驳酒。查风潮发生原因，沪局自奉省令加征烟酒税额，即由孙少川局长传集各行商几度磋商，承认沪埠每年加增税费七万元。当时有同福永经理吴志荣自愿担任第一分栈，增加原比八万五千元。正拟缴纳保证金，孙局长忽委任业外郁子淦承包。郁自到差后，即勾同酒业捐客杨少侯擅向客帮接洽勒税，擅增作□自三角一分二厘至四角八分，并更改规定税手［收］，于估价验货等，悉仿行政官署办法，手续殊为烦苛。各行商迭向孙局长呼吁，请为撤惩，但局长未置可否。至本月一日，各行经理在一枝香集议，佥以自前任局长谢宣去职，孙某接充后，迭增税额，商民已不胜负担，今又放任第一分栈越权勒税，苛扰商市，商民为自卫计，惟有电请宁当道，撤任另委，否则惟有停业等语，此风潮激起之原因也。殆二日梁烧酒业电宁后，尚未得复电解决，而孙局长突派稽查多名，分告各行家，谓奉财厅电令倘有抗捐停业等情，定即究办云云。各商行愈加愤激，前日下午，乃各齐集雅征二泰公所全体议决，于昨日起，一律停业。孙局长闻讯后，即派总务科长陆某于昨早车赴宁，请示省长核办。酒业方面，亦于昨日下午二时，仍假公所会议对付方法，全体主张非俟达到撤惩孙局长及郁，宁愿停市。一面急电两长，请赐派委来沪查办云。

（1924 年 7 月 5 日，第 14 版）

烧酒业罢运风潮续讯

本埠市上所销之高粱烧酒，均由江北泰县、泰兴等处出产，用船运来上海，停泊闸北新闸桥堍光复路上。前日起，到有酒船数十号，均停止卸货，该管四区二分所倪署员恐有罢市滋事等情，派巡官前往调查停卸原因。据云，因烟酒公卖局长新委第一分栈经理郁志淦加征公卖费，照原额每担多至一角六分有余，且前经理程兆魁辞退后，曾经酒商同行同福永等八十四户认缴捐款八万五千元，未蒙该局长批准。而郁系外行，仅认八万二千元，反邀核准，故同业征雅堂公所特开大会，议决已邮电江苏督军省长请求撤换，以停运停卸为第一步办法云。

公平通信社云：南市烧酒业因反对分栈经理，发生罢运风潮。昨为第二日，双方相持未决，征雅二泰公所各董事昨日下午仍有集议，金以第一分栈经理郁钟棠，擅改征税新章，手续较前繁重，行家实难担认，现既议决停运三日，应静候省令解决。倘三日限满，省方仍无圆满答复，各商家仍继续罢运，宁愿辍业以争。至二区烟酒事务孙局长，除转报两长，并函请县商会设法调解外，昨日并分谒酒业各董事，劝为早日开市，免碍税收，但各行商态度坚决，洽商未有结果。各同业定明日下午二时，仍在公所开全体会议云。

（1924 年 7 月 6 日，第 13 版）

烧酒业罢运风潮昨讯省方已有派员来沪查办说

南市烧酒业罢运风潮已历三日，因省方尚无解决电讯，形势转趋严重。昨日下午，同福昌、同昌等烟行经理吴志荣，约集全体行家，仍在征雅（堂）公所集议，由张仁纯报告同业罢运经过情形，讨论结果。金以第一分栈郁志淦更改新章，苛征商家，虽由同业代电两长，迅赐撤惩，但时历三日，迄未接复。吾商人历来素遵功令，按照法定手续缴税，商人决无逾越轨范之理。今郁某不恤商艰，孙局长甘为蒙蔽，吾商人痛切剥肤，宁愿牺牲奋斗。全体决议，倘省方至昨晚仍无解决电复，今日起仍继续罢运，以示坚决。至局长方面消息，谓省署已派某区烟酒局长来沪查办，但尚未证实。风潮转移，将视今日形势为解决云。

又函云：闸北光复路新大桥堍所停酒船数十号，因反对加征公卖税停止卸货，昨已第三天，尚未解决。兹将酒行同业公上齐督军、韩省长、烟酒事务局朱局长之电呈录下：

孙锡祺局长委任无业之郁志淦充任第一分栈经理，擅敢勒加税费，纯系串通，藉公肥私。酒行同业何能任其蹂躏，视为鱼肉，现经一律停止营业，群情愤激，不达到撤换目的，不敢开市。恳请俯念商艰，迅赐作主，以裕税收而全商命。

上海粱烧酒行同业公叩。

（1924 年 7 月 7 日，第 13 版）

烧酒业罢运仍无解决办法具函县商会请求维持

烧酒业公卖第一分栈新经理郁钟棠于七月一日接办，同业以向征三角一分二厘者，目下骤加至四角八分，苛勒商民，莫此为甚。连日在征雅堂公所开会集议，于三日起罢业，至今尚无解决办法。照目前形势，益趋严重，大有不将该经理撤去，宁愿牺牲一切之势。闻该同业伙友，尚能遵守轨范，惟栈司船伙，向不取薪，只靠驳费度日，倘再迁延，势必激动群众，恐有意外之虑。故昨日该业业董为维持秩序安宁起见，特具略上海县商会，请求维持。兹将原文录下：

谨启者：同业烧酒分栈前办经理人王修庭、程兆魁等虽频年比额递加，从未加诸纳户分毫。今接新商郁钟棠公函以公卖价格向收三角一分二厘，骤加至四角八分，淫威独断，违章苛征，莫甚于此。且目今烧酒市价不及八元，而郁钟棠私定价格竟然越货价之上，即各处关卡，亦无如此办法。剡查《全国烟酒公卖暂行章程》内有分栈归分局招商组织之规定，当时原以官督商办之宗旨。今郁钟棠系政界中人，商情不谙，故有此专制之手段，欺压吾商。至所定办公时间，尤为奇异。上海素以潮汐为主要，凡属船运之货，不论早晚，必需乘潮而行，焉能限定时刻？该郁钟棠于上海潮水及本地情形尚然不知，何况商情乎？俨然为似官非官之经理，发出布告，张贴各处，是强压商人乎？抑惊吓小民耶？如此不伦不类，何能增此官督商办认缴巨款之重任。敝同业等以其违章苛征，妨害营业攸关生计，为此公同议决，于三日起暂行辍业，静候解决，特将压迫情形略陈贵会长，恳祈体念商艰，力予维持，俾全生计而安微业，不胜感德待命之至。

公平通信社云：南市粱烧酒业因反对分栈经理，议决罢运三日，至前晚限满，同业尚未接得宁方解决复电，昨仍一律罢运。闸北新大桥及沪南关桥、浦面，均停泊酒船数十艘，装货未卸，纷纷退回原产销地，以免损失。同业方面，昨在征雅（堂）公所紧急会议，有张仁纯、吴志荣等发言，谓我同业横受郁某压迫，忍痛停市，罢运三日，牺牲巨万，迭电两长，请为彻查，迄未见复，殊深惶恐，但我商人为维持营业，不得正当解决，宁愿牺牲到底，誓不开市。全体讨论结果：（一）今日起（七日）继续罢运，非俟省委来沪，彻惩孙、郁，决不开市。（二）如二日内省方尚无解决方法，再推代表晋宁请愿云云。至孙局长迭向公所董事疏通，未有效果，拟于昨晚赴宁，面陈两长核示云。

（1924 年 7 月 8 日，第 14 版）

烧酒业罢运之昨讯

烧酒业征雅堂公所董事，因该同业以第一分栈新经理郁钟棠，将该业公卖费改征至四角八分，并征收现款等举动违法，且郁非同业之人，以致激动公愤，全体停运货物，已近七天，迄无解决消息。昨日该公所业董又赴县商会面陈种切，请为迅予维持，该会以事经公电省当道请示办法，至今未奉批令。该董要求该会继续发电，恳请韩省长及省烟酒事务局朱局长迅赐批示，以便祗遵云云。

（1924 年 7 月 10 日，第 14 版）

烧酒业罢运之昨讯

烧酒业第一分栈经理郁志淦骤加公卖税价格，发生罢运风潮，至昨仍未解决。昨日，该业征雅堂公所又开紧急会议，金谓郁商将同业素来自由营业之太嘉宝区域之吴淞大场等五处，今已完全断送权利。责偿同业，骤加税率，苛扰无已，且省方迄无切实之办法，非常愤激。故又公函县商会，请求电省维持生计。原电录下：

南京齐督军、韩省长、朱烟酒省局长公鉴：据梁烧业征雅堂同业庄恒升等三十五家联名盖章函称，十三年度税费比额同业加认至八万五千元，请由贵会艳日电省请求续办，未蒙电复。而接办之郁钟棠，于每担向收三角一分二厘骤加至四角八分，同业大起恐慌。查二区各分栈经理纵换，比额虽加，征收仍照向章，不加纳户分毫。郁则以最高之货价，定现收之税率，商力难胜，不得已公决停运，为此情急，续求贵会主持公道，电省派员查办，以苏商困等情到会。查以上所称，自系实情，特电代陈，应否派员查办之处，迅赐示遵。

上海县商会叩。佳。

（1924 年 7 月 11 日，第 14 版）

烧酒业罢运风潮解决

——仍照旧章征税，郁经理试办一月

南市烧酒业反对分栈经理改章征税，以致发生罢运风潮。同业迭函县商会呼吁，电呈两□，派员□办，时历□日，省方迄无解决消息。惟各同业自罢运以来，牺牲巨万，驳酒苦力因之失业，县商会以倘再坚持过久，双方俱蒙损失，迭向孙局长暨征雅二泰公所从中疏通。至前晚双方意思接近，齐集公所，酒局方面推郁经理，同业方面由吴志荣代表，磋商良久，商定今日起（十二）一律开运，互订合同，订期昨日□□签字，此风潮遂告一段落矣。所订□决合同：

（一）同业仍遵照旧章征税，每担三角一分二厘。

（二）征税一切手续，统遵旧章施行。

（三）承认郁志淦经理第一分栈，自开运日起，先行试办一个月。

（四）满期后如认额不足，再由各同业约集磋商解决。

孙局长昨已将解决情形及所订合同呈报南京二长及烟酒总局朱局长核办云。

（1924 年 7 月 12 日，第 13 版）

烧酒业罢运之昨讯

本埠高粱烧酒同行反对加征公卖税，停止运卸，已十有余天。前日同

业在公所开会，郁经理委代表到会，声明因认额太巨，定价每担四角八分，断不敷开支，要求同行酌量援助，当经同行一律反对。散会后，销数最广之同福永、同丰裕、同和永、万泰源、万泰永五家，假闸北某公团开特别会，议决情愿遵照公卖章程，按市价值百抽十二之半税缴纳。倘该分栈于额外浮收分文，当凭法律解决，不再退让云。

（1924 年 7 月 14 日，第 13 版）

烧酒业罢运解决，客帮照常交易

南市烧酒业罢运风潮已达旬余，幸各方俱各谅解，得以早日开运。昨日泰兴客帮已照常交易，多数船伙已开始驳酒，但客帮因要求征纳经费二分，及船户要求增加运费五厘，行家俱未有具体解决。闻双方将各让步，前日江苏烟酒事务局长朱振仪适因息借军费来沪，曾约集孙局长及酒业董事吴志荣关于税收定额一项，商榷甚久。结果分栈经理悉照旧章办理，倘试办一月，税额不足，再由同业集议援助云云，至昨日风潮可告一段落云。

（1924 年 7 月 20 日，第 15 版）

烧酒业风潮解决后之消息
——双方尚未能接近

江苏二区烟酒事务局所属之烧酒业第一分栈，自郁钟棠经理接办以来，将公卖价格自三角一分二厘者加至四角八分，因而该业群起恐慌，同声反对，激成罢运风潮。旋经人和平调解，始允将价格另再磋商办理，所有章程悉仍旧则。一面力劝行家先行开驳，并为登报声明在案。兹闻此次所定公卖价格较之原定之价相差太远，现已一再磋商，虽云俱能让步，恐一时尚未能接近。转瞬月终，将届缴款期，近若再迁延不决，不免再生波折云。

（1924 年 7 月 24 日，第 14 版）

烧酒业罢运解决后波折

——公卖价格仍照旧章，分栈经理仍请援助

南市烧酒业罢运风潮现已告一段落，各客帮一律开运，各同业亦照常交易。其公卖价格仍照旧章征收，每担三角一分二厘。惟第一分栈郁经理以本年度认增比额为八万五千元，较之原比，计增一万五千元，既照旧章征税，势必致认额不足。转瞬月底，认解税数又必发生恐慌，故郁经理仍向各大酒行疏通，要求酌商公卖价格，以资维持。但同业方面为遵照临时合同，只允试办满月后再约集行家会商救济云。

（1924 年 7 月 26 日，第 15 版）

皖垣酒业与印刷局之两风潮

——酒业停蒸罢税，官纸印刷局交替武剧

皖省烟酒税向有分局、税捐所、支栈等名目征收各项税费并牌照捐，现任烟酒事务局长高镜，业已秉承陈调元意旨，将全省各分局、税捐所、支栈一律撤销，改组为五十分局，怀宁分局长新委王某。怀宁为省会之区，全城各槽坊之蒸吊，向由支栈按作征税。近年来各槽坊每作纳税若干，无论所谓酒税、公卖费、牌照捐，均包括在内，由支栈分别填列报解，此等办法乃系避免麻烦起见。不料王局长到差伊始，预备整顿税收，实行挨户调查，将来须按照缸数分别缴纳税费、牌照捐等项。各槽坊不知究竟，以为如此苛扰，万难承认，遂于本月八日齐集酒业公所，开会讨论抵制方法，咸以该分局如果实行调查，我等惟有停蒸歇业。是日，县署闻信，因恐演起风潮，知事胡汝霖赴宁未归，经代行科长汪某请酒业董事万笏斋等三人到署磋商，并谓王局长拟改挨查为抽查，此外则别无通融。万等回所报告，酒业同人仍不承认，正讨论间，忽传该分局调查员明日即须出发，该业同人更愤不可遏，遂决定九日起，一律停蒸歇业。是日，全城各槽坊果无一家蒸吊。再者各槽坊司务多则数十人，少亦十余人，平日所得工资，系按工作之多寡，以定给资之数目，歇作只有伙食。现在各工人

均云：此次停蒸歇作，系受怀宁分局之逼迫，若三两日无人调停，该工人等恐将与该分司为难，枝节横生，风潮则更愈演愈烈也。

【下略】

（1926 年 4 月 12 日，第 9 版）

芜湖快信·宁国县商会反对皖省烟酒税收回官办事*

皖省烟酒税收回官办，各县烟酒商反对仍烈，宁国县商会昨函芜湖总商会，调查交涉经过情形，决联合各县为大规模之反抗运动。

（1926 年 4 月 20 日，第 10 版）

安庆·皖垣烟酒业抵抗加税风潮

皖垣烟酒两业日前因怀宁烟酒税分局改章增收值百抽二十税捐，将实行调查各烟店营业簿记、各槽坊蒸吊缸数，遂群起抵抗。烟业预备停止进货，各槽坊则已停止蒸吊。前日，总商会因重申铜元输入禁令，开各业联席会议，烟酒两业即有人当场提议，谓烟酒税局改章增收税捐事在必行，应如何对付之处，请众讨论。当经众议决，怀宁税局如若照旧征收，商民营业负有纳（税）义务，自当照缴，惟在此未解决之短时期中，无论该税局照收与否，各店应将照旧所纳税款缴存公所，藉以表示两业商人并非完全罢税，乃系不承认增加税收云云。至于以后进行手续，另开大会解决。散会后，凡与烟酒两业有关系之各业，复作一度之集议，比由酒业、汾酒业、酱坊业、烟业、卷烟业等五业发出通启，定期于阴历本月初十日下午一时，在总商会开联席会议。乃此项通启发出后，该税局即出强硬手段，派人在招商趸船守候，从即日起，所有轮运到皖之汾酒，即按值百抽二十之税额，实行征收。一面并请驻省第三旅杨团长派队协同武装调查，以防烟酒两业之抵抗。皖垣商界中人素称□□，税局既有军队协助，恐亦无法再图抵抗矣。离城九十里之石牌地方，为怀宁之首镇，亦经该分局派委专员前往调查，办理增加税收等事，业已到镇，尚未着手调查。而该镇酒业方面，即已全部宣告歇业。据闻该分局委员到镇之日，石牌商会即设宴为之洗庆，正在觥筹交错间，各槽坊闻信纷纷将蒸酒之大锡锅扛至商会，全镇蒸吊之槽坊共计十八家，现已一律停蒸矣。该委员等刻尚未回，此项风潮，不卜又用何法以压服也。

（1926 年 4 月 23 日，第 10 版）

常熟·酒商续议加税之结果

本邑坐贾通过烟酒两税，近因稽征处委员刘延钺意欲加增税额，由酒商公推邵玉铨、张洵、钟夏声为代表，与刘委接洽。本月九日下午二时，各酒商在醴业公所重复开会，列席者六十八人。由邵代表向众报告前同张、钟两代表及陈商会长与刘委接洽情形，略谓：刘委员在省垣认定烟酒两税每年三百七十元，省教育费七百四十元，连烟税在内共洋四千四百四十元，此是不可减少之数目，今当讨论刘委公费究竟同业担任若干，请即表示。酒商中有邵逵宾者答谓：税捐既已加增，同业等无力担任公费。邵代表即谓：酒业困难情形，已与刘委细述，苟可节省，自当力争，无如刘委公费在事实上不可不贴。讨论至再，结果，酒商等始允每月担任公费五十元。钟代表云：姑以此数再与刘委协商。众皆赞成。旋邵代表附议，公所成立已久，惟正副主任尚未推定，经众公推张洵为正主任，钟夏声为副主任，即日函知县商会、刘委员暨烟酒公卖栈查照。

（1926 年 5 月 11 日，第 10 版）

皖垣酒业反对增税风潮续志

——各槽坊已多数停蒸

皖垣酒商前因反对烟酒局长王伟增加税收，宣告歇业，旋经总商会会长并绅界诸人出为调停，邀集王伟及烟酒商代表齐集总商会，开官绅商联席会议，劝令全城酒商对于牌照捐一律照领营业。惟公卖费应时蒸随报，每作完纳一元六角，当经王伟许可。皖垣蒸吊之槽坊共计四十四家，会议之后，各槽坊纷纷前往烟酒局报告停蒸，截至昨日止，报停者已有三十六七家。各家报停时，均经王伟派人持该局封条，将锡锅发封。

据酒业中人云：现在酒米既贵，而酒税又复加重，迭床架屋，如出产税，如落地税，如公卖费，如牌照捐，蒸吊实实不合算。不似从前酒税由商人包办，其中有伸缩余地。乃该局长王伟因报停者已有四分之三，大为愤怒，竟表示取消前议。全城槽坊四十四家，无论停蒸与否，每家每月须认缴二十作之公卖费，如敢抗违，即将该店东拿解蚌埠，从严惩办。皖垣酒厂最大者当推胡玉美，该厂尚有前五六年之陈酒，该局长派稽查赴各家调查，即从前陈酒亦应纳税。各酒厂均答称，此系陈酒，蒸吊时即已纳税。该局置之不理。现在全城槽坊大动公愤，昨日开会集议，先行备函请总商会转函该税局，不得强迫征收，一面公禀蚌埠陈总司令及高省长请求救济，倘仍迫不急待，各槽坊惟有全部牺牲，一律闭门歇业，风潮又有旦夕暴发之势。有谓酒业受税局种种蹂躏，系有一二不良分子被该局长收买，条陈此项强迫办法也。

（1926 年 5 月 12 日，第 7 版）

南北市绍酒业增薪解决

本埠南北市绍酒业各店伙友，因近年来生活程度日高，经济竭蹶，原有薪金不敷应用，曾经南北市绍酒同业各伙友请求各店主增加薪金，以资赡养家室。昨日下午二时，由南北绍酒友谊联合会代表周肇浚邀请业董祥轩、章长生、陶惠三、莫善福及各店主在酒业公所开会，集议之下，各店东鉴于现在之时世需要，允予酌量增加，俾敷赡家之用。至其所加若干，尚须由各业董与各店东互相商定，另行通告同业，一例实行。各伙友闻信，亦已满意，当不致发生风潮，而南北市绍酒业伙友加薪问题，亦告结束矣。

（1926 年 7 月 10 日，第 15 版）

苏州·烟酒公卖风潮未已

苏州烟酒公卖第三区撤换大批旧认商，激起风潮，屡志本报。兹悉三区所属吴县、昆山、常熟、无锡、武进、江阴共有烟酒税认商与分栈经理及牌照税经征员共二十六处，现已撤换十六处。各该旧认商王绍基、金

□、吴月涛等，于昨日联名具呈孙总司令、陈省长，控告三区分局长萧禀原，略谓萧于本年一月份接任之后，税款之外另索私款，名曰附税，饬令每处月缴数百元，并声明此款系省分两局朋分。至六月底止，此项附税交与萧任者，共一万一千六百余元。六月底年度届满，萧分局长令认商增加十五年度比额，附税亦须照加，并须一年之附税一次缴足，认商以无力承缴，颇觉为难。适省局派员到苏，查悉三区有附税名目，系属私款，遂令认商化私为公，再行加比，各□商当即遵照继续认办。萧分局长乃以公款增加之后，私款反完全无着，遂将各认商纷纷撤换，另招新商，别开门径，而各认商以部定公卖章程，有甲商承认在先，不得再许乙商之规定，迭向省公卖局呈诉，又概置不理。为特□情上陈，乞予彻查萧分局长舞弊情形，立将撤惩，以肃官方，而维税政等云。不知军民长官据呈后，将如何核办也。

（1926 年 7 月 27 日，第 10 版）

常熟·酒商罢业已解决

城厢内外各酒号槽坊，近因坐贾税问题，于十五日起一律罢市，并电宁、锡两税局请示。而烟酒税分所稽征主任吴士□亦遄返宁垣。日前，吴偕无锡江南烟酒税专局委员金家悦回常。是时，江北烟酒税稽征局长陈忠奎亦来常调解。二十日，酒业公会主任张美叔、商会长陈良卿与金、吴、陈三委，在鸿运楼协商办法，议决八月二十日以前之税款，仍由认商汇交施仲毅代解，吴主任之办税任期，以八月二十一日起至三十一日止，酒商仍照旧章，坐贾税每酥米一石纳税六角，不再增加。期满后，征税与否，当请示省政府核办。所有被扣各商酒货，因手续未完，缓日分别送还。吴主任之开支八百金，同业应予否认，议至此，遂告解决。因是，各酒商于本月二十一日一律开市，如常营业。

（1927 年 8 月 24 日，第 10 版）

嘉定·酒业风潮又将扩大

本邑烟酒公卖支栈，自今春更易陈磐南后，承办三月，相安无事。沪上挽水火酒，被该县火酒事务所查禁甚严，以致第一总栈方面迁怒于陈磐南，取消其经理。另委黄翰人、张慰椿、孙织文来嘉，承办公卖，实则以推销火酒为目的。当被该县酒业同人查悉，即经具呈上级机关，反对黄等办理，其按月解款，由各同业汇解县政府，请为转解二分局。至今两月，尚未解决，而黄翰人近日变本加厉，将各酒商发出之黄酒、白酒，不问情由，一并捉入该县支栈，酒商乃群起反对，并注意彼辈行为。至昨日捉到该栈协理张慰椿所开公裕槽坊，发出充烧十坛，内有四坛，并无印照，已交公安局扣留，且悉此酒系挽水火酒，加入本锅，混充土酒。该支栈如此倒行逆施，酒业同人异常愤慨，行将酿成绝大风潮云。

（1927 年 11 月 3 日，第 10 版）

各区联工会消息·宁国县商会为收取区联工会经费事*

南区。南区区联工会连日解决纠纷案件汇志如下：

【中略】

（一）酒业职工会为"资方不履行条件案"特派张信孚同志前往向同元永酒行经理朱福昌、同义和酒行经理戚纯荪，再三开导，始允遵照履行。兹录其收费通告如下：

本月八日，全区工会代表大会议决，区内会员每月取出二分，以为区联会经费。由各工会常务执行，委员负责汇集。兹特派出调查员前往调查会员人数，限期各该会于调查清楚后，一星期内将会费纳清，特此通布，仰各遵照。此告。

【下略】

（1928 年 1 月 12 日，第 14 版）

酱业公所吁请复工

——与酱酒业商协会绝无关系

此次酱业职工会因与酱酒业商民协会发生纠纷，激成罢工，外间不察，以为酱酒业商民协会包括酱业全体在内，实则该商协会系槽坊及油酒杂货店所组织，其酱业公所受和堂所属各酱园并未加入，且履行优待职工条件，与职工会间毫无问题。此次职工会罢工，原为对酱酒业商协会而起，与酱业公所各酱园无关。但酱业职工，因一致行动之故，对于酱园亦连类［累］罢工。各酱园无辜被累，损失甚大。且当此年关，营业最旺，结束账款之际，忽受此打击，痛苦万分。即酱类为社会日用所必需，一旦无从购致，不便尤甚。昨酱业公所受和堂已分派代表，吁请市党部、农工商局，速劝令酱业职工会对于无辜受累之各酱园，克日复工。兹将其呈市党部商人部文录左：

呈为呈请事。窃敝公所于阳历五月二十八日，会同酱业职工会邀请钧部，三方订定薪工待遇条件，劳资两方，均签认履行，相安无事。讵近有新组织之酱酒业商民协会宣称否认此项条件，欲另行改订，致为酱业职工会所反对，发生纠纷。昨日该职工会因与该商民协会交涉决裂，实行罢工，并牵连敝公所所属各酱园职工，一致行动。事起仓卒，群相惊惶，影响营业，实匪浅鲜。敝公所所属各酱园，遵守协定条件，切实履行，与酱业职工会竭诚合作，毫无问题。今之纠纷，既由另一团体之酱酒业商民协会而起，完全为该商民协会与该职工会之争执。敝公所各团业与该商民协会则界限攸分，与该职工会则诚信相孚，不负纠纷之责，竟受罢工之累，事之委屈，显而易见。值兹年关伊迩，正营业旺盛，收取账款之时，何堪遭此打击，重□损失，迫不得已，公推代表趋前呼吁，设法救济。伏祈钧部及工人部，迅行召集该酱酒业商民协会与酱业职工会代表，协议调停，消灭纠纷，并请劝导该职工会对于敝公所所属各酱园，克日复工，以清界限而重信守，万勿不分皂白，累及无辜，不胜感祷之至。再，敝公所对于前此钧部督同订定薪工待遇条件，仍继续履行，信守弗渝，其业外发生任何异议，概与敝公所无涉，合并附陈，谨呈市党部商人部部长俞。

（1928 年 1 月 15 日，第 14 版）

南通·刘桥惨案归司法审理

南通刘桥区乡民聚众千余人，反对烟酒税代办所主任杨星垣征收私酿酒捐。杨向公安局调到特种警队弹压，当场开枪三十余发，击毙乡民吕八一名、伤徐奇等四名，经县政府派员查勘，就地赶办善后，风潮已息。兹定八日特开刑庭，传公安局特种警队长周连城，及在场开枪队士，并被害人亲属吕徐氏、证人颜某等，依期到庭。

（1928 年 5 月 7 日，第 10 版）

徐州酒商停止营业　现正在调和中

二日徐州快信。徐埠酒业共约四十家，向来对于酒类公卖费及牌照税，系由酒业商办承包，每年一万二千元。酒商自办公卖栈，选举经理，统征各税，缴于第八区烟酒公卖分局。月前省公卖总局招标，铜邑酒类公卖费稽征所，由睢人张佩承包，每年一万六千一百元；牌照税稽征所，由睢人张少亭承包，每年二千一百一十元。该两承包人，已来徐设立稽征所，通告酒业，自七月一日起，公卖费按门市实销，抽取百分之二十，牌照费分四季换照。据酒商统计，加以运销重征，税率约合百分之四十。而徐州酒之销路又广，此种巨款，徒供承包人之中饱，病商而无裨国税。因于昨日（一日）开全业会议，通过一律停业，以示抵制。今日（二日）各酒商全体停止营业，门贴"歇业归账"字样。稽征所方面以此种情形影响税收，业着人向酒业商洽，可以通融办理。商协会方面亦以酒商营业停止，牺牲太大，从事调解，大约日内当可和平解决也。

（1929 年 7 月 5 日，第 11 版）

厦门酒商罢业

〔厦门〕厦门酒商反对厦门区华洋机制酒类稽征所征及土酒类，带警强征，七日罢业，八日向指委会、民训会请愿。（八日专电）

（1929 年 7 月 9 日，第 8 版）

厦门酒商全体罢业　反对土酒类照洋酒征税

九日厦门通信。闽省烟酒事务局对酒类向分土制国酒、机制洋酒两种征税。土酒税率低，洋酒税率高。征收之机关亦不同，曰烟酒稽征所，即办理酒捐及公卖征收土烟酒税；曰华洋酒类机制稽征所，则专管洋酒及机制洋酒黏贴凭证印花税。

最近厦门酒烟事务分局局长陈中对本市土制药酒、色酒、绍酒，照机制洋酒类，令贴凭证印花。酒商反对，向全省烟酒事务局提出诉愿。陈中亦以厦门酒商抗税为词，电省局请示办法，省局复电准照陈所请办理，有抗纳者，会同地方警察执行。陈乃于六日会同公安局派警勒令酒商照机制洋酒类贴凭证印花，酒商于是日下午召集紧急会议于晋元酒号，议决自七日起，全厦酒商一致罢业反抗。七日早，各酒庄均闭门停业，门前贴"因捐停业"字样。上午九时，酒途公会假各途商联合会开会员大会，议决：

（一）凭证印花不取消不复业；

（二）电中央、省政府及省烟酒总局，控陈挟警扰民；

（三）派代表二人晋京请愿。

八日上午十时，复赴思明指委会、民训会请愿，面递呈文，请予援助。指委会尚无表示，全国酒商今日仍在罢市中也。

（1929 年 7 月 16 日，第 9 版）

常熟·酒酱碾米业工潮扩大

城厢酒酱业工友与碾米厂工友相继怠工业已多日，现酒酱业停业者二□余家。碾米厂方面，除公兴厂《劳资谅解条约》修正签押复工外，停业者计十五家。两工会宣□〔告〕停业后，迭经县府、县党部、工整会与劳资两方接洽仲裁，至今仍未解决。而各业区工会因酒酱碾米业两工会罢工，曾于二十七日联合宣言，为两工会援助，具名者有十六团体。

（1929 年 12 月 1 日，第 11 版）

常熟·酒酱碾米工潮解决

酒酱业工会罢工事，县府、县党部于二十八日召集劳资两方代表，至县党部谈判修改条约。至下午十一时，各项条件始获议妥。至二十九日下午五时正式签约,三十日城厢酒酱业工友一律复工。又碾米业工会代表,自二十九晚起,与资方代表在县党部协议改善待遇条件二十条,是晚通过七条。至三十晚双方代表仍在县党部续议,协议条约一俟签押后,十五家碾米厂,即可照常营业。

(1929 年 12 月 2 日,第 11 版)

无锡·无锡烟酒牌照税之双包案

烟酒牌照税,向由中央直接征收,各省一致奉行。苏省有江苏印花烟酒税局委派人员在各县设立稽征分局征税。而最近邑中,忽有江苏第二区无锡烟酒营业牌照税稽征所之设立,所长为邑人华炳炎,登报通告限烟酒商人于十日内到所纳税领照,方准营业。同时无锡烟酒牌照税稽征分局,亦登报通告,限烟酒商人遵照部令,照常纳税,切勿观望云云。双方旗鼓相当,各有理由,成为双包案。然烟酒商人,则无所适从,昨日下午四时,邑中烟兑业、卷烟业、酒酱业等同业公会,特开联席会议,到各业代表石清麟、吴文轩、高仰辰、赵耀棠等十余人。议决事项如下:

本邑各报载部办、省办两处牌照税稽征所同时通告开征,同业纷纷向会询问,究应向何局完纳,请公决案。当经各业代表再三讨论,议决由各公会联名,代电财政部,请示确定应向何局完纳,电稿公推烟兑业、酒酱业代表石清麟、高仰辰起草,即日拍出。议毕散会。

(1932 年 7 月 8 日,第 11 版)

松江·烟酒商人暂定纳税办法

省办烟酒牌照税自七月一日设局开征,并有县政府布告协助,而部办之松、金、青、奉、南五县稽征局局长朱捷元,亦奉省局电令,照常开征,致商人应向何局纳税,无所适从。惟投税换照之期,将于十日届满后,照章应收滞纳罚金。兹悉烟酒、酱业各同业公会主席徐亚杰、张福钧、丁周之等,昨日召集同业联席会议讨论应缴税款办法。旋经公决,现在部省命令两歧,在未奉解决以前,各商店将应投税款,投交各该同业公会收存,一俟将来确定应缴何局后，再由各该同业公会汇缴换照，庶商人不致负愆期之责任。一致通过，并由同业公会联名致函县商会，转咨两稽征局查照。

（1932 年 7 月 9 日，第 11 版）

无锡·烟酒牌照一税两局

邑中烟兑业、卷烟业、酒酱业等同业公会，因烟酒牌照税一项有两稽征局同时开征收税，无所适从。昨特联名电请财政部鉴核，迅予赐示祗遵。其电略谓：

阅鱼日锡报载无锡烟酒牌照税稽征分局通告，略开：奉钧部训令，二十一年度烟酒牌照税循旧办理，照常开征。又江苏第二区无锡烟酒营业牌照税稽征所通告，内开：奉省令，即日启征，逾期须缴纳催征费各等因。查烟酒牌照税系属国税，向隶钧部直接征收，各省一致奉行，属会同业以一邑有两处牌照税局同时开征，究应向何处完纳，无所适从，纷纷向会询问。谨特代电呈请钧长鉴核，迅予赐示祗遵云云。

（1932 年 7 月 9 日，第 11 版）

部省争收烟酒牌照税

——上海市商会主张税款暂存银行

上海市商会以接土黄酒作同业公会函询：烟酒牌照税，部省各自设局征收，究竟何者为正式机关，请予查示，以便遵循等情。该会当即函复云：

查此事本会已呈财政部，询其对于苏省未奉部准擅自设局征收一事，究竟如何办理，一面并函知苏省第三区烟酒牌照税分局，以此案现正呈请部示，在未奉部准前，未便劝告烟酒商改向省局征税在案。贵业税款，按照办事程序，继续向部缴纳，并不违法，如虑省局纠缠，则仿照粱烧酒行业办法，将税款存于中国银行，函致部省两分局，以此事应俟部示解归何方，再当遵办。以上两种办法，由贵会择一，斟酌行之可也云云。

（1932 年 7 月 14 日，第 15 版）

造酒业劳资条件　社会局昨正式调解

——决定以造酒成本为处理标准，饬双方限一星期内呈报候核

本市造酒业工人，鉴于生活程度日高，微薄之工资，实不敷维持，经工会大会决议，要求改良待遇，社会局昨日正式调解，详情如下：

调解经过。社会局于昨日上午十时，召集劳资双方，正式调解，到劳方代表王炳奎、沈国民，资方代表朱卿堂、方忠恒，市党部喻仲标，由社会局调解员王刚主席。资方陈述造酒成本及营业状况，对于增加工资，表示无力负担；劳方陈述，资方所报告之成本，未免过大，不足凭信，依其目前营业状况，增加工资，有力负担。继由党政机关代表会商决定，增加工资，以造酒成本为标准，饬劳资双方，各开收支账目，统限一星期内，呈局候核。

条件摘要。造酒业职业工会提出要求改良待遇条件，共计十八条，兹摘要录下：

第四条　工资依照原有工资，每人每月增加洋二元，十二月双俸，双月规；

第八条　每到年终，作坊应给川资银洋六元；

第九条　工人工作，大酒作坊，每人每年做米不得超过二百担，小酒作坊限做米不得超过一百五十担，小酒作坊吊槽，不得超过一百担；

第十四条　每年盈余，工友与作坊主三七分红，分配方法，依照工友薪水大小比例；

第十七条　榕出酒糟，每担洋三分，上下驳力，一律依照原有者，每担增加洋一分五厘，收坛力依照原有增加洋三厘。

（1932 年 9 月 4 日，第 19 版）

烟酒业预防任意加税

——请依署批办理

本市烟兑业、酱酒号业、土黄烟作业、旱烟业、绍烟业、汾酒业、酒菜馆业、酱园业、梁烧酒行业计九同业公会昨日联名盖章，分呈市政府、

公安局文云：

　　窃敝业等营业烟酒，对于烟酒牌照税，向系每季到期各按原领照额赴所捐领。十七年以前，每年仅征两期，纳二元者年仅四元。自十七年度起，改为四季，较前已属倍纳税额。各业商人，只以国事多艰，勉力负担，以尽天职。本年一·二八，上、宝两邑突遭战祸，百业停顿，迨后交通虽渐恢复，而各业商之营业迥不如前，对于各项捐税，正拟陈请酌减，以轻负担而维生计。乃本年度之烟酒牌照税，部方改委任制为投标式，竟有业外包商之王耀投机，陡增比额，得标承办，较诸上年度增加一万六千余元，核计成分在二成以上。商民闻信，惊惶异常，纷向敝会探询究竟，经由敝会等于八月宥日代电财政部税务署及江苏印花烟酒税局，请赐解释。业于九月五日，奉税务署批第九七二号，内开：

　　为上宝烟酒牌照税增加巨数，商民惊惶，请令局解释由。宥代电悉。查烟酒牌照税，此次改为选委，增加比额，纯为化私为公，杜绝中饱，征收悉循旧章，何致累及商民，且属公开投选，自以认缴比额最高者选委，断无舍多就少之理。来电所称，实未明了本署核实税收，剔除积习本旨，仰候令行江苏印花烟酒税局明白解释，转饬知照可也。此批。等因到会。奉此具征税务署长洞悉商困，明白批示，以征收悉循旧章，为毫无加重负担之确证。第敝会等，诚恐该稽征分局，希图牟利，滥用职权，或有苛征之举，然遂其欲壑，则在利用警区之协助，方足使安分商民，受其压迫。经于九月七日，烟酒业联席会议决，呈请市政府暨市公安局，并分函全市公安各区所，陈明商困，请于协助之中，兼寓体恤商民之意，全体通过。除照案分别呈函外，理合联名具文呈请，仰祈钧长鉴核，俯念商困，通令所属各区所，如遇任意加税，因而发生纠纷时，务请依据署批办理，以示体恤，而安商业。仍乞批示祇遵，实为公便云云。

（1932 年 9 月 10 日，第 15 版）

烟酒增税未解决

——公会通告各同业照旧交纳，汇解市商会代为捐领牌照

　　本市烟酒牌照税向分春、夏、秋、冬四季缴纳，兹届秋季开征之期，

由烟酒同业公会推派代表前往换照，烟酒税征收处以等级不符，应按级整顿增加，始与章则相符。各代表等报告该会后，除召集各同业开紧急会议，议决将原定税额汇解市商会代捐外，并于昨日分发通告声明原由。兹录其通告如下：

为通告事。案查本年秋季烟酒牌照税已届开征之期，业由本会等推派代表携带夏季牌照及应纳秋季税款至所换领新照，当为该藉〔稽〕征所拒收。询其理由，答以遵章办理，查有等级不符者，应按级整顿增加，来照未便换领等情。据查该所答复之词显含有倍额苛征之计划，际兹商业凋敝之秋，曷堪再受蹂躏？经由本会等联席会议决，仍照上年度成案办理，会同通告会员按照原有牌照刊定税额，将旧章及秋税，限两日内，各自送交同业公会，汇解市商会代为捐领，免受苛扰而安商业。事关切身利害，幸勿忽视自误。特此通告。

（1933 年 7 月 6 日，第 13 版）

土黄酒作业请免予革除特别照

沪宁苏烟酒业同业公会联合会昨电呈国民政府财政部税务署、江苏印花税烟酒税局文云：

（衔略）窃属会自税务署变更税率改定土酒定额税，规定章程四十条，苛细烦杂，固不待言，业经沪宁苏全属酒业商认为窒碍难行，环请联合会吁请废止在案。惟就事实而论，沪地土黄酒作，多数设于浦东，距离租界，一水之隔。所酿之酒，泰半行销租界。缘土黄酒之水质，系混浊之浦江水，故其酒味，不甚鲜美。而价值则因工资昂，米价较贱，成本每担不过三元有奇，故其酒价转觉低廉，因之中上级之人，多鄙弃之，仅为各业劳工所欢迎。租界工厂林立，工人万千，敝业赖以畅销。民四开办公卖，税务当局鉴于特殊情形，维持商民生活，变通税则，加以体恤，施行特别印照一种，初按值百抽十二，税仅六分。后改值百抽二十，逐年递加。迄今加至一角六分，较前已增倍蓰。现在新税，究系根据值百抽几，商民负担既以加重，营业则因时局影响，迥不如前。如若再按新章规定全税，则将生计灭绝。故欲维持商况，惟有坚决请求保留特照，以资调剂耳。且土黄酒装置容器，向仅四十斤，去岁遵行衡制，已改为四十五斤，应请据为定额标准，勿再有所增加，以免纷争。总之，新税废止，则不置论。果须实施，对于敝业之特别照（即半税）断不可以革除，否则敝业惟有停止酿运，相率歇业，任何牺牲，皆所不惜也。迫切陈词，伏祈垂察，附呈愿领特别照一纸，以作证明。除分电外，谨此电陈。

上海市土黄酒作业同业公会全体委员、会员同叩。庚。印。

（1933 年 7 月 10 日，第 14 版）

八 酒与社会

上海同昌福高粱酒行通告声明假冒福寿商标

本行开设南市十六铺宁绍码头，代客买卖牛庄、洋河高粱、山西汾酒、各路烧酒，并特聘技师设厂自造，用化学新法精制福寿牌各种花果卫生露酒、各色秘方药酒，原瓶批售，货品精良，装饰美丽。虽于去春开创，已蒙各界欢迎。乃近来宁波与本埠竟有假冒福寿牌商标，欺骗主顾，鱼目混珠，实堪痛恨，为特登报声明。此后望赐顾诸君请认明本行真福寿牌商标，庶不致误。

（1915 年 3 月 19 日，第 4 版）

警察饮酒吸烟之禁令

淞沪督察厅长以警察饮酒、吸食纸烟，早经饬知各区署队一体查禁有案。近闻各巡士复萌故态，实由各该长官驭下不严所致。爰再面谕各区警正、警佐严加查察，如有于落差后饮酒、吸烟者，立即照章惩治。该管上级官员亦须加以处分，毋稍徇隐云。

（1916 年 5 月 6 日，第 11 版）

扬州·请求折减侑酒券价

江都县警察所前发给侑酒券，交由各旅馆娼寮应用，每券缴洋一角，以充济良所经费。刻该旅馆等请将此项券价稍予折扣，未知能邀准否。

（1916 年 6 月 10 日，第 7 版）

节酒费助赈之画饼

南市王家嘴角北首陈洪兴笔庄向例于中秋节备有节酒，宴请各伙友。此次因京直奉水灾，该店各伙友二十余人，以灾民流离失所，颇为可惨，爱商允店主陈某将酒资折洋十五元，移助赈款。讵陈某应允后，并不照办，仅助赈洋两元，当为各店伙得悉，大为不服。自前日起，一律罢工向陈理论，陈自知理曲，已请同业胡开文出为排解。

（1917 年 10 月 5 日，第 10 版）

烟酒公卖带征教育特捐先声

宝山县知事署接江苏省长公署训令云：

查烟酒公卖带征教育特捐一案，节经本公署咨，由财政部转咨全国烟酒专卖事务署，核未照准，业经通行在案。兹据教育厅长转据上海县知事呈，筹划施行义务教育经费条举办法，附呈清折，请鉴核示遵等情前来。察阅折开第三项，有烟酒公卖带征教育特捐一案，拟仍请省长咨商财政部，转咨核准照办等语。除已咨请财政部转商全国烟酒公卖事务署查照，选案准予试办，饬令苏省各局于烟酒正税外，带征教育特捐三分之一，拨予各该县应用，并请核复施行外，合先训令该县知事知照。此令。

（1921 年 3 月 29 日，第 10 版）

立顺酒号来函

敬启者：顷阅贵报载有立顺酒号，因用火酒和水冲成白玫瑰酒，以致肇祸一端，曷胜骇异。小号信义素著，久蒙顾客称道，从未进过火酒。此次小号于本月十二日，向同丰裕酒行买成洋河高粱大小十二坛，适于十五日卸缸。因缸之附近甚暗，未装电灯，故点洋烛一支，不料洋烛倾侧，跌入缸内，此酒货质甚高，兼之天热，着火既燃，以致伤及伙友。当时急用棉被压熄，幸未延及房屋，此系当时实在情形，务希登入来函栏，以去众疑而昭信实为荷。

立顺号谨启。

闰月十六日。

（1922 年 7 月 11 日，第 16 版）

湖州·公卖费续征附赈

浙省统捐附赈业经继续照征，惟烟酒类因商民历陈困难，准予展缓开办在案。兹省公署以浙东西灾祲迭告，需款甚巨，现在展限将满，今据烟酒公卖局核议具复。兹准自十月一日起，先就烟酒公卖费项下附征赈捐一成，并查照上届成案，咨明部署，□数留济浙灾，不作别项用途，仍扣足一年为限。除令行烟酒公卖局遵办外，又令饬吴兴县知事，剀切晓谕，认真协助，以利进行，业由县署布告周知矣。

（1922 年 10 月 25 日，第 10 版）

万国节制会会长将来华

——进行禁酒事业，石美玉将赴日欢迎之

万国基督教妇女节制会会长戈登女士为参考东亚禁酒事业，行将来华，同行者有秘书丁因女士。来华不过半月即拟返美，在华游历秩程，大略如下：四月二十一号自朝鲜抵京，本日至二十三号将在北京拜会节制会领袖及请愿我国总统速行禁酒，二十四号南下，二十五号抵南京对大众演说，二十六号抵沪。我国妇女节制协会将在沪召集全国大会，藉表欢迎，并同女士讨论在华禁酒一切进行方针。我国妇女节制会会长石美玉女士将协同西友胡遵理女士往日本迎迓云。

（1923 年 1 月 16 日，第 17 版）

烟酒税带征义教费

江苏烟酒事务局顷以全国烟酒事务署鱼电行咨教育厅，准自十二年一月一日起，将烟酒税项下附加赈捐停止，继续带征学捐一成，指充江苏义务教育经费，江南各税所照案带征，江北各税局需在于治运经费二成以内，划拨一成，按月随正解局汇拨，请烦传知义务教育期成会，并请复知解交处所。

（1923 年 1 月 19 日，第 10 版）

烟酒带征义教附税之厅令

上海县知事奉教育厅训令云：

案准江苏烟酒事务局咨开：案奉全国烟酒事务署鱼电，内开：该省烟酒带征教育经费一成，前经本署核定，俟附收赈捐扣足一年后，继续举办，令遵在案。兹查该省烟酒税项下附加赈捐，前据呈报，系自十一年一月一日起，循照上届成案办理。至本年年底，已满一年。应自十二年一月一日起，将赈捐停止，继续带征学捐一成。其江北税所，仍于治运经费内扣解一成，以符原案，仰即转饬遵照等因到局。奉此，查此案曾奉全国烟酒事务署令准江苏省长咨，请于烟酒收入带征义务教育经费一项，并奉饬局，应俟附征一成赈捐期满后，再行酌核办理，以纾商困等因在案。奉电前因，自应照办，惟查现在本省烟酒税带征一成赈捐，业已截至上年十一月底一年期满，除分令自上年十二月一日起，江南各税所照案接续带征义务教育经费一成，及江北各税局所于治运经费二成以内划拨一成，按月随正解局汇拨外，相应咨会贵厅，请烦转知义务教育期成会查照，嗣后此项带征经费，解交何处，并希察酌，见复施行。此咨。等因。准此，除函江苏义务教育期成会并分令外，合行令仰该知事转饬该县劝学长知照。此令。

（1923 年 1 月 24 日，第 13 版）

烟酒税带征学款支配之困难

昨日，教育厅训令上海县知事云：案查本省烟酒税带征学捐一项，开征已逾半载。前经本厅咨由江苏烟酒事务局，将六个月征起之款，商请转拨，当准咨复。此项带征，上年只征银八千八百四十八元四角三厘，即可以此为全年学捐之标准，复准咨解上年十二月至本年一、二两月份，带征银一千九百八十八元七角六分六厘，暨清单一纸过厅。查此项带征，前准江苏义务教育期成会函询额征成数，准复全年税额为三十万元，带征一成，应有三万元。兹准咨称仅有八千八百余元，未免相去悬殊。而察核单开各款各税所经征之款，多寡又至不平均如此，收数甚微，分诸各县，非特不能普遍，抑且支配困难。当经函商江苏义务教育期成会，征询办法在案，除俟该会将办法议决，函复到厅，再行转发外，将经征数目清单令发，仰即转饬该县教育局知照。此令。

（1923 年 8 月 15 日，第 15 版）

南京·整顿烟酒带征义教附税

江苏义务教育期成会以烟酒带征一成义教附税未能依正税成数照缴，特呈请省长令行江苏烟酒事务局督促整顿，其税数收入最多之靖界烟酒税局，并请分令转行，加以嘉奖，藉资鼓励。当经省署批云：来牍阅悉。候令行烟酒事务局设法整顿，以符预计之数，并将经收最多之靖界税局长，传令嘉奖，希即知照。

（1923 年 9 月 10 日，第 11 版）

平望函询烟酒税带征学捐事

上海总商会昨接吴江平望镇商会电云：

昨接盛泽税所为奉烟酒事务局令催烟酒税款项下带征一成学捐，嘱为转劝各商从速照缴，以免省局委提，并云江南北各处，闻已遵令照缴，敝处似难独异等情。敝会已经集议，各商均不承认，一致反对，除函复外，合亟电询贵会，有无此项带征学捐，是否遵缴，希即见复。

（1923 年 10 月 31 日，第 14 版）

俭德会积极劝戒烟酒

俭德储蓄会前日下午五时半开评议会，专为讨论沈公谦、李经纬二君提出之劝戒烟酒事，业已一致赞成，决定积极进行。其提出办法如下：

（一）禁止本会办事员在会所内吸烟饮酒，违者停职；

（二）在本会会刊及各种印刷品中，处处加以劝戒烟酒文字、图画，并加印单本，广送各界；

（三）随时在各地张贴"烟酒为害、储蓄有益"之图画广告，并在车站车辆上实贴，先向沪宁、沪杭磋商，再接洽各路；

（四）常川开会演讲烟酒储蓄利害之比较，佐以各种游艺；

（五）增设特别储蓄，其大意为特别储蓄会员，入会时须认定戒烟戒酒之一种，由该会发给特别徽章一、证书一、储蓄盒一，徽章须佩之衣襟，证书须悬之厅堂，俾免强请及置备烟酒之累，储蓄盒须每日投入节省之烟费或酒费洋一角。按月由该会派员开取，十年满足，还本加利，可得四百元。并可随时到会享受各项利益，并不另取会费。惟入会后不能再犯烟酒，违者须纳费忏悔等云。又闻此项储蓄办法，先于本年征求会时广为劝导，再于新会所落成后，举行大规模之运动云。

（1923 年 11 月 17 日，第 17 版）

苏烟酒局带征义教费拨充赈捐

——计拨带征费一成　本年一月一日起以一年为限

江苏教育厅昨致江苏义务教育期成会函云：

敬启者：案准江苏烟酒事务局咨开：案奉江苏赈务处训令，内开：案照本省军事之后，灾区人民，急待赈抚，需款至繁。业经通令于百货税项下一律带征附捐，以济赈需在案。惟是灾广款巨，不敷尚多。查烟酒两项，系属奢侈物品，非民间日用必需，上年水灾筹赈，曾饬带征烟酒附捐有案。此次待济尤亟，自应参酌成案办理。兹拟按本省烟酒税费各项征额，一律带征附捐二成，解拨充赈，酌消耗之资，剂凶荒之急，商民知义，当均乐从。合行令仰该局长立即遵照，通饬所属各局，自文到日起，一律布告带征，即将征起捐款，按旬解交金库，掣取库收，呈送来处，以凭随时拨用。款关济赈，毋稍逾延，仍将遵办情形，克日具复，切切！此令。等因到局，奉经转行所属各局所遵照办理在案。兹据各该局所先后呈以此次军兴，商业完全停顿，江南税所系属作战区域，固不待言，即江北税所亦税源断绝，收数毫无，无力带征，请予转呈蠲免，具复前来。察核所呈各节，自属实情，而款关赈务，尤须必办。敝局长再四思维，惟有于无可设法之中，不得不为移缓救急之法。查贵厅呈准于烟酒税捐项下带征义务教育经费一成，原□赓续本省十年江北水灾成案办理，此次赈款，尤为当务之急，拟请查照成案，仍将原有江南税所带征烟酒税项下划义务教育经费一成，暨江北税所治运经费项下划拨义务教育经费一成。自十四年一月份起，一律暂行拨作本省赈捐急需，扣足一年为限，一俟期满，仍旧汇拨贵厅，充义务教育经费之用。似此一转移间，庶于赈务商情，均可兼筹并顾。除呈请江苏赈务处备案，并令行各税局所一律遵照办理外，相应咨会贵厅，请烦查照。此咨。等因。准此，除咨复以本省办理义务教育，需款亦正孔亟，前既准咨，业将烟酒税带征一成，自十四年一月起，划拨赈捐，以一年为限，为顾念灾民计，自应遵□转咨各县。惟十三年五月以后，至十四年一月前，已征之款，务希早日扫数惠解，以凭转拨，并分行各县知照外，相应函达，即请查照云云。

(1925 年 1 月 18 日，第 10 版)

烟税新办法已由烟酒署咨苏教厅

全国烟酒事务署前与烟公司续订声明书四条，拟通行各省，为促成各省取消纸烟特税之办法，已志前报。兹闻江苏教育厅（纸烟特税现归教育厅专管）已接到省长公署转来烟酒事务署咨文，正式通知上项办法，拟克日开会讨论，以资取决。闻苏省特税，去年全年收入总数十一万元，今年二月份收支报告，月入二万二千元，除开支六千元，每月及于教育经费用途者不过万余元。而与烟公司所订之新办法，每月收入，除开支外，最少则可得六万元云。

(1925 年 4 月 7 日，第 14 版)

苏实业厅与烟酒局之会呈

——严禁火酒冒充白酒，妨碍卫生侵害税收

外国火酒向用玻璃瓶装售，专充药品及燃料之用。上年海关册报，多用洋铁大桶，进口销售，经江苏实业厅□□，味、色、香与中国白酒极相

985

似，其性甚毒，危及脏腑，发生□症肺病。江苏烟酒公卖局则以近来苏省白酒产销忽滞，税收锐减，业经查获冒充白酒之外国搀水火酒，现由实业厅会同烟酒局呈请省长，通令各县知事、警察厅、警察所一体严禁。兹录其会衔呈文如下：

呈为奸商包销火酒，有碍卫生，请饬该管地方官严行查禁，以维税收而杜危害事。窃职局于本年八月十一日奉钧署令开：据上海士绅姚文□、李钟珏、姚会绶、杨达、毛经畴、沈维□、沈锡圭等呈，为奸商包销火酒，以充饮料，请赐严行禁绝，以维人道而保人种。又据驻沪泰兴酒业公所呈同前情各到署，据此查此项火酒冒充饮料，既属有碍卫生，自应设法严禁。除批示并行特派交涉员外，合抄原呈令行该局仰即查明如何情形，迅速设法制止，呈报察核。此令。计抄粘原呈二件，等因。奉此，查火酒性质极烈，搀水冒充白酒，行销市面，实有害于卫生，亦影响于酒税。职局先于六月间，据第五区烟酒事务分局长胡凤藻、靖界烟酒税局长黄璠先后呈报，沪上奸商将舶来火酒和水廉价售卖，请设法制止等情。当经饬令将搀水火酒，冒充中国白酒货品，送请实业厅化验。七月间，又据泰兴公所呈称，奸商借酒行名义，设立公会，另立同兴公司名目，与顺发洋行、好时洋行、益发洋行订立合同，包销大批火酒，请设法严禁。同时，复据二区分局局长吕□亮呈称，查获私运火酒六桶，已咨请淞沪警察厅讯办等情到局，局长又复咨商厅长，先行会呈，请分别饬令各该管地方，严行查禁，以维税收而重实业。正商办间，奉令前因，理合将办理此案经过情形，并案会衔呈请钧座主持，通令严禁，以免妨碍卫生，而免侵害税收云云。

（1925 年 8 月 24 日，第 11 版）

徐州·兵灾会对于赈务之近闻

徐属八县兵灾善后委员会成立以来，功绩昭著。前定冬赈二十四万元，业已查放，刻又加增八万元，故急赈、冬赈，一并施放，庶几为数较多，稍能济用。惟来年春荒需款尤巨，刻由正副委员长杨懋卿、王浩如两君，呈请孙馨远司令，谓既五省一家，应不分畛域，在五省境内暂加常关、交通、烟酒三项附捐，并将江南善后券改为江北慈善券，得款悉办江北赈务。事涉慈善性质，必邀核准，则一般贫苦难民又得一线生机矣。

【下略】

（1926 年 1 月 27 日，第 9 版）

本馆专电·商联会苏事务所呈请分地、分业认办税务事*

〔南京〕商联会苏事务所呈军民两长，请照去年江苏善后会议提议，将全省税所一律改为分地、分业认办案，暨援教育经费商办烟酒特税成例，由各商会招商认办，愿照月定比额，先期十足预缴。（十八日下午九钟）

（1926 年 7 月 19 日，第 5 版）

苏义教会催发烟酒带征义教经费

江苏义务教育期成会，请速发各县义教带征经费事，致教育厅函云：

准奉贤教育局长陈海曙函开：案查本省烟酒税项下附征义务教育经费，前经烟酒事务局咨解教育厅分拨各县，至十三年五月止，嗣以江浙军兴，灾区人民亟待赈抚，自十四年一月份起，暂将是项附税，一律指拨本省赈捐，扣足一年为限，一俟期满，仍旧拨充义教经费，当经通令知照在案。现在指拨时期业经届满，所有十五年上半年及十三年六月至十四年一月以前，征存未放之款，敝县未奉令发，查各县亦均未领到。际此推行义教需款孔亟之时，是项附税自应继续发给，勿将他用，素仰贵会对于义教抱积极推行之宏愿，为特函请查照迅赐陈请教育厅，转咨烟酒事务局，即予发放，以符定案，而利义教等语。当经本会干事员会议，佥以此事应请贵厅查照办理，合即函达，敬希察照为荷云云。

并闻教育厅所收烟酒事务局解交带征义教经费，为数甚少，每县有仅摊数元者，现已分令各县具领云。

（1926 年 7 月 26 日，第 7 版）

苏教厅函复续发烟酒带征义教费

江苏教育厅前准江苏义务教育期成会函开：以奉贤教育局长函请继续发给烟酒税项下附征义务教育经费，属查照办理等情，兹复义教期成会函，略谓接准台函云云。查此案前准溧水县知事呈请前案，业经转咨江苏烟酒事务局查案核办在案，准函前因，除将咨解各款汇案分拨各县，一面并咨请江苏烟酒事务局并案查照办理外，相应函复即希察照为荷。

（1926 年 7 月 30 日，第 10 版）

苏烟酒带征义教费仍充赈捐厅令

江苏教育厅为烟酒带征一成义务教育经费，十五年仍充赈捐事，训令江苏六十县知文云：

案查前据溧水县知事施荣怀呈请发给烟酒带征一成义教经费等情到厅，据此除指令外，即经咨请江苏烟酒事务局查照办理。去后，兹据咨复，内开：案准贵厅来咨以十四年份烟酒税项下带征义务教育经费一成，拨作本省赈捐一案，现已一年期满，请仍拨充义务教育经费等因到局。查此案本年二月间奉省长公署训令，据徐属八县兵灾善后委员会呈灾赈款绌期长，请于烟酒税项下带征赈捐，饬即筹议具复等因，当经敝局将前项带征义务教育经费拨作赈捐情形，具文呈复。旋奉指令，自十五年一月起，继续办理一年，奉经遵行在案。兹准前因，相应抄录原呈及指令备文咨请贵厅，烦为查照办理等因，并附抄件到厅，准此除分行外，合行抄发原件，令仰该知事知照。此令。

（1926 年 8 月 8 日，第 11 版）

苏烟酒带征义教费改充赈捐详情

江苏烟酒税带征义教经费十五年，仍移充赈捐，不能为义教用途，教厅通令六十县等情，已志昨报。兹觅得此□，以前经过原委及现在继续移赈之各方公牍，续录于后：

江苏烟酒事务局与教育厅之往来函

（一）烟酒事务局函

案奉江苏赈务处训令，内开：案照本省军事之后，灾区人民，急待赈抚，需款至繁。业经通令于百货税项下一律带征附捐，以济赈需在案。惟是灾广款巨，不敷尚多。查烟酒两项，系属奢侈物品，非民间日用所必需，上年水灾筹赈，曾饬带征烟酒附捐有案。此次待济，尤亟自应参酌成案办理。兹拟按本省烟酒税费各项征额，一律带征附捐二成，解拨充赈。酌消耗之资，剂凶荒之急，商民知义，当均乐从。合行令仰该局长立即遵照，通饬所属各局，自文到日起，一律布告带征，即将征起捐款，按旬解交金库，掣取库收呈送来处，以凭随时拨用，款关济赈，毋稍逾延，仍将遵办情形，克日具复，切切！此令。等因到局，奉经转行所属各局所遵照办理在案。兹据各该局所先后呈以此次军兴，商业完全停顿，江南税所系属作战区域，固不待言，江北税所亦税源断绝，收数毫无，无力带征，请予转呈蠲免，具复前来。察核所呈各节，自属实情，而款关赈务，尤须必办。敝局长再四思维，惟有于无可设法之中，不得不为移缓救急之法。查贵厅呈准于烟酒税捐项下，带征义务教育经费一成，原系赓续本省十年江北水灾成案办理，此次赈捐，尤为当务之急，拟请查照成案，仍将原有江南税所带征烟酒税项下义务教育经费一成，暨江北税所治运经费项下划拨义务教育经费一成，自十四年一月份起，一律暂行拨作本省赈捐，急需扣足一年为限，一俟期满，仍旧汇拨贵厅充作义务教育经费之用。似此一转移间，庶于赈务商情，均可兼筹并顾。除呈请江苏赈务处备案，并令行各税局所一律遵照办理外，相应咨会贵厅，请烦查照。此咨。

（二）教育厅函

本省办理义务教育需款，亦属孔急，兹既准咨，业将烟酒税带征一成，自十四年一月起，划拨赈捐，以一年为限，为顾念灾民计，自应遵办转令各县知照。惟十三年五月以后至十四年一月以前，已征之款，务希早日扫数惠解，以凭转拨云云。

江苏烟酒事务局呈省长文：呈为遵令声复十四年带征赈捐情形，仰祈鉴核事。案奉钧署令开：案据徐属八县兵灾善后委员会，呈称此次灾赈款绌期长，请将烟酒附加查照货税带收赈捐，以资救济等情。查烟酒附加，自十三年灾后，即经令行该局，一律加征在案，至今并未议准，据呈前情，合亟令仰该局长即便遵照切实查议，能否将烟酒一项带征二成，一年为期，以充赈抚之用。刻速具复，是为至要。此令。等因。奉此，遵查民国十三年十一月间，奉前江苏赈务处督办训令，以本省军事之后，待款赈抚，令饬在征收烟酒税项下带征二成赈捐等因，当经职局筹拟，援照十年江北水灾成案，自十四年一月起至年底止，将江南各税所原在烟酒税项下带征一成，赈捐拨充本省教育经费，仍请照案，划出改拨赈款。其江北各税所，则以带征治运经费项下，划充一成教育经费，一律改拨充赈。俟一年期满后，仍照旧拨归义务教育经费之用。呈奉令准，并由职局通令遵办，随同正税解交汇转在案。至徐属各县，仅宿窑征一处，有烟酒税带征，此项为□甚微。近以该属一带灾荒，正附税捐，久已未解，惟前项各税所带征拨作赈捐之款，照案业经届满，应否自本年一月起继续办理一年之处，职局未敢擅专。奉令前因，理合具文呈复，仰祈钧署鉴核指令祗遵，谨呈江苏省长陈。中华民国十五年一月初十日发。

江苏省长公署指令：据呈已悉，查赈务款项，支绌异常，各税所原在烟酒税项下，带征一成赈捐，自应继续征收，以济赈需，仰即遵照办理，并将征起捐款，按句汇解上海盐业银行兑收，归还借款，掣取收据，呈验备查□违。此令。（达）

(1926 年 8 月 9 日，第 10 版)

苏教厅咨烟酒局续征义教费

苏省烟酒税项下带征附税，充作义务教育经费，前经省教育行政会议议决，呈奉省长核准施行，并由江苏烟酒事务局代征汇解教育厅，转拨各县济用在案。自十四年一月起由账务处拨作赈灾之用，原以一年为限，期满后又经徐属八县兵灾善后委员会呈准省长，于十五年一月起，拨作徐属赈灾，扣至十五年十二月，又经期满。日前，吴县教育局呈请教育厅转咨江苏烟酒事务局，从十六年一月起，此项烟酒带征附税仍拨充义务教育经费。闻教育厅已准如所请，转咨江苏烟酒事务局查案核办矣。（达）

（1926 年 9 月 30 日，第 8 版）

苏教厅请议复烟酒带征教费案

江苏教育厅长江问渔为烟酒带征义务教育费一案，函请江苏义务教育期成会核议见复，原文云：

十一月五日召集沪海道属教育会议，在上海开会，由奉贤县教育局长等提议，拟将暂充赈捐之烟酒附税，仍请拨归义教经费一案。其理由谓：查烟酒附税早经指充义教经费，由烟酒事务局征解教育厅，分拨各县动用在案。自十四年一月起移作赈捐，原定一年为度，期满后，曾请江苏义务教育期成会函请教育厅转咨烟酒税事务局查照在案，继续拨放。旋悉移充赈捐又展期一年。从此教育专款一再移用，似与教育经费不得移挪别用之原则不合。现在移赈时期转瞬将满，所有是项附税仍请拨归义教经费，以符定案而利进行等语。当经公同讨论，由敝厅与贵会接洽后，再行办理等语。查烟酒税项下带征义务教育经费一成，前据吴县知事呈请从十六年起仍拨充义务教育经费，当经据情转咨江苏烟酒事务局查案办理。嗣准咨复，内开：查此项经费事关通案，除俟十五年份办理期满再行咨达外，相应咨请查照等因在案。此案究应如何办理，相应函达，即请核办见复为荷。

（1926 年 12 月 18 日，第 10 版）

皖教厅筹措义务教育经费

省政府第十三次常会通过咨行财厅及烟酒局清算：

安徽省政府教育厅雷厅长，以义务教育为刻不容缓之图，拟积极进行，以期普及，惟以经费系办事之母，特根据原案，提拨烟酒厘金一成，附加义务教育特捐。此案现经省政府通过，故教厅昨特咨行安徽烟酒事务局及财政厅，自本年十二月一日起，将所收附捐拨解中国银行专款存储。兹将其咨文两则分录如后：

一、咨烟酒局文：

为咨行事。查本省义务教育特捐，前于民国十一年第三届教育行政会议议决，呈奉前全国烟酒事务局，令饬前安徽烟酒事务局于十二年一月一日实行，代征一成附加。嗣于十三所年度起，按月将实征之款存放银行生息，听候拨用。所有存款、提款各手续均已明白规定，迨本年四月一日前，政务委员会成立以后，贵局迁移至芜办公。该烟酒一成附捐，即未见解送分文，现当义务教育亟待设施，前项附捐自应根据原案，继续提拨应用。业于本年十二月九日第十二次委员会议议决照办在案，除关于厘金一成附加，另案咨行安徽财政厅查照办理外，相应检同原提议案，咨行贵局长查照，即希自本年十二月一日起，将所收烟酒一成附捐，悉数交由敝厅，仍照原案继续拨解中国银行专款存储。本年四月二十日以后，至十一月底止，该烟酒一成附捐，究竟实收若干，应请贵局定期以便派员会同清算，俾重学款，并祈见复，至谊见复，至纫公谊。此启。安徽烟酒事务局局长马。附送原提议案一份。

【下略】

（1927 年 12 月 21 日，第 10 版）

苏各县整理烟酒义教附税代表

江苏六十县教育局长会议时，关于整理烟酒义教附税一案，议决就五道属推江宁、丹徒、上海、青浦、无锡、武进、江都、淮阴、铜山、东海十县为值年代表，会同行政院职员，整理其事。本届锡箔捐运动委员会在宁开会，到席委员有五县，为值年代表，遂乘便请行政院义教专员秦凤翔于二十三日开会，议决四中大区各县筹备义务教育联合办事处规程草案十一条，俟征求尚未到会之五县值年代表同意（如有意见，或再开会），即呈请中大核准施行。

（1928 年 2 月 25 日，第 10 版）

江西教育局长会议之第二日

【上略】

（十八）抽收杂捐及屠宰、烟酒附税增加经费案，议决：并入第一日之第五案，加入杂捐一项。

（十九）提出各县烟酒附加税作为地方教育经费案。

【下略】

（1928年2月26日，第10版）

江大整顿烟酒带征义教附税

江苏大学为整顿烟酒带征义教附税事，通令六十县教育局，文云：

案查第一次教育局长会议，青浦、无锡、武进三县教育局提议整顿烟酒带征义教附税按月解报充作各县普及教育经费一案，其理由谓：带征烟酒税一成，为义务教育经费，系在十一年间呈准，约计烟酒税额每年三十万元左右（另有烟酒公卖收入年约六十余万元，及牌照税、门销捐二种，年各数万，均未准带征），以带征一成计，年亦可得三万元左右。乃自十一年十二月开始带征，至十三年十二月为止，计两年有奇，仅经先后报解教育厅一万零四百三十四元，由厅分拨各县，每县仅分得一百七十三元，合计一年总数仅约五千元，每县仅分得八十余元。十四年一月起至十五年十一月止，改拨赈捐，仅经补解尾款五百三十四元，仍由教厅拨县，每县不及十元，可谓其征已甚矣。十六年一月起，赈捐已截止，仍拨归义务教育，曾由教育厅据案知照义务教育期成会，迄今有无报解，未能详悉。此项带征所由短绌之故，系无总□机关，随时考核督催，仅由教育厅就其报解之数，分派各县。虽经义务教育期成会迭次陈请整顿，亦属空言无补，中经改拨赈捐，益形停顿。但今既复拨还，则其整顿办法与其用途及各县联络稽核方法，有急须提出考量，□后得收实效者：

（一）整顿征收；

（二）用途商榷；

（三）联合处理。

经大会公决原案通过，并推出江宁、丹徒、上海、青浦、武进、无锡、江都、淮阴、铜山、东海十县教育局局长为第一次值年代表，会同本大学行政院，先行拟具整顿征收办法，再照原案所拟用途，切实执行。是本案进行程序，大致已由会议决定，各值年代表，负有会同整理专责，应即先事协商，开具意见，送由本大学察核。除分行外，合行抄发议决案及原议案，令仰该局长知照。

（1928 年 4 月 25 日，第 7 版）

同庆永酒行新装电话通告

本行开设上海头坝广东街，已历数十年。现在新装电话北一千一百六十号，为便利各界赐顾起见。本行专运牛庄、洋河高粱、干酒，代客买卖各路国产烧酒，零售批发，并设厂精造各种瓶头花果露酒、药酒，承蒙中外各界赞赏，遐迩驰名，信孚久著。本行非图厚利，实为推广营业，加细研究，选用上等材料，可以筋舒活血、除湿去瘴，诚为馈赠亲友卫生无上之妙品也。

（1928 年 6 月 19 日，第 3 版）

绍兴·酒捐盈收充作积劳金

绍兴酒捐局，自姚局长接任后，极力整顿，计去年四月至十二月，盈收税额达十二万九千余元，曾经省局嘉许。现由财政部批准，将盈收税额提取百分之二十，作为该局积劳金，以示鼓励。是项积劳金计二万五千余元，已由姚局长备文具领，于二十日分发所属。

（1928 年 6 月 22 日，第 11 版）

苏各县义教联合办事处近讯

江苏六十一县教育局，为谋各县义务教育进行起见，曾组织各县筹备义务教育联合办事处，推举十县局长为值年代表，而十县局长，又推常务委员三人主持其事，其经费指定烟酒带征义教附税为专款。该处正式成立后迭开会议，最近常务会讨论事件之较要者：

（一）上次执委会议决拟骋之学术组辅导委员，即日备函聘请，俾该委员会早日成立进行。

（二）拟由本处发行月刊一种，内容注重小学教员之参考材料，按期分送教育机关及初级小学。因小学教员限于经济，不能多备各种教育书籍，且杂志图书，汗牛充栋，不知选择，难期适用。本处发行月刊取材注重小学本身之实际问题，可为良师益友也。

（三）由本处向教费管理处调查十六年度结束以前，续行征起之烟酒带征附税，尚有若干，以便转向中央领取备用，会后由该处干事向教费管理处接洽。据云：江苏全省烟酒事务局因改大学区制之后，不知将款解至何所（以前解教育局），以致前局长交卸时，积存二千余元，移交现任章局长，尚存该局。闻中大据义教联合办事处请求，即将备文请其解来□处备用，该处计划进行之事甚多，因限于经费不能如志，□拟整顿烟酒带征附税（是项义教附税即照以前正税比例，每年应有三万三千元，现只有零款，不知何故），以便进行一切事务云。

（1928 年 9 月 29 日，第 11 版）

黄酒业之节餐振捐

本埠中国济生会顷接黄酒业先进朱公锦康纪念值年老大庆永、震康二庄来函称：黄酒业先进朱公锦康在世时，为同业公益等事，热心服务。逝世后，同业等每于三月廿四日在酒业公会举行纪念聚餐。际兹国难临头，念及战地灾民流离失所，情实堪怜，除届时仍在公会清香供奉，聊资纪念外，所有一切清音聚餐等费，计省洋一百元，捐送济生会，以充战地难民收容费之一助，虽杯水车薪，聊尽同胞之义务。除由该会函谢，并将此款拨交所办难民收容所，救济应用外，该黄酒同业体恤灾黎，以先进朱公锦康纪念会节餐之款，慨捐救济，热心慈善，极为可风。

（1932 年 3 月 21 日，第 2 版）

航协会召集酒业菜摊，会议募捐方案

——两业均以十万元为标准

国民社云，本市航空协会现为扩大征募航空捐，昨日下午三时，召集酒业及菜场摊户代表等，在八仙桥青年会开谈话会。兹将各情分志如次：

酒业决议

酒业航空队长张大连、绍酒代表薛开昌、梁烧代表贺祥生、两泰代表杨志庭、土黄酒代表张素侯等三十余人，主席李大超报告开会宗旨，继即讨论：

（一）征募航空捐。根据定额税比例为标准，或根据成本为标准，以二种采取一种案。议决：根据定额税为标准。

（甲）根据绍兴产地定额税，每坛七角为标准。

（乙）苏绍酌量减低。

（丙）以据定额税二成征捐。

（丁）酒业航空捐募足十万元为标准，募足后即停止征捐。

（二）应如何征募方法案。议决：组织委员会，设立办事处。

（甲）由张队长定期召集各同业公会代表，开会讨论征募方法。

（乙）定于本月十五日召集。

【下略】

（1936 年 3 月 12 日，第 10 版）

酱酒业整顿业规　　罚款充航空救国捐

酱酒业售品，均为人民日常所必需，故该业商号，遍设里巷。五年前统计，全市的达二千五百余家，近年感受市面不景气之影响，复因同业互相倾轧，资本弱小者，辄被挤倒闭。现存全市已仅二千余家，而年终能获盈余者，犹属少数。本市酱酒业同业公会委员张大连、韩星渭等有鉴于此，曾于民国二十二年公订业规。同年六月，呈准市社会局通告实施，切实整顿，无如日久玩生，少数同业，仍阳奉阴违。该会于本年二月间，又召集会员大会，严加讨论，议决实施业规，分全市为五区，每区分为若干组，推定组长，由组长互推区长。公会方面，则聘刘定基为总干事，并商请航空协会核准，如有故意违犯业规者，按照业规订定罚则，送交航空协会，转请公安局执行，其款悉充航空救国捐。业规载明，凡属同业，均应加入公会为会员。租界方面，刻亦筹得妥善办法。南区于四月一日起实行调查，逐渐推及其他各区，想酱酒业务，必能整顿就范。并闻该会所发行情单因全市区城广大，派人分发不易，现已商请各报在经济新闻内增刊酱酒业行情云。

（1936 年 4 月 12 日，第 12 版）

甬同乡会力劝撙节烟酒，移作救济难民

本市宁波旅沪同乡会，力劝同乡撙节烟酒，救济难民。原文云：

吾甬同乡旅沪历史悠久、人口较稠，每有公益义举，靡勿参与其列，此固见各界见爱之诚，亦即同乡努力之收获也。军兴初起，同乡难民载道，曾经一度呼吁，荷蒙同乡诸公踊跃乐助，得以从容办理，方告段落。近者，上海难民救济协会又致函本会，以向各同乡募捐协济为请。当此战时经济凋敝之际，明知各同乡捐输纷繁，力量有限，募集不易，惟是急难同心，岂忍拒却。爰于不得已中，拟请各同乡，撙节平日烟酒所费，移作难民捐款，月缴一次，以救济事业存在之日为限。节无谓之消耗，作救命之急需，情理两当，实施亦易，即或平日习惯难于废止，得能逐日节减消耗之数量，降低消耗之品质，则以同乡五十万人计，若以半数服用烟酒计算，假定每人日积一分，每日即得一千五百元，亦即足供难胞一万五千人之给养，积少成多，收效极宏。转瞬严冬即届，饥寒可虑，继夙昔己饥己溺之怀，成□衣解食之义，当仁不让。此其时矣，向希一致赞同，即日实施，以完成本会协助救灾之使命，是为至企云。

（1938 年 11 月 11 日，第 9 版）

酱酒业提成救难

——三月一日起，以一年为限

本市酱酒业，为救济难民善事，由范东生等十六人发起，组织酱酒业

劝募委员会，专责办理酱酒业筹募救济难民经费。业经该同业议决，依照各同业门缸油货交易额，以为酱酒业营业提成认缴难民经费之标准，每担征取国币五角（约合货值百分之二・五），悉充救济难民经费。但因而不敷原本者，得由各该同业比例将门市略予变更，自三月一日起实行，期以一年为限，每于月终，由酱酒业劝募委员会派员收取云。

（1939 年 2 月 25 日，第 10 版）

上海难民救济协会公告（第十一号）

查本市酱酒同业为数甚多，而该业同人对于慈善事业向具热心。爰由本会聘请该业范东生君等十六人为劝募委员，组织酱酒业劝募委员会专责办理酱酒业筹募救济难民经费事宜。关于征募救济经费办法，业经该同业议决依照各同业门缸油货交易额，以为酱酒业营业提成认缴难民经费之标准，每担征取国币五角（约合货值百分之二・五），悉充救济难民经费，但因而不敷原本者，得由各该同业比例将门市略予变更等情在案。并定于二十八年三月一日起实行，期以一年为限，每月终由酱酒业劝募委员会派员，持同本会正式收据分向各同业收取汇解。本会核收另行登报公告，以昭信实，为特公告，应请全市经营门缸油货交易之同业各宝号本于人类互相救助之旨，届期一体照办，以襄善举而利救济。特此公告。

（1939 年 2 月 26 日，第 2 版）

难救会提存准备基金十万元

【上略】

酱酒业

本市难民救济协会酱酒业劝募委员会，于昨日下午二时，在厦门路震厚里十号，召开劝募委员会议，讨论劝募积极办法，到陈珍麟、张连远、张介福、胡本信等委员十余人。旋经议决：

（一）加推虞如品、陈珍麟为常务委员，以资督促劝募工作之推进。

（二）续聘万泰余维亮、万茂顾维琴、裕源晁芝嵋、立兴叶惠琴、万桢潘云波、鼎顺蔡郎夫、万和顺曹国梁、老通裕董耀珊、新万康高培德、老万慎成臣甫、滋大昶倪仰周、复兴孙武、万源顺石友卿等为赞助委员，请予协助，分向同业劝募，俾资征募救济难民经费，超过预料目的。

（1939 年 3 月 14 日，第 10 版）

物价威胁民生臻严重阶段

——米面昨又激涨，燃料前途可虑

【上略】

其他杂粮，如面粉，春节时仅售十元至十一元，昨暗盘亦在涨二元半，而达十三元六七角，此种涨风，更为创闻。盖战前仅售一元七角许，纵使涨价仅数分，除非市场有剧烈演变，始略有较大之涨跌，然亦仅一二角而已，乃今非惟有涨无跌，且恒在一二元之多。他如小麦、黄豆，以需要激增，亦比例狂涨，迄无止境。因米麦售价之飞涨，粥、饭、面点等，凡以粮食为原料者，其涨价次数，几已无从计数。而酒类方于十一月间加价二成，昨日中西各项酒类又告涨价，绿豆烧涨二成，绍酒、烧酒涨三成至四成，平均各货之售价，较战前涨至二倍以上。其他洋酒，因运输困难，到货稀少，外汇飞涨，其涨风更甚于此。

【下略】

（1940 年 2 月 15 日，第 9 版）

节约委会发起戒除烟酒运动

——劝告市民一致响应实行，节省消耗减轻生活负担

本市节约运动委员会以沪市物价飞涨、生活问题日趋严重，在此惊涛骇浪之中，惟有励行节约，方克勉渡难关。爰特发起戒除烟酒运动，希望各界一致响应实行，以节无谓消耗。兹录该会发表告市民书如下：

各界亲爱的同胞们，最近孤岛物价一再飞腾，尤其米、煤两项，涨风之甚，竟开空前未有之最高峰。不仅贫苦平民痛遭严重威胁，即中上人

士，亦感捉襟见肘，整个社会实已陷于生活恐慌的洪流之中。处此惊涛骇浪、杌陧不安的现状下，我们为安定生活、勉渡难关，惟一的办法只有减低物质享受，励行战时节约。关于节约的意义，就是说生活要有节制、消费要有约束，一切不必要的消耗和无谓的靡费都应该节省。我们认为在日常生活之中，烟酒的消耗是最要不得，而且是有害身体健康的不良嗜好。在米珠薪桂的今日，戒绝烟酒实在不应再事犹豫，何况烟酒的价格也同样的跟着米、煤一致的高涨。我们如果把上海烟酒两项的消耗统计一下，其数额实在惊人。又查名贵烟酒，原料尽属洋货，价值之昂，尤足令人咋舌。每年金洋外流，恒在数千万元以上。这种大量的漏卮，就战时经济言，无疑地是国家的重大损失；就个人经济言，也是一笔无谓的靡费。况且上海自从沦陷后，烟、酒两项，均经日伪机关征税。我们吸烟饮酒，非惟增加自身负担，抑且帮助日伪多征税收。在此抗战紧张、国难严重的今日，实在是要不得的事。本会有鉴于此，爰特发起戒除烟酒运动，切盼全市同胞痛下决心，戒除不良嗜好，节省无谓消耗，万一因习惯过深，一时无法屏绝，亦应力求减省。并在有利条件下，尽量采用国货，这不仅有益自身，而且是裨利国家。希望亲爱的同胞赶快奋起，一致响应实行，不胜馨香祷祝。

(1940 年 2 月 25 日，第 9 版)

戒除烟酒运动市联会响应

本市节约救难委员会以吸饮烟酒，不仅耗费金钱，且妨害健康，在此物价腾贵、生活艰难之时，实应予以摒除，特倡导戒除烟酒运动。本市第一特区市民联合会，昨为响应此项运动，其通告各区分会一致推行。其通告略谓：

烟酒两物，吸之、饮之，刺激神经，最损健康。当此物价昂贵，此项无谓消耗，人人应毅然戒除。兹节约救难会发起戒除烟酒运动，事极切要，为特通告。务希广为劝告市民，一致推行，无任企祷。

(1940 年 2 月 29 日，第 10 版)

理教会敦劝戒除烟酒嫖赌

——一经沉湎莫不耗财伤身，亟应振奋服务社会国家

上海市理教会为敦劝戒除烟酒嫖赌，振奋精神，服务社会国家，特发表《告市民书》，云：

各界市民们，际此百物腾贵，生活程度高涨之今日，欲应付非常支出，莫说贫苦市民感到困难，即中上阶级，也常感捉襟见肘。故欲渡此难关，惟有励行节约，降低物质享受，节省不必要之消费。"烟酒嫖赌"为消费品中为害最烈者，兹分述于后。

烟

烟中含有尼古丁毒质，久吸能破坏脑神经组织，影响身体健康，此犹指卷烟之类而言。他若鸦片、吗啡、白面、海洛因等，其毒性尤为猛烈，少吸固能振奋精神，然一经上瘾，即不易戒除，沉湎其中，百事俱废，终至骨瘦如柴，精神萎顿，形如魔鬼，被人不齿。

酒

酒之害虽不若烟之为烈，然久饮亦能使神经衰弱。因酒而闯祸者，比比皆是；因酒而误事者，亦时有所闻。且酒价受物价影响，递增不已。名贵之酒，原料多属洋货，每年漏卮，达数千万元。就战时经济而言，尚为国家重大损失。

嫖

嫖之为害，□人皆知。试观常涉足花业者，因精力亏损过甚而丧身者，数见不鲜。至糜费金钱，犹为余事。值此抗战建国之时，应一致振奋，为国效劳，何忍迷恋于声色之中？

赌

每日翻开报纸，常见无数自杀新闻。其自杀原因，则大多起于赌负而受经济压迫。良以赌博一事，小则废时耗财，大则倾家荡产。虽有时逢场作戏，然世人往往一入此途，即如堕进陷阱，□日不辍，冀图侥幸，于是无心操作。有业者弃业，弃业后甘习下流，实堪痛心！

由是观之，可知烟酒嫖赌实为我人当前之大敌。务望染有此癖者，初

减少其分量与次数，进而彻底戒绝，不仅个人前途之幸福，抑亦国家民族前途之曙光也！

（1940 年 3 月 9 日，第 10 版）

通行证滥用将予以没收

——持以夜游者，有没收可能

《字林报》云，顷悉市民为商业目的而领得之宵禁通行证，若滥加使用，则此通行证将遭当局没收。凡持通行证赴酒肆与赌窟等娱乐场所而非为合法的商业目的之用者，苟在离赌窟等场所时被查出，即不复有持宵禁通行证之权。又闻本市中外酒肆，可望自八月九日起至十四日止，遵守宵禁条例，提早休业，俾顾客能于十二时三十分前返寓。各酒肆苟接警告，而仍不服从命令者，当局将取行动对付之。自星期四日宵禁严厉实施，十二时三十分后，即有华捕特别巡逻队兜捕街头行人，每夜被拘入中央捕房者，约达三百人。

（1940 年 8 月 11 日，第 10 版）

桂省严行禁酒

〔重庆〕广西省府为节省食粮、调剂民食起见，二十七日饬各县严禁酿酒，并禁运禁沽。按诸史册，中国偶有因某地灾荒而禁止酿酒者，但并不严格禁运禁沽。今兹桂省以适应非常起见，实行全盘禁酒，实为创举。（二十七日哈瓦斯社电）

（1940 年 12 月 28 日，第 4 版）

桂省禁酒　明年实施

〔重庆〕桂省府为防止米粮缺乏起见，特制定禁酒办法，分期实行，其大要乃自明年一月一日起，先行禁酿。二月一日起，实行禁运，并禁止外省酒类输入。至三月一日起，始行禁售，俟秋谷登场，米价回跌后，再

1002

行解禁。按桂省各地米价最贵区域，尚不及上海米价之半，若与重庆相较，仅及四分之一。是故桂省当局此举，纯为未雨绸缪之计。（二十八日哈瓦斯社电）

（1940 年 12 月 29 日，第 3 版）

桂省府厉行禁酒

〔桂林〕省府为厉行禁酒，订定违禁制售酒类办法。凡在禁酒□令规定禁运禁售期内，违犯禁例者，处五元以上五百元以下罚金，并没收其酒类及熬具。（十八日电）

（1941 年 1 月 19 日，第 4 版）

川禁酿酒

〔重庆〕全国粮管理局以酿酒消耗粮食甚重，已商由川省府通令查禁。除酒精以有关军需，仍准已成立之酒精厂制造外，其余酒类一律禁酿。（卅日电）

（1941 年 1 月 31 日，第 3 版）

粤省当局严厉禁酒

〔重庆〕粤省当局为节省食粮起见，决加严禁酒办法。务期人民不再私下制造或运销，以达完全禁绝之目的。（卅一日哈瓦斯社电）

〔老河口〕鄂北、鄂中、豫南各县，为节省粮食消耗，定一日起禁止酿酒。（一日电）

（1941 年 4 月 2 日，第 6 版）

筑市厉行禁酒

〔贵阳〕黔省府以本省食粮每年消耗于酿酒者，为数甚巨，为节约

1003

粮食，提倡新生活运动，决厉行禁酒。除明令通告全省各县一律禁止酿酒外，决自下月一日起，所有筑市已酿之酒及酿酒器一律封存。（廿二日电）

（1941 年 6 月 24 日，第 4 版）

甘肃定期严禁酿酒

〔兰州〕甘省府以杂粮为本省民食大宗，而民间每年消耗巨额杂粮用以酿酒，既非节约战时粮食之道，抑是助长人民好酒之风。顷特颁布办法，通令全省，自本年九月一日起严禁酿酒，违者重罚。（二十日电）

（1941 年 7 月 22 日，第 4 版）

黔酒商自动报请查封存酒

〔贵阳〕黔省府为节储食粮起见，颁布禁酒法令，各酒商皆自动报请查封存酒及酿器。截至现在止，酿酒厂三十五家封存酒一万七千斤，本省著名之茅台酒已经停业。（二十日电）

（1941 年 8 月 21 日，第 5 版）

长沙禁酒业已实施

〔长沙〕长沙县严禁酿酒卖酒，自本月一日起实行，计每年可减少食粮消耗一百六十五万担。（二日电）

（1941 年 9 月 4 日，第 3 版）

闽省禁酒令近加修正

〔永安〕省府近决定修正前此所颁禁酒令，规定凡以谷米杂粮或糖□酿造白酒、色酒供作饮料者，均在严禁之列。酿户酒商现有存酒限期登记，给证后始准售卖，以便稽核。凡输入酒类售购饮用，不予禁止。（二

十五日电)

（1941 年 10 月 27 日，第 2 版）

渝市严禁宴会

〔重庆〕国防最高委会上年四月，曾颁取缔党政军机关人员宴会办法，酒食征逐之风乃稍戢。惟奉行日久，不免松弛。爰特申禁令，修正条文，较前益严厉。除招待外宾及因公宴会外，通常应酬性质宴会，一律禁止，喜庆款客，以茶点为限。（三十日电）

（1941 年 12 月 31 日，第 3 版）

苏清乡区内防制酿酒

苏州十九日中央社电。苏省粮管局为安定民食，自当未雨绸缪。兹查酿酒、造糕均为无益消耗，励行新运，应节约消费。该局前遵中央饬令防制酿造糕饼消费，节约食粮，呈经核准，特依据大纲，订定实施办法，拟于清乡区内各县公布实施，于前日第九九次省府会议决通过，不日可由省府饬令粮管局办理。

（1942 年 12 月 20 日，第 2 版）

参战纪念日宴会禁用酒
——每月九日举行仪式

自国府对英美正式宣战后，东亚轴心益臻强化。中枢为适合战时编制，使举国上下一致集中力量，应付此划时代之伟大复兴新中国之任务起见，特令饬所属各机关，规定每月九日为参战纪念日。各机关均应悬挂国旗，上午集结礼堂，奉读宣战布告，同时应肃立为战士致敬。所有是日公私宴会，均禁止用酒，藉资警惕，而促使觉悟参战任务之艰巨，庶几与友邦骈肩作战，完成此目的，以保卫东亚，兴复中华。

（1943 年 2 月 26 日，第 5 版）

限制酿酒非经许可将予禁止

粮食部以造酒原料，均系粮食制造。值兹调剂民食、厉行节约之际，对酿酒不能漫无限制，业已商讨取缔办法。闻本市当局，已决定将来非经许可，不得制造酒类，以维民食而安民生。

（1943 年 4 月 28 日，第 4 版）

酿酒用糯米制定配给办法

——三省二市以十万石为限

米粮统制委员会制定酿酒糯米配给办法，业经呈准施行。兹录其办法如下：

（一）配给酿酒用之糯米，以十万石为限；

（二）此项配给办法，米统会在可能范围内，应予及早实现之；

（三）受配给者为三省两特别市之酿造业同业公会会员，在米统会指定之地点，以现款交货；

（四）米统会决定各县及两特别市之分配数量，原则上应照上年度之酿酒量定之，以统税局征收之酿酒税额为主要参考资料；

（五）公会对于所属各会员之分配额，亦应照第四项办法决定之；

（六）米统会及各公会依照（四）（五）两项办法决定之分配额，应通知税务署备查；

（七）第五项办法实施时，应呈报该管省市政府备查；

（八）米统会依据规定价格，配予各公会，其与公会出售价格之差额，应由米统会转缴政府，以备奖励增产之用；

（九）本办法呈经物资统制审议委员会核准施行。

（附注）此项配给办法，以后应继续办理，须视米粮之收买状况而定。

（1944 年 3 月 20 日，第 2 版）

酒菜筵席取消水果

　　酒菜馆业公会顷已议定，为搏节物资起见，自昨（一）日起，一切酒菜宴会，不再备有水果，同时饮酒时间，仍依过去规定，下午五时以前，不得备酒。

（1944 年 5 月 2 日，第 3 版）

举一个实例

——米统会吴江办事处的行为

不平者

　　苏嘉路畔之吴江县属为产米之乡，故酿酒事业向极发达，仅次于苏州。去年因糯米统制限制酿造，故由江苏省粮管局通令各酿造商须先申请，由其核准方可酿造。各商因事关粮政，无不照办。后由粮管局分别□定酿造量，约照前年酿造量核减百分之四十在案，当时米统会并无举动，亦无规例颁布。不意本年三月新酒即将登场之际，吴江米统会办事处忽行文通知苏吴区酿造业同业公会，略谓：

　　查明苏吴区酿造业公会所呈酿造数量，核与江苏省粮食局□定数量，尚属相符，理合呈复鉴核等情。查吴江酿造商径行直接采购糯米，依法应照走私囤积惩处，姑念无知，应将已购酿酒之米，按本会收配办法，补具手续，即本会收价每石八百二十元，配价一千八百元，相差每石九百八十元，速着该公会转饬各商按照三万三千九百九十六石实酿数量计算，从速将差金扫数送会为要等因。奉此，查各商未经本会核准，擅自直接采运糯米，破坏法规，弁髦公令，殊属非是，所有差额，务希督饬各商迅于照数汇解，俾转呈结束，幸勿延误，即希查照办理为荷。

　　查各商酿造已奉粮管局之批准，有何不合？米统会事前对于糯米既无全盘收买之计划，事后对于酿商又无粒米配给之事，实欲藉一纸公文，囊括所谓差金达三千一百三十一万六千零八十元之巨，不劳而获，天下宁有是理。闻各商正拟会同向上级机关请求彻查中。且苏州、吴江同一公会，购米酿酒情形，完全相同。米统会不提苏州，单指吴江，则以苏州乃省会之区，不敢轻举妄动，惧人指摘；吴江乃乡僻之区，米统会虽非官厅衙门，然吓吓乡下人固绰绰然有余。际此后胡甫经处刑而身负国家粮政重任之米统会办事人，竟敢步其后尘，以身试法，在彼固属要钱不要命，然而乡下人则有命钱两无之苦矣。

（1944 年 5 月 30 日，第 4 版）

米粮统制委员会来函[*]

径启者：阅五月三十日贵报国民论坛□载有"举一个实例"纪事一则，查本会对于各地酿酒配给糯米，前经拟具办法，呈奉行政院核准公布实施，并于本年一月五日电咨江苏省粮食局，请转召各地酿商来会洽领去后，经先后发配糯米，于京杭等处各酿造业公会各在案。查上开办法第八条"米统会依据规定价格配予各公会，其与公会出售价格之差额，应由米统会转缴行政院，以备奖励增产之用"之规定，此次发现吴江酿造业公会自行采办糯米，显违此项规定，节经函饬吴江区办事处追究，并照章征收差金，是该处奉命办理，如无其他越轨行动之确据，殊无不合，敬请贵报予以更正为荷。

米粮统制委员会启。

（1944 年 6 月 4 日，第 4 版）

冒充印花税员，盼各界检举

近有不肖奸徒，冒充税局职员，分向本市各商号，以检查账簿上印花为由，滋扰生事，乘机敲索，各商号因不明是非，受害非浅。财政部江苏印花烟酒税局自接到该项报告后，立即派员缉查，并声明该局并未派员在外调查，如再发现有人到各商店滋扰情事，盼各商店索阅调查者之身份证，随时报告警局究办。

（1944 年 9 月 9 日，第 3 版）

禁酒令扑空　税要紧

禁酒令十万火急地由省政府颁到各地，禁得不彻底的时候，舆论骂，参议员骂，小百姓也骂，不要拿米粮去糟挞！能够真的禁得清，据统计，全省的粮食可以节省下十分之一强，这样，最少还能多支持半个多月。然而，可惜的是，事实上却被弄了一次抽脚跟的把戏，货物税局也十万火急地"请示"了财政部，酒税要紧！一大笔的收入，哪里这样容易给弄掉？酒不能禁！酒不能禁！结果封起来的熬酒器具，一齐重见天日，杜康遗民，皆大欢喜，收钱的面有得色，虽然也曾规定"米麦等物不准酿酒"之类的具文，这才是活见鬼，骗骗小孩子！执行命令的受了重重的掣肘，奈之如何？

（1946 年 5 月 4 日，第 5 版）

汉货物税局非法收买　贪污逾四十亿元
市民检举查获条据账簿等确证

〔本报汉口十五日电〕此间顷揭露汉口货物税局惊人贪污案一件，案情发动系由市民检举该局非法征收牛皮税而起。经财部督察孙李禄来汉，作四十余日之调查后，除查明生牛皮部分确系擅自征税，已饬该局退还外，复发现该局对烟叶、土酒、面粉、棉纱及食糖等物品，均非法征收"查验费"，每包五百元至三千元不等，统计每月私收变相税款逾五亿元。自去年十一月至本年六月止，贪污总数至少四十亿以上，而舞弊走私结果，国库损失尤三倍此数。孙氏郑重称：渠已取得征收人所出证明条据，及其他载有"黑费"之账簿，足为此案确证，决于周内返京，报请中央彻查。又汉地院闻讯，亦表示将迅予侦查。

（1947 年 7 月 16 日，第 2 版）

火酒冒充土酒

〔读者意见〕最近市上发现大批火酒冒充土酒，长此以往，不但有碍国家税收，妨害酿造商营业及购饮者之身体，关系非常重大。特请贵报披露，希主政当局严格取缔，尤望本业各行号注意为幸。

酒行业一会员敬告。

（1947 年 7 月 24 日，第 8 版）

十三种审查完竣

【上略】

粮食节约

关于粮食节约方面，主管部之意见约为：

（一）严禁以主要粮食（包括谷、米、小麦、面粉四种）酿酒熬糖，在灾重缺粮省份，次要粮食亦禁止酿酒熬糖，已制成者限期登记，陆续出售，至售完为止。

（二）政府所设酒精工厂之槽坊或约定槽坊所需原料，由粮部核办。

（三）粮食加工厂坊，禁止碾制上等食米及面粉，已制成者亦登记出售，至售完为止。

（四）严禁以主要粮食及当地习惯食用之次要粮食饲养牲畜。

（五）禁止制造出售奢侈食品。

（六）提倡以杂粮代米面。

筵席节约

关于筵席消费节约，主管部之意见约为：

（一）中餐每席不得超过七菜一汤，西餐每客不得超过二菜一汤，并依当地市价，限制最高价格。

（二）中餐至少八人一席，不足一席者以一人一菜为准。

（三）餐馆内除招待外宾及喜庆宴会，不得饮酒。

（四）政府禁止输入之物品，餐馆内不得售卖。

（五）餐馆内一律设经济食堂，平价供应客饭。

（六）中西餐馆一律遵行简约，违者严予处分，以后除经济食堂外，不得新设餐馆，已停业者不得复业。

（1947 年 9 月 3 日，第 2 版）

婚丧喜庆一律送现　逢年过节禁止馈赠　全市舞厅年底禁绝

〔本报讯〕本市消费节约实施办法，关于社会一般部份，由社会局负责拟订。该局根据中央所颁原则及参酌地方情形，正在拟订草案，准备提交周五之市政会议讨论。兹探录执行之要点如下：

（一）筵席与便菜节约标准，规定筵席以十人为一桌，八菜一汤，便菜以不饮酒为原则。政府禁止输入之饮食物品如洋酒之类均禁用。各菜馆如有鱼翅、海参、鲍鱼等存货，或规定登记呈报，或限期于一定期限内售完，逾期禁用。菜价亦有限止，依菜馆大小分别等级，待召集酒菜商议定。

（二）婚丧喜庆送现金为原则。

（三）逢年过节禁止馈赠。

（四）禁舞。中央规定于九月底禁绝。本市情形特殊，时间匆促，不易办到。现拟以抽签方式分三期淘汰，年底前无论如何禁绝。

（1947 年 9 月 10 日，第 4 版）

消费节约实施办法　决先审查下周讨论

〔本报讯〕社会局拟订之本市消费节约实施办法，提交昨日市政会议讨论者，有婚丧喜庆宴客办法、中西菜筵席节约标准、年节馈赠取缔办法、粮食节约办法及新生活运动推行办法等，经决议先交参事室审查，再提下周市政会议讨论。

关于粮食节约办法，即系去年本市米荒时所订定之节约办法，内容如下：

（一）禁止碾制上等精白食米。砻碾以每市石稻谷能碾糙米四市斗五升八合为度，机碾以每市石糙米能碾精制米九市斗以上为度。

（二）禁止精制上等白面粉。以每一百市斤小麦能制粉八十五市斤以上为度，并尽量制造次粉、再次粉，以供平民普遍应用。

1011

（三）禁止以糯米、小麦等主要食粮酿酒。用作军用或制造化学工业必需品时，应先呈准市政当局。

（四）禁用米麦等主要食粮制糖。

（五）禁止用米麦等主要食粮喂饲牲畜。

（六）禁止用米麦等主要食粮制造奢侈食品。

（七）禁止各酒菜馆以米麦酒供应顾客。

以上各项办法，如有违者，由社会局会同警察局严格执行处罚。凡由检举人告发查获者，检举人可得奖金百分之四十，查获者得百分之十。仅由主管机关查获者，查获者可得奖金百分之三十。余款由社会局代存，以备充作粮食平价基金。

（1947 年 9 月 13 日，第 4 版）

筵席节约廿日开始　洋酒参翅家用不禁

〔本报讯〕社会局、宪兵第三营、警察局、新生活运动委员会、酒菜业、西菜咖啡业、厨房菜业、海味业、旅馆业等九单位，昨在社会局会商酒菜节约继续实施办法细则。决议：筵席节约于本月二十日开始，所规定西菜限二菜一汤，中菜限六菜一汤，其售价由中西酒菜业自行拟定，限十八日前送社会局核定。鱼翅、海参及舶来品洋酒均属奢侈品，绝对禁止出售，惟家用者不在禁止之列。同时令海味行抄列各非国产海味名单呈社会局审核，以决定何者禁售，何者可以发售云。

（1947 年 10 月 16 日，第 4 版）

节约筵席价目议定中菜每席最高廿万元　明起
全市菜馆一律遵行

〔本报讯〕筵席节约，当局决于本月二十日起实施。昨日中西酒菜业，已将节约筵席价目表呈社会局核准：

（一）西菜一菜一汤，甲种每客十二万元，乙种十万元，便餐每客一菜一汤八万元。

（二）中菜每席六菜一汤，十人一席，甲种一百廿万元，乙种一百万元，丙种八十万元，丁种六十万元。便餐不足十人之聚餐以一人一菜为准，最多仍以六菜一汤为限，其售价不得超过筵席限价之标准。客饭一菜一汤，甲种每客二万元，乙种一万五千元，丙种一万二千元。

（三）上列价格均为最高限价，各菜馆得视其营业情形，依次递减。

（四）洋酒及政府禁止输入之饮食物品，均不准用于餐食。

酒菜业公会亦拟定同业公约数则，公约中除对上述规定各项，凡属同业会员，须严格遵守外，并订定会员对于顾客之司机、车夫一律不得代付车饭钱。各会员应一律添设经济小吃部，供应一菜一汤之客饭。据吴局长表示，本市任何高贵之酒楼，如国际饭店之□泽楼、金门酒家等，均不得违背此项节约规定，否则有被封闭可能。

（1947 年 10 月 19 日，第 4 版）

少年警出巡第一天印象　食客笑谈威仪尽失

〔本报讯〕本市各餐馆筵席节约检查昨起正式开始，检查组由警察局、社会局、中菜、西菜、厨房业等同业公会各推代表组成，少年警察共参加二十五名。全市分黄浦、老闸、邑庙、泰山、虹口五区进行。昨日少年警察出动检查，发现数点困难：

一、食客对少年警察怀有好奇心，笑说其衣服式样等，使威仪尽失。

二、由同业公会推派代表陪同前往检查，各餐馆事先已有准备。

三、食客在菜餐馆添一炒蛋需十一万六千元，虽未超过十二万元之规定，但限价或条文方面等似尚有研究修改必要。

四、洋酒在禁用之列，但餐馆将外贴商标除去，混充国产酒，颇难辨别。负责方面对此种困难正检讨力谋改进。

（1947 年 11 月 19 日，第 4 版）

苏省励行节约消费　禁用主要食粮酿酒　违者将受停业处分

〔本报苏州七日电〕苏省府为配合动员戡乱，励行节约消费，充裕军粮民食，特订定粮食节约消费办法，提经省府会议通过，并饬全省一体遵行。依照该项办法，规定糙米碾制白米，及麦制面粉之成率不得低于百分之八十五，并提倡节食，尽量配食杂粮，禁止采用米、麦、高粱等主要食粮酿酒，违者将受停业之处分。

（1947 年 12 月 8 日，第 5 版）

粮部电市政府　严禁米麦酿酒

市政府顷接粮食部电：希迅采有效办法，严禁以米麦酿酒，并希趁此入伏季节，发动蔬菜推广种植，以补粮食之不足。

（1948 年 8 月 2 日，第 4 版）

料瓶业非法涨价，社会局训令制止

〔本报讯〕绍酒业最近向当局检举料瓶业非法涨价，社会局昨召该业代表谈话，训令料瓶必须遵照八一九限价，一面并令绍酒业不得抬价收购。

（1948 年 9 月 18 日，第 4 版）

减少粮食恐慌，实行禁酒
——分禁酿、禁运、禁饮三项

〔本报南京一日电〕粮部为减少粮食恐慌，将实行禁酒，经决定分禁酿、禁运、禁饮，实施具体意见已呈政院核示。

（1948 年 10 月 2 日，第 2 版）

酱酒锡箔要求加价

〔又讯〕酱酒及锡箔等商业同业公会为加税事，昨日均推派代表赴社会局要求准予加价，该局物价管理科嘱各该业开具加税后之成本及新价，列表报局审核。

（1948 年 10 月 3 日，第 4 版）

无锡抢购情形亦混乱

〔本报无锡四日电〕烟酒箔税奉令增加，锡地尚未实行，致抢购纠纷严重。指挥所、戡建队、县政府于今日下午四时开会，决定照加，定五日晨核定后，立即实行，以免黄牛党抢购。

【下略】

（1948 年 10 月 5 日，第 2 版）

浙重申粮食节约，提倡吃糙米杂粮

〔本报杭州廿一日电〕浙省府为响应勤俭建国运动，特重申粮食节约，提倡吃糙米、杂粮，及禁止粮食制糖、酒。

（1948 年 12 月 22 日，第 2 版）

筹集新兵安家费　兵协办订办法呈核
——酒菜咖啡馆等各业未代收费决予彻查

市兵役协会昨日下午三时，假市参议会召开第十五次常务会议，出席潘公展、水祥云、王先青、魏汝霖、张晓崧（姚文英代）等十余人。决议四项如下：

（一）三十八年度征兵额已奉国防部核定为三万七千名，关于筹集安家费事，决先行拟定实施办法，呈请国防部批准后，再行审议通过实施。

（二）酒菜及西菜咖啡馆业，迄未遵照市府所颁办法，代收安家费，且有原为舞厅，为逃避代收而改营音乐餐厅情形，决函请府派员彻查，严饬按照原定办法遵办，若有违抗，即予以取缔，禁止其营业。

（三）旧历年关即届，本年度春节征属慰劳，决每名征属由兵役协会，致送慰劳金元二千元。

（四）现役及龄壮丁核准缓征召证书即将发领，每一证书决收回工本费一元，并附征优待费九元，共计十元。会议迄五时十分始散。

（1949 年 1 月 18 日，第 4 版）

丁治磐派员抵澄商部队副食问题

〔本报江阴十一日电〕第一绥靖区丁兼司令，十一日派张秘书来澄，召集各界开会，讨论部队副食问题。又，城内外油酒各商号，因货源阻隔，纷纷停业。十一晨春雪霏霏，市况更形冷落。

（1949 年 2 月 12 日，第 2 版）

酒菜咖啡店抗命不代征收安家费　警局将予停业处分

本市当局前为宽筹新兵安家费，去冬由民政局拟定办法，在本市各舞厅及有音乐舞池设备之酒菜馆、咖啡馆内从价附征。此项办法，经呈奉市府核准公布，施行以来，各舞厅代征成绩，颇为良好。惟酒菜、咖啡等业，则抗不遵命，迄今未曾附征。民政局顷已函请市府转令警察局，即饬酒菜、咖啡各业依法代征，如再故违，将断然予以停业处分。

（1949 年 2 月 20 日，第 4 版）

九 社会评论

戒酒论

剪淞居士稿

　　自来事之至微而至小者，每不知所戒也，正惟不知所戒，而至重至大之事，每失于至微至小之中而不自觉，何则？毁名败节者，嫖也；倾家荡产者，赌也；耗费钱财者，吃者也；废是失事者，吃烟游荡也。夫人而知戒矣！至于物之易起祸端而最耗精神者，莫如酒，而人独不知所戒者，则以微小而忽之也，微小而忽之，遂忘其戒矣。天下事酿成人患者，皆基之于微小，故人以为微小而不足戒者，我以为微小而必当戒。《五子歌》云"有一于此，未或不亡"，而酒亦居其一。虽自古以来，飨报奉祀、宴会宾客，酒亦在所必需。然而有为而需，非贪好者可比。兹之所谓戒者，非谓戒之而一滴不尝也，亦在人因时因事而自为节制耳，能有节制即得戒之方矣。孔子云："惟酒无量，不及乱。"其言良有深旨也。在高明有识者，固不待戒而悉知自爱。惟乡市无知之辈、草茅蒙昧之流，恋其所好，恣其所欲，将见以酒而形神日损者有之，以酒而事端迫起者有之，以酒而祸害潜萌者有之，以酒而家业日促者有之，以酒而淫荒无度者有之，以酒而失时误事者亦有之。况酒为嫖赌之媒，其患为尤烈，乘醉而游，有兴则起烟花之念，任情以往，得意而至赌博之场，匪友从此相亲，正士因之日远，甚至街上随眠，身体糟蹋而不顾杯中癖爱，日用拮据而难堪。是酒之为物，始审之可以微小而不戒，继审之乌得以微小而不戒乎？然在好酒自解曰："酒和血气，且所费不过数十文，是无伤也。"殊不知贪饮则伤气血，又何能和之有？而一日费数十文，十日即费数百文，一月则以千计，一年即成数千矣。积年即费数十千矣，安得谓之无伤哉？昔西人帅福守尝于租界内创立戒酒会公所，以劝西人共戒夫酒，而况华人尤为当戒哉！彼世之贪酒而好酒者知自爱而能自戒也，则不特可以培固其本元，抑可以节省其糜[靡]费，未始非获益之一道也。

（1872 年 11 月 2 日，第 1、2 版）

酿酒宜节

北直粮食以高粱为大宗，高粱失收，则米麦因而涨价。本年秋收虽属不佳，高粱年成究有十之五六，而米麦奇涨，至于此极，为数年来见所未见，闻所未闻。推原其故，则烧锅之消耗日甚，有以致之也。按北直之烧锅，即南省之槽坊，常年以高粱酿酒。除京东各地盛行外，即天津一府，亦以此为生意之大宗，即如独流者，不过静海县之一乡镇耳，而烧锅已有八家外，此棋布星罗，难以悉数。以一烧锅计，每日至少需高粱八担至十余担不等。就独流一镇论，每日已费高粱百十余担矣，其他尚有多于百千万亿者，柴草称是。南省荒年，尝有槽坊之禁。北直旱荒若此，未闻计及烧锅者。闻衙门各有陋规，吏部每年每户又有费银三十两。时至冬至，且有查烧锅之委员，每户可获程仪二三两至四五两不等，利令志昏，故未闻烧锅之禁也。现下米麦来路虽多，价钱仍贵，裕其源还需节其流，何苦以有用之高粱，作无用之糟粕，致米麦水涨船高也。现下米价每石将及四两，山草每担需津钱五百余文，开门七事，首重米柴，昂贵若此，津人其何以为生哉！

（1877 年 11 月 27 日，第 2 版）

议设戒酒律

天下有嗜酒之人，每至沈湎无度，实俗之最敝者也。英国向有戒酒公所，今议政院议设一律：凡入戒酒公所者，羁其踪迹，毋使出外，或一月至三月不等；其有不愿入公所者，其亲族人等亦准强送之来，俾除沉痼。然议虽如此，仍恐美中有弊，因拟暂试十年，再行商议。窃谓中国亦宜仿照此法以戒吸食洋烟者，然欤？否欤？是在执政。

（1880 年 3 月 21 日，第 2 版）

论赌酒

市上醉汉恒自语而语人曰："皇帝万万岁，小人日日醉。"言虽鄙俚，而一片忠君爱国之诚溢于意表，方之唐虞衢歌□祝之风，无以过也。自鸦片烟至自印度数十年来，痼疾渐深，几有指街头醉人为瑞之概，此亦运会之变，无可如何。而适于我生幼小壮长之年，见而识之，则亦大不幸矣。忆余髫齿之岁，每值佳节，父师挈之同游，或于湖滨论茗，或泛小舟至中流览诸名胜。日夕入城，途间逢酒肆，内必有执友数人，见而拦入，辄对饮数觥，微醺而散。竟有里许之中，历数酒家，挨次豪饮，至家门而始止，从未有遇人招入烟馆挑灯呼吸以为乐者。是时，余虽稚弱，亦颇能饮数觥，追随杖履，侍坐琴书，苟稍假词色，即亦不甚顾忌，放饮为豪。及十四五岁，则同学小友亦效其风。每至日暮散学，私约里中某肆就饮，日以为常。若鸦片烟，则未有道及者。虽有亲朋嗜此，或丧喜宴会挈具而来，亦不经意间或观其吸食，而初不敢尝试之也。是时西国既和，烟禁久弛，嗜烟之人渐多，然犹不过百中之一二。而江南粤匪窜踞数年，吾渐于癸丑戒严，倾城迁徙，继而贼踪不至，仍返故居，自此竟忘其乱。凡斗靡争华之事，迎神赛会之举，自道光二十二年之后日渐废弛者，此数年中又复踵事而增。旧观顿复，街衢景象益见太平。肆中恣饮，或至深夜未散。室内留宾，莫不战拇猜枚，欢呼满座，甚而闭门加钥，勿令客逃，以故黄昏人静，市上醉汉东倒西歪，或当街嚷骂，或挟掖而归，每夜必有之。而人家宴会，亦有薄于酒德之人，使酒骂座者。乃自庚辛避乱之后，浸至于壮长，凡目见耳闻之事，未尝与少小时大异，而独至醉人，则竟不能多见，因是而知鸦片烟之祸之烈，而醉人之难得也。昨见本报录有东道不公一事，袁、金、徐三（人）以互赌酒量，入肆对饮，约先醉者会钞。继而二人俱醉，乃彼此相推，不肯己作东道主，而致为捕拘送案。嘻！此二人者曷尝有风雅气，而竟以酒量相赌也。虽然事甚琐屑，人亦恶浊，而在今日，则亦不可多得之事矣。盖今日烟馆林立，从前闹市中十家三酒店者，已易而为烟馆矣。别处之烟馆，布帘草席，臭秽逼人，入其中者，不能久坐。然友朋相遇，不曰吃一碗而曰呼两筒，犹且逐臭而趋之。若上海之烟馆，虽道咸间官场幕道以此消遣者，其所用器具，尚无如是之精。座则理石檀梨，枪则象牙桃竹，茶则武夷龙井，烟则大土清膏，偶尔聚谈，不此之假座焉，而将何所往乎？乃袁、金、徐三则舍烟馆而入酒肆，其犹有古风乎？虽其以酒量相赛，约以醉者作东，一似用钱鄙吝之流弟，吸烟之人讳多为少，而酒徒则醉不自知。即使沈湎如泥，不能端坐，犹必自讳其醉而以饮自任，盖饮酒豪举也。其与既豪，则意气必不相下，袁、徐二人皆不自以为已醉，故俱不肯会钞而致相斗也。其迹似于吝，而实则吃酒之常态，不以醉自居也。姑无论其执曲执直，而当此烟毒流行之际，二人者能于杯中寻生活，而不于榻上供烟霞，呜呼！未始非上海之瑞也！近来酒肆中不特无使酒喧骂之人，即人家喜庆开筵，肴馔罗列，一二品下箸之后，或则不告而去，或则开灯而眠，主人即有意敬客，方欲添酒回灯，而环视四座，则客已寥寥如晨星。此岂今之人之酒德胜于前人而不敢饮过其量耶？亦有夺其所好者在也。吾故谓此二人者，亦醉乡中之硕果仅存也，公堂而有此讼也，岂偶然哉？

（1881 年 6 月 18 日，第 1 版）

论西俗与中国古礼相合

定远铁船系中国托德国船厂所造，由李丹崖观察经办，业已告成。前日据西友函述，此船下水之日李钦使与德国诸大臣、船局主人同往观看，彼此交相颂祝。俟放洋之后回至西德顶城五里冈，船局主设筵款宴，主宾欢洽，举杯庆颂，各情本馆详录报中，因而知泰西风气之近古也。何以言之？酒之为用，所以合欢，故饮之有节，若沈湎无度，亡国败家实基于此。

西俗每于宴会之时，宾主即席必持杯而起，交相庆祝，非惟与他国宾客晋接为然，即其自相酬酢，亦有此仪。其意盖谓此酒之设正非漫焉为之，有深意存乎其间也。试观其设戒酒公会，以防船上水手、兵丁于礼拜休沐之日登岸纵饮，以致生事。可知西人之于酒，有事则饮，无事则不饮。是以饮酒之时必申庆祝之词，而抒颂祷之意。尝谓西人略于礼节，乃观此而西人之礼节又特胜华人远甚矣。余谓此非西俗也，乃古风也。中国之人于宾朋宴会之顷，但觉载号载呶、喧杳四座，而无彬彬儒雅之气者，此变古之甚也。若三代之世，则不然。风尚奢靡繁华世界，饮食角逐之事，几无虚日，酒□之设，无所为也，如上海之京馆、宁馆，列座喧嚣者，岂曰宴客哉？皆侈费之尤耳！仪狄作酒，大禹绝之，然合欢所需，中国不能废也。周之初，兴沫土风俗，沈湎荒耽，殆不可治。武王封康叔，

特作《酒诰》以戒之，其言曰："肇牵车牛，远服贾用，孝养厥父母。厥
父母庆，自洗腆，致用酒。"因知酒之不轻于饮，如此无事而饮酒，适足
为风俗之忧矣。三代以下聘享好会，乡大夫犹能有礼，歌诗言志，尚见古
风，而纵饮无度之俗，时亦不免。然风俗虽不能齐，而垂戒之意宛然古
昔。汉时诸侯至有以纵饮除国者，然则以酒合欢，无事不饮，饮必有庆祝
之词、颂祷之意，固不独泰西也。惟中国不行此礼，而西人犹有古风也。
其举杯致词，首先归美君王，然后下及臣庶；若与他国之人言，则兼颂两
国之君与两国之臣庶。虽文字不同，而其勤恳纯挚之意，盖与《小雅》、
《大雅》、《燕飨炎乐歌》，无以异也。今中国之人，亦有延〔筵〕贵客而
特设馔者，与岁时令节亲宾燕会者，入坐之时容，或衣冠济楚，谦让再
三，安箸送杯，耦立对揖，趋跄之节，未尝忘也。老成者以为礼在则然，
而少年儇薄之辈，当此之时非腹诽于后，即匿笑于旁，谓此仆仆者，实不
耐其烦也。及酒已数巡，语言渐觉庞杂，坐次亦至紊乱，猜枚豁拳叫嚣并
作，其情状与初坐时大不相侔。读卫武宾筵五章写醉人历历如绘也，其或
主人见之以为今日礼，饮不可醉至失节，从容解纷，适可而止，尚不至为
拘谨者所讥。若主人亦醉，主客喧嚣，酒无定数，以放饮为豪，以醉倒为
快，则终席不知到何地步。回思让坐之情形，岂不可笑哉！夫礼饮尚至如
此，苟为交游征逐餔醊是谋，则不堪设想矣。且礼饮之初亦不过揖让耳，
举杯致祝则并无之。此世风所以日下，而古道于焉不存也。要之西人事事
朴实、不尚浮文，略揖让之节，而尽颂祷之诚，此其所以异也。揖让之
节，古圣制礼有载以行之者，惟后世忘本逐末，虚文犹是，而实意已非。
故中人揖让而无颂祷，不若西人之务实意者，无揖让而有颂祷也。吾乃观
于饮酒致祝而知其风之古也。凡古人制器必有颂词，汤盘、周鼎铭刻之
文，或以垂戒，或以取法，而流传既久，后人拊摩款识犹能辨别。至秦砖
汉瓦，且有文字可摹，其文大抵为子孙永宝、宜侯宜王诸语，盖称颂之例
也。启建屋宇而峙以碑碣，亦此意也，相沿至今，即人家堂构之谋，犹于
正室梁间标题年月，而一切器具制造之匠，亦有刻镂烧染之文曰：某年月
日制，但称颂之语略而不举耳！西人俭于文，箴铭题识，体例不具，然每
造一物，而颂祝之语，实与古人有合焉。凡事溺于习者，必戾于古。世风
日下，古道云亡，不知者乃谓西俗则然，独不见吾中国军中尚有祭旗、拜

炮之礼欤？是何异于祝船而下水也耶？因论饮酒致祝而并及之！

（1882 年 4 月 6 日，第 1 版）

烧锅宜禁

　　直隶顺天两属烧锅林立，每逢乡镇辄有一两家或三四家，一县或十家八家，或数十余家，合直隶、顺天两属州县计之，其数不止以千百计。每日酿酒所费高粱、大麦不啻恒河之沙，而柴草数为尤巨。丁丑、戊寅两岁，直隶□□曾经筹赈，局司道上详督宪，奏请将直属烧锅停止一年，俟岁稔再行开办，烧锅系领有部帖以后，只准闭歇，不准添开，以裕民食，而免漏卮，一时称为当务之急。是年粒米虽珠而束薪非桂，今岁二者并行不悖，虽大米、白面价从少减，然城市中食米面者，十人中不过两三人，若乡间则不过一二人。余俱以高粱、玉米之类糊口。今价日增高，柴草尤难言状，欲裕其源，不得不节其流。闻大宪又拟禁烧锅矣，而烧锅闻信，赶紧增烧，日费粮食、柴草尤为倍蓰。特恐禁者徒托空言，而烧者反得实惠耳。

（1883 年 11 月 13 日，第 2、3 版）

推广中秋节酒助赈说

　　两粤、山东奇灾叠见，加以淮河上下之圩田、沿江一带之沙洲，凡被水者五六省。较之昔年，晋豫东、直陕旱灾亦接壤五六省，正复情形相若甚矣！天之降灾，若有意焉，旱则一律枯槁，水则到处汪洋。俾筹赈者设法救援，可以即此而例。彼不必东为大旱挽回，以兴开河蓄水之工；西为积潦谋划，以建修堤设障之议。但为灾民谋衣食、奠安居，此省办完，接办彼省，一处查讫，再到一处。无事多立方法，随地异宜。可见劫数浩渺之中，天心仍寓仁爱，以留此筹赈之生路也。然举五六省之灾民数十百万，而仅待赈于区区弹丸之上海，一之不已，乃至于再，至于三，再三之不足，又至于五，至于六。诸君赴赈，力亦云劳，筹赈心亦云瘁。然而助赈之资，虽不及前数年之旺，而人心之好善，今日犹是。曩年也，夫人生无论何等，必有私蓄，多则千万金，官家内眷以捐赈而获赐匾之荣者也，小儿长成十余年，积藏拜岁赘仪，出以助赈，自一二十金，亦称难得。若此者在昔年，殊不为奇。今则清单不多，见此一册数十户，核其总数不过数十元，半元、一元亦称善士。

虽以东南富庶，绅宦众多，间犹有慨助巨款者，然□昔年比之，不啻硕果，此以见赈愈急而愈难也。近日报中，每有中秋节筵移资助赈之事，节口腹之需，拯灾黎之命。在贪馋鄙吝之徒，尚觉不肯，而好善者，念出至诚，力惭绵薄，每思捐资，苦乏别款，因而计及于此，以为家人伙友过此令节，不过口味稍觉淡薄。而多则数十千，少亦数千，移惠灾区救命不少，夫亦何乐而不为哉！盖每年三次大节，端、秋、年终，凡店铺皆通行收账，事毕饮宴肴馔，丰腆较之平日不止十倍。若一年之中，清明、立夏、中元、冬至诸小节，在人家或团坐饮啖，或供祭祖先，随其乡俗，至时辄举，然为店铺所无，且人家无论大小，节日所费不多。平时蔬菜、鱼肉，庖人买之盈筐，若逢节日，倍之而已。即欲省以移赈，为数无多，诚不如每日节省几文矣。惟店铺则于此三节，若使通市，皆具此心，数实不菲，如上海则更趋尚繁华，行家字号有假酒楼以肆筵者，十席八席，动费数十元，苟相率捐助，即万金亦不难集。故单视一户，其款无大益于灾民，而综核通市，其数实已成为整款，而惜乎捐单所登者，尚不见其大多，且有手艺粗糙、生意一二千文之节酒，亦杂乎其间也。愚谓推广移省节酒之意，犹有与之同类者，殊属可省。每届三节，亲友挚交必行送礼之俗，上海循吴例，谓之送盘。此来彼往，担负街头者，佣妇为多，视其筐中，则皆买诸市上，如中秋则以月饼为贵，家家有之，余以水果、彩蛋、鸡、鱼、火腿及茶食、干果、笋尖等物，杂配八色或六色而已，并无家庖自制之物。与远路稀罕者，以为特敬也。收者亦止一二色，所值三二百文，而佣妇等人，则每至一家必获力钱一二百，其报之也甚至即以所受之物照原送去，亦不以为怪也。此等风气本由于妓馆之敬客，以为佣人索赏地步，乃人家亦竞相效之。窃谓物虽至微，为送盘而买之，必特费数百文，加以彼亦来送佣妇之力钱又不可少，通计有一家往来必费五七百文，何不于节前先行计算有若干家，即以若干钱移助赈款，积少成多，彼此相劝，当亦有成数可稽也。顾此言店铺与人家所可节省者。若夫今年乡试场中，则尤有一款可以充赈。溯查壬午年，江南士子曾有具禀请大宪，饬供给所将三场肉、蛋、月饼停止不备，提款充赈，蒙批奖谕，而事不果行。以为士子应试场中供给，亦关国家恩典，宜体各士子之意，别筹闲款，以充赈项，而于场中应给者，仍宜照常给发。盖办此等供给店铺，本有向承其事者，如火腿、彩蛋，三四月间即已买进，倘搁本半年而不能用，则吃亏太甚。是以向供给官关说，不肯废此例也。若月饼一项，则不堪食，店家利息最厚更不肯不办。盖如行台各所需用者，上等之物，价值不足以此牵抵。若用者须赔，而赚者不用，实无以对。该店且提充赈款，则须实银于供给，官实不利焉。是以置此不议，而各省亦无行之者也。窃谓腿、蛋二项不过不能照章，若月饼则竟不能下咽，为数太多。六月先已做起，阅时既久，入口油哮、面腻、糖生，中无果馅，士子出场，归贻小儿，往往遭遍狼藉，罪过已极。浙闱自乙丑，蒋方伯加送大月饼一枚，分给之日，方伯犹拆视亲尝饼果可食，迨后藩署沿为成例，每科照送。然物料渐与小月饼相似，且大不满半斤矣。窃谓此等银钱，乐得可省，饼不堪食，士子何必争有无？何况不备此饼，可免遭遍乎！然而官场之事，则自有难言者。故为捐助节酒者，推广言之，而有望于人家之节费焉尔！

（1885 年 9 月 28 日，第 1 版）

酒色财气说

《宾红阁外史》悄然以思，怃然以叹曰：有是哉，酒色财气之于人，其为害真不浅哉！原夫酒足以陶情，色足以娱目，能理财而后可干大事，能作气而后可成大功。虽古圣前贤、名臣硕彦，曷尝废酒色财气四者，而专以清净寂灭为宗。自世人沈溺于其中，而后嗜酒以乱其本真，耽色以戕其身命，贪财以丧其操守，恃气以长其躁矜，客感客形，日憧憧往来，而真性渐以漓，巨祸亦因以贾。然则谓酒色财气之害人，酒色财气亦不任受咎，乃人之自害于酒色财气而已。

何以言之？古者仪狄、杜康，酿为曲业，原曰：藉以娱宾客，乐岁时，一献之仪，三揖百拜，何尝使人之沈溺于此，颠倒号呶。自有溺于其中者，而后醉态酕醄，衣裳颠倒，或则效灌夫之骂座客，或则学阮籍之卧墟旁，褒其形骸，忘其礼法。甚至如《淮南子》所载："楚会诸侯，鲁赵皆献酒，主酒吏怒赵，易鲁之薄□，奏之，嗾楚王围邯郸，以致兵连祸结。"《晋书》载："周颛善饮，过江称无敌，有旧友北来，欣然出酒二石对饮，及颛醒，视客已腐胁而死矣。"至其他之因酒而肇祸酿命者，考诸史册，多若恒河之沙。善夫陈暄之言曰："酒犹水也，可以载舟，亦可覆舟。人苟明知其为害之深，而仍痛饮以为快。岂非伊戚之自贻耶？"

至于色，人自知□渐开，孰不心耽？夫伉俪顾有邪与正之分焉，古者天子三夫人、九嫔、二十七世妇、八十一御妻。即下至氓庶之家，亦不妨侧挺旁生，纳妾以娱晚景，莺莺燕燕，佳话斯传，色亦曷为而必戒。自荒淫无度，迷恋忘归，而后欲界情天，渐渐因之以生祸。其小者，偷韩寿之香，荐宓妃之枕，羞遗帷薄，长留污秽之名；大则如卫灵之新台成诗，明皇之洗儿留垢，一溺情于燕婉，而人伦之变，暗暗随之。甚且爱如蒙子，重如宗祊，而亦任其残杀灭亡，不复有所顾惜。呜呼！噫嘻！人何迷恋沈酣若此，而不思及早回头耶？

若夫财之与气，其害尤彰明。而较著爱财者，紫□黄榜愈积愈多，每因心计之工，筹算之熟，以致亲如兄弟，恩如夫妇，知己如友朋，而亦介介然，断断然，反眼若不相识。彼郭家之金穴，邓氏之铜山，自以为拥此巨资，可以终身欢乐矣。究之一朝失势，反因殉利以亡身。石季伦金谷一园，富丽甲天下，豪华名贵，震耀寰区，直至临刑始恍然曰：奴辈利吾财耳！呜呼！悔之晚矣！

孟子以大勇归文王，武王亦谓人贵尚义。然须有气以辅之，方不致畏缩不前，伈伈俔俔。然下邻于妇人女子，以此言气，气何可少。特恐气而不宗夫义，则恃才傲物，盛气凌人，报及睚眦，不顾性命。彼荆卿之击秦始，专诸之刺阖闾，其气非不盛也，而自命为豪侠，即自漓夫性真，况今之人，恃势凌人，横行不法，一言不合，遽挥老拳。虽戮辱其亲，伤残其体，而亦不复知所悔悟，岂非由血气之勇致之哉！

虽然以是言，酒色财气犹非害之甚者也，其为害之甚者，莫如近时本报所登，因酒色财气而用洋枪杀人伤人四事。查军械为国家所禁，洋枪实火器之一，禁之宜益从严。乃自外洋通道以来，贩运至华者，几于不可胜数，人之购此，辄曰：打鸟耳，守夜耳，远行以防身耳。而不知憨不畏死之徒，辄因小忿微嫌，即用以击人酿命。去年，福建吴保泰与友席间拇战，友败而不肯饮酒，吴怒击以枪弹，中其头，立时殒命。吴系武员之子，适将随侍之任，一朝遇祸，铁锁郎当，累及高堂，镌级以去，今已谳成死罪，引颈待戮。上月大宪升堂秋审，其外父某弁方在站班，而吴黑索赭衣蒲伏阶下，蓬首垢面，与众囚为俦。吁！惨矣！

昨报记浙人某甲随其父服官闽省，偶至厦门与老妓三秀缱绻，囊中金尽，适遇妓之姘夫归，因向妓贷洋百元为回乡之费，妓不允，且嗾令姘夫辱之，甲忿甚出手枪连击，幸急躲避，不致受伤。后经人劝，妓给洋送之回里。此其手枪之案，实缘酒色而成。

其因财气而成者，则为去岁宋姓与张姓，日前粉菊花与十四旦。是宋与张各拥巨资，素称莫逆，顾宋之财皆由堂上经理，非如张之可任便取携，岁暮无避债台，不得已向张称贷，张不允从，遂出手枪击张，还以自击。粉菊花则因十四旦排戏不公起见，逞一时之忿，暮轰以枪卒之，十四旦虽身受重伤，可望医愈，而己则坐困囹圄，难望超生。

人生实难，何苦殉货财、矜意气，自亡其身而不之悔耶？人皆谓手枪不禁，此后各案日出，必将案牍如山。愚则以为手枪虽容易杀人，然苟无酒色财气之中于其心，亦何致与人誓不两立。况醉中意兴益豪，欲心亦易炽，三杯之后，花月流连，驯至毒发，杨梅溃烂，不堪收拾，则色之害，因酒而起。青楼为销金之窟，春风一曲，纷掷缠头。况迩来动以局赌陷人，无赖匪徒辄从妓馆中倾人腰囊，则既耽夫色未有不破夫财者。至于家产罄矣，田园鬻矣，半生挥霍，只余百结鹑衣，毷氉秋风，辄复怨咨交作，人或一触其气，即致疾首痛心，气之所生，为财而起。然则酒色财气，更有交相回合，如环无端者。即不因此而伤人杀人，其害已无所底止。况加以沉迷昏眊，时以性命相争。我所为悄然以思，怃然以叹，而为人之以酒色财气自害者，痛下铁砭也。

（1888 年 6 月 4 日，第 1 版）

论宜榷烟酒以旺税务

今天下商贾之贩运货物，转输远近，以纳维正之供，于国家者有税有厘。各省厂、卡林立，无论水陆，经过其地者，必先报之于官，征税之外，亦□抽厘。苟有走漏，其罚维倍，例至严也。以故商贾往来，每以厘税之重为病，而货价日昂。然近者以国用不足，方思于无可筹划之中，再有所增益，藉以生财利、培饷源，而期税课之旺。窃以为诸货无可议加无已，则请征之于烟酒。考烟叶一名"淡巴菰"，产于吕宋，流入中国北方，始行于塞外，可治寒疾。每烟一斤易马一匹，其贵如此。当时吸食有禁，违者治以死罪，其严也如此。然而，禁者自禁，吸者自吸。初不因之少杀也，卒之其价日贬，尽人皆嗜，且以为敬客之需，而禁自弛矣。今兰州产烟最饶，而他省之种烟叶者，遍地皆是。饭后茶余，几为必不可离之物，甚而至于闺阁中，亦复如是。至于酒，以为人合欢，三代上已行之，而迄于今。汉代已有榷酤之例，私酿者有禁。沿至宋元，其法渐弛。然至今，北省烧锅亦有限制。此二事者，虽在食物之中，而实出于食物之外，并非民间食物所必需。泰西诸国征收诸税，于烟酒二项独重。人无有议其后者，盖此二物在可有可无之列。有之，固足以周旋酬酢；无之，亦非有所损缺。此固多出于富贵有余之家，而在平常之民，亦不过以余力及之耳，即使重征其税，亦不足以病民。今请核前代榷烟、榷酤之法，烟每斤抽若干，酒每斤抽若干。日计不足，月计有余，就各省以观，岁当盈数十万金，此不过言中国之烟酒也。泰西诸国所携来者，曰吕宋烟、曰卷烟、曰葡萄酒、曰麦酒。酒分十数种，名目甚多，其品高而价贵者，总不离乎葡萄所酿。当年入口之时，以其为食物，例不征税，载诸和约。然至今，华人吸洋烟而嗜洋酒者日见其多，泰西销路日见其广。当入之货物之中，一体征收税饷，而不得以食物目之矣。一岁所得，当亦不少。日本迩来能制麦酒，自造卷烟，行于通国。中、西人亦多购售我国北方所产葡萄甚多，且大异寻常。若效西法酿酒，其色香味当有过于西国者。麦酒亦可以机器仿造，不独中国之人饮之，西国之人当亦喜嗜。吾知西国酒利且为所夺，此亦扩充利源之一端也。中国既自能制造洋酒、洋烟，贩运于通商各口岸，则外国所来必日见其少，而中国所行必日见其多，然后一例征收厘税，无区于中外，外国商人自无置喙于其间，而尚得以食物为藉口哉？于此而不复加之意，是自涸其利源也，善于理财者当不如是也。至于鸦片一物，名曰洋药，亦烟之流亚也。洋商贩卖于中国，实为漏卮之至大者。每岁鸦片入口共计银九千一百九十一万两，耗民财、敝民力，莫此为甚。今议于正税百两之外，再加子口半税五十两，著于和约已属无可再加。近来之裁种罂粟者，几半于中土，吸之者广，故种之者众。种于云南者曰"南土"，种于四川者曰"川土"，种于两广者曰"广土"，种于浙江台州者曰"台土"，山西、河南种者亦盛。今既不能尽禁，则惟有重征其税而已。洋土之税既不能加，则惟有俟其熬膏之后再议。抽厘税土，则例有难行；抽膏，则其权在我。宜仿照新加坡、西贡、香港招商承充烟膏之例，广集愿充诸商，使其出银承充，价高者得，否则按查烟灯之数，分县办理，亦必责令股商肩承其任。洋药如是，土药亦然。此例若行，岁赢银钱何止数百万。鸦片为害民之物，即使横征苛敛，亦复孰得而议其后？盖此物极贵则易禁，极贱亦易禁，多设禁例以困之，亦欲使其自悔而痛改耳。盖其中亦具救民之苦心，而借以助国课之赢余，犹在其次也。抽捐烟膏立例之严，无如安南之西贡，虽为数仅一二钱之细，亦必给以凭印纸据，每日按户稽查，必使所吸烟数与凭印纸据所沽者相符，方得无事，否则有罚。凡入境商贩有私携烟膏者，无论远人贵客，概所不许，不但烟膏充公，且重其罚款，无银输纳，立填诸狱，无毫发徇情也。故舟中搭客，凡有余烟者，一入其境，立投之水。新加坡、香港亦并如是，令出维行，严厉若此，稽查胥役，几如梭织。其为地方官者，往往左袒商人，助其缉捕，惟其言是听。初不以是为病民，庶而扰闾阎也，以为非此则彼，所输纳国家饷项将无从出也。商人之投充烟膏一项者，如西贡，如新加坡，如香港，无不如是也。近如新旧金山，其例亦且遍行，每岁输纳饷项多者百余万，少者亦数十万，其重若此，而承充之人，岁中尚有赢余。鸦片为祸之烈，至于如是，可慨也哉！中国苟能于洋药一项亟为整顿，就各处承充烟膏之章程而仿行之，略为变通，以期无弊，则一岁所赢当不可限量矣。奈何当事者不之计及也，岂以其名弗雅驯，而以言利为病欤？不知此固无害于事，而有裨于目前之急务者也，不得谓之增税也，理财之道是或一端。

（1890 年 2 月 16 日，第 1 版）

裁捐篇

古之为关也，将以御暴；今之为关也，将以为暴。战国时已有此说，然则关之为患也，盖已久矣！夫关则曷为乎？暴征税，出入商贾苦之，行旅累之，故论王政者曰：关市不征，泽梁无禁，关市、泽梁尚且不征，无禁，况其为关市外所加增之厘捐也乎？厘捐非古，且有妨于王政，今中国又何为而有之？则以前此发匪窜扰中原，陆沉招勇练团，在需饷费用浩繁，不得已创设厘捐。凡货物过卡值百抽五，以济军饷。又防奸商绕越偷漏，乃多设分卡，节节稽查。局以分而愈多，卡以增而愈密，以此一项，佽助军饷，振作士气，削平逆党，重整乾坤，此所谓枉尺而直寻，宜若可为也。迨至今日，则天清地宁，内讧不作者，已数十年，而此枉尺之留存，更无直寻之效验，又胡为乎不裁而去之？此一事也。余之论之者，已不下数十次，即言官亦有奏请裁厘者，而一交封疆复奏则，初则以善后为名，继又指他事为说。迄今二三十年，厘卡捐局有增无减。江浙为财赋之区，不啻为竭泽而渔之举，以至商民愁苦，怨声载道，且又有委员不能约束，司事巡丁恃势横行，种种弊窦，非楮墨所能罄，而商民交怨渐益不堪。设或有桀黠者出而煽之，其祸有不可设想者矣！

然而此中必至之势，官场岂竟不知有闹捐者、毁卡者甚而至于戕官者，其祸之已见者，历历可以指数，闻者且为之心惊，见者且为之色变，而卒不闻各直省大吏中有一人焉毅然请撤者。说者谓近来候补人员，各处拥挤不堪，上宪将恃各项厘捐局卡差使为调剂冗员、安插听鼓诸人之用，一旦撤去，则若辈将从何处求生活？其投刺觐见，以求大人赏饭者，恐无法以覆绝，故留此以为之地，且一局之内、一卡之中，自委员而下，凡用司事，若而人巡丁，若而人跟役、庖人，一切赖以为谋食之方者，其数总计，不知凡几。厘卡一撤，则若辈亦如各营中遣散之兵勇，既无恒业可执，又苦不能改图其势，必将垂毙。上宪盖藉此为若辈之赈济，是亦仁者之用心也。然宁使一家哭，无使一路哭，为政者当权其轻重，固不必为此妇人之仁。特以国家岁入凡计若干，虽曰国家所得者，不过十中之一二，奈有其举之莫敢废焉？吾恐厘捐之设，当与地丁、钱粮等项视同一律，从此不复议裁矣！虽然所以不能去者，以此项为国家进饷故也。倘能悉心筹划，别思一法，以补此进项，则撤之亦无妨矣！其法安在，则前者退补。山人曾为余言：专抽烟酒概免厘捐一法，大为可行。山人之言曰：前者开藩皖中，适当军兴之际，饷需支绌万状。仆尝请试办烟酒之捐，烟则淡巴菰、罂粟浆尚不在内，酒则但就本地土酒，酒捐则按缸而课之，烟捐则查录以核之，先将酒缸若干、烟刨若干查明实数，每缸捐几何，每刨捐几何，其数已为不赀，而将前此各项厘捐尽行除去。此法盖仿自泰西，西例烟酒之捐最重，以其为害人之物，非利人之物也。行之不及期年，捐数极旺，军饷以济办公无缺。而商买行旅以向之应捐者免捐，应税者免税，莫不欢声雷动！即烟酒各捐，亦并不闻有怨咨、违抗之事。惜仆即去官行之未久，继之者无人，未几而仍复其旧。其实则此时此法亦未尝不可以行，苟能行之，所税止有两项，则简而易举，而此两项皆无益有损之物，多捐之亦不为过，而又加以近来土浆之出愈增愈盛，即并入此两项捐中，其数之巨，当不仅与各项厘金相敌而已焉！有专税之实，济则于国家岁入有增无减，而又有裁捐之美名，则民间咨怨悉泯，颂祷不遑，诚所谓一举而数善皆备。初不解此法之何以至今无一人议及也，今天下厘捐之弊亟矣！怨以积久而愈深，祸以迟发而愈烈。有心世道者奈之何而犹不思变计也哉！

（1891 年 4 月 14 日，第 1 版）

再论烟酒之捐

前论谓概免厘捐专捐烟酒，实为目前救时之第一要策。忽有客卒然问曰：现在所捐各项货物多系人生所必需，故不得不输捐，而捐数多。若专税烟酒两项，则此二物究非人生所必不可省者。设或一经加捐而天下之人皆屏去烟酒而不用，又安所得而捐之，不且有捐之名无捐之实耶！余应之曰：不然，所以专捐烟酒者，正以烟酒之足以为人害，不足以为人利，故重其税。泰西于烟酒之捐特重，而至今未闻有因畏捐而不作此生业者，亦未闻有因价昂而绝此嗜好者。不过捐既加重，价必加昂，价昂则贫苦者渐不能购，数必稍减。然亦所减无多，而国家之所入则殊不赀，又可使吸烟酗酒之人逐渐见少，岂非一举两得之道也哉！客曰：今天下吸烟之人与饮酒之人大约百中不及一二，即使捐之，当亦无几，而先将各项厘捐悉数除去，恐所得者少，所失者多，其将奈何？余曰：酒捐向所固有，北地则烧锅之税，南边则酒缸之捐，倘能核实其数，不使有影戤匿报之弊，则合南北而计，一年之中已成巨款，若再加烟捐，则其数更有可观。至于烟则仅就淡巴菰一项而论，罂粟浆土不在其列，而所费已觉不少。试观近今之人，无论贫富贵贱，老少男妇，吸烟者十中约有三四。假如一家八口全家不吸鸦片者，十得七八；全家不吸烟者，竟未之见，一家之中吸者且不止一二人。下而至于肩挑贸易，以及牧竖佃人皆有烟具，随身不时敲火吸食，直视之为性命，譬诸布帛、菽粟之不可一日离。即使加捐，又岂能一旦屏去乎？客曰：去则固难，然鸦片尚且欲戒，安知其将来不渐渐戒除？且烟之为物，究不比盐，盐为人生所必需，故国家设盐课以税之。若烟则与盐异矣！且盐之用广，烟之用狭，即欲加捐，恐亦无几，又将奈何？余曰：无虑也。烟有水旱之分，吸水烟者，食力之人尚少，旱烟则上等、下等，无一不食。近虽上等之人多吸水烟，而吸旱烟者，犹不甚少。约计一人之吸食，截长补短，损此益彼，牵扯算之所需，约在每日五文，合四百兆人数计之。吸者十之五，则每日五文，以二百兆计之。其数可盈兆，积日而月，积月而岁，其为巨款，显而易见。食盐者连酱油而统计之，每人每日不过三四文，此犹就南方食咸者而言之。若北方食酸食辣，则犹不及此数。惟无人不食，则扯算亦与烟相仿佛，而盐价在海滨煎熬之地，每斤不过一二文。烟叶之价则昂于盐，且煮海而为盐，其工省；制叶而成烟，其工大。且人无盐不活，盐之为物，有益于人；烟则止以消闲，并无别用，其先因辟瘴而起，盖烟气四畅，可以通气开窍，而肺实受其伤，惟其伤以渐，故不之觉耳。以盐之益人也，如此而每日所消之数，反不敌乎烟之数，以烟之损人也如彼，而其吸食之人，其盛如此，此而不加捐，又将焉捐乎哉？今试论加酒捐，仍如前此，按缸核算。盖酒之成也，成于缸，倘前此每缸捐四百文者，今则倍之。彼酿酒之家仍取偿于酒客，约计一缸之酒，加增四百文，而于每斤摊偿，所失不及两文。彼有刘伶、毕卓之好者，岂肯为此两文，而对糟邱望望焉去之也乎？然而每缸八百文计算，则所捐亦将盈亿。又加之以烟捐，烟捐则自当以按刨核计为是。盖烟叶产于地，地本有粮，不能因其种烟叶而格外加收，种烟者取烟叶干而积之，其成烟也，必由刨而出。约计一日之中，每刨一具，多者可出烟十二三斤，少或七八斤。牵扯算之，每日每刨出烟十斤，令其一日缴一斤烟价以为捐，统而计之当复不少。而业此者，则又不过取偿于吸食之人，以一斤之价，分摊于九斤之中，则吸食者每日所增，不过毫厘，又岂遽至于舍去耶？以其为害人之物而重其捐，则虽重而人不怨，既有此项巨款捐数，则国用以足军需、以济其他。各项厘捐局卡凡因军兴之际不得已而设者，一律概予裁撤，俾商民得以共享。其利如此，则虽取于民，而民止知感，而不知怨，岂不善哉？今之厘捐，值百抽五，即古者二十取一之法也。烟酒之捐，十取其一，则古什一之法也。以此什一易彼二十之一而有余，而一切局卡司巡丁役多方骚扰，百般搜求，以及凭空勒索，诸弊一扫而空之，是真一大快事。即余今日言之，而仍不能行之要，亦一大快论。客闻余言，雀跃而去。

（1891 年 4 月 16 日，第 1 版）

推广烟酒两项税厘论

余论中国宜专抽烟酒两项税厘，而概免各项厘捐，亦既不惮苦口矣！有一得子者，贸然造庐，一揖就坐，寒暄数语，纵谈时事，颇以余言为不谬，且曰：子之所论，但就中国之烟酒而言之也。中国之人吸烟饮酒者，固不乏人，而外洋之人吸烟饮酒者，颇亦不少。外洋各国独于烟酒两项税则极重，即此可知外洋之人，嗜此二物者众矣！尝闻西人言及外洋烟酒两项，其捐厘之重，大约价值百金者，纳税亦需百金，其所以如是其重者，则以为此二物于人有损而无益。设或税重而价贵，人皆舍而不御，则所以重其税者，正所以益乎人也！以故税虽重，而人不怨，惟中国则初不（知）之别，此二物亦与各项一例视之。今吾子欲使中国增烟酒之捐，概免诸捐，是亦能说而不能行者耳。且尤所不解者，外洋之人现在居中国者颇众，仆观各处西人于烟酒二物皆系素嗜，雪茄纸烟终日衔于口内，啤酒息利，每食皆置于前。每见礼拜日，外国水手偶一登岸，往往至于酕醄大醉，时有酗酒闹事等情，则其嗜酒也尤笃，而外洋烟酒之贩入中国者，年多一年，中国则从不增重其税，一似等诸食物之例。凡外洋食物、糖果进口，皆免其税，以是为怀柔远人，格外体恤之道，而外洋所谓有损无益之烟酒，亦与之同例，任其盈千累万贩入，而不予阻挠。在外洋之人之在中国者，得以遂其所嗜，畅其所欲，自莫不感激中国之大度包容，恩礼周全。然为中国计，则此中大有得失。况近年以来中国人之嗜此者，亦复不少。凡来海上作寓公者，于洋务或未尽知，而雪茄烟则必学时路。虽当坐车行路之时，亦翘然特出于口，花酒茶围，则尤以此为时派，几于非此不行。至于大菜馆中各种洋酒争相尝试，其销场较外洋不止倍蓰。盖外洋之人，其饮酒也，不过自饮或敬客而已，中国之学充洋派者，则大菜馆中仍招侑酒女，校书输拳，则令之代酒，校书不自代，又令其跟局之大姐、娘娘代之。于是以数元一瓶之香饼酒，而举以灌之。若辈之腹，一席之费本不甚多，而加之以酒，有费至百十金者，则知中国人之销洋酒者，亦正不少。洋人知之，乃以此为生意。其贩运以入中国者，年异而□有所增，中国此时若能于此二物之进口者税之，且重税之，则一年之中所抽之税，当有可观，亦何惮而不为也？夫外国因此二物之损人，故重其税，中国反以为外洋人之所嗜而免其税，则其所谓体恤者，实不啻害之矣！中国而亦加税，外洋必无阻挠。况外洋之捐其重如此，中国此时即使果加，亦决无税与价并之事，所增无几，而积少成多，可以汇成巨款。此则又在加增中国烟酒税之外，而另有所增者也。中国而不欲更张则已，如欲更张，则苟专收中国烟酒之税，而不重外洋进口烟酒之税，不但不足以服众，而且利权又有为西人所夺者矣！讵不大可惜哉！余曰：子之言善矣！子之计深矣！子之见远矣！然子独不见税则乎？《通商章程》内载明：进口洋酒装玻璃瓶大者，每百瓶输税银一两；小者每百瓶输税银五钱。其装桶内者，则每百斤输税银五钱。是洋酒固有税也。惟洋烟则章程内并无进口税则，但有出口税则内一条云：生熟烟、水烟、黄烟、孖古烟各等，同例每百斤二钱，其税极轻，而列于出口项下，则非洋烟也！可知或者洋烟亦列于洋人食物糖果之例，故不定税则欤！今若援洋酒之例，以捐洋烟，当亦无不可者，而子以为二者皆无所捐，则未之考也。一得子曰：谨领教！顾仆闻之洋酒之贵者，每瓶价值三元、五元，其起码者亦每瓶二角，即起码之价而计，每百瓶值洋二十元收税五钱，不过值百抽五，而仅得其半，彼每瓶价值三角以上至于三元、五元者，则所抽之税，于值百抽五之例，仅得十之一、百之一而已，其税则之轻如此。烟则并此少者而无之，若今者稍稍更张，略加一二分，即已其数不资。若烟之向无税者，而加之以税，则所入尤多，先生曷不推广言之，以助仆愚者千虑必有一得之效乎！余笑而应之曰：余前之所论者，曾未能必其施行。子虽欲推而广之，恐亦空言无补耳！虽然留传后人采择参考，亦不虚此苦衷，遂录而存之。

（1891 年 5 月 7 日，第 1 版）

酒色财气说

时逢休沐，静坐雨窗，适有素心人来相与纵谈时事，不禁怃然以叹曰：有是哉！酒色财气之害人，竟至于斯哉！嗜酒者因沉湎而丧身；好色者因荒淫而促寿；贪财者徇货利以贾祸；尚气者恃血气以兴戎。人寿几何，何苦颠倒于四者之中，以致天地皆成荆棘哉？且酒亦不止沉湎已也，无德者往往使酒驾座，载号载呶，开罪朋侪，致为正人君子所不齿；色亦不止荒淫已也，或且蔑伦乱纪，诮起聚麀，天道好还，闺门不肃。历观登徒子一辈，醉生梦死于温柔乡中，未有不报及其身，以迄妻女者。至谓贪利忘义，祸患随之，犹事之小焉者也，其尤甚者，甘作守财之奴，不顾旁人唾骂，久之而酿成怨府。且有因财而致杀身者，象有齿以焚其身，君子可不引以为鉴乎？至于恃才傲物，盛气凌人，逞血气之匹夫，未有不遭挫折者，穷其究极，竟或逞一朝之忿，亡其身以及其亲。昔之九族谋夷，满门杀戮者，何莫非一时之气所致之乎？然则酒也、色也、财也、气也，有一于此，未或不亡，况加以四者之循生迭起哉？远事不必述，试观迩来《申报》所书者，如：本月十一日小饭店主罗少卿控沈清王等六人沽饮过醉，忽然寻衅，毁坏杯碟值价数百文。蔡太守申斥之余，谕令赔钱了事，此因酒而肇祸者也。奸僧威堂深夜欲入某妇家，致被探捕所拘获，搜其身畔藏有妇人环珥，及查某妇卧处，则僧之度牒、衣钵、□□袈裟历历具在，葛同辅□判令重责手心，以示儆诫，此因色而受刑者也。陈惠亭以夏文吉等夺取所领票银，互相讦告，由英公堂解送县署，袁大令判令补提工头邬金昌□办，此因财而肇讼者也。至于昨报载吴熙林控塾师丁悦楼殴伊子锦渭，袁大令提讯之下，以丁不应肆殴，着责手心一百下，一面向吴再三开导，谕令将子领回，夫此案情节离奇，不知其中究竟。然丁苟不恃气，何致公庭，匍匐身受官刑？此更因气而受亏者也。况又有酒醉而犯色戒者，去岁台基一案中有某甲者供称：饮酒沉醉误入台基。使非被曲秀才所迷，何致惹草粘花，以致身败名裂？有为色所迷，因而耗先贤物者，如前报纪林可卿校书之事，其家长控称：娶林为妾后，忽被卷去金银、首饰若干，遁而他去。无论其事之真否？使当日不置诸箧室，何致多此纷更乎？至于贪得不义之财，以致负气不下者，则比比皆然。记其事之最近者，为葛同转讯李渭才、杨阿海互殴之案，庭讯之际，杨供称：李欠小的之钱，非徒向索不还，反遭殴击。夫欠钱图赖，其理已亏，至向索而辄行凶，则其气因各财而生，二者更迭为起伏矣。总而言之，人不能不偶近夫酒色财气，而酒色财气适足以害人，人尚其知所节制哉！虽然酒色财气亦正有必不可少之处，古人杯酒释兵争、樽俎折冲传为佳话，则酒之得力正非凡矣。勾践以西施献夫差，遂有沼吴之举；董卓为貂蝉所惑，王允即藉以除大奸，则色之功用亦甚大矣。孟尝焚券以市义、卜式输财以得官，则人苟正用夫财，亦可留名千古矣。孟子善养浩然之气，其气遂充塞乎天地之间，文天祥作《正气歌》，忠义可贯金石，则气亦至大至刚，昭然卓著矣。非然者，尝闻故老言：京中有四大员人，以酒色财气目之厥后，嗜酒者以妄奏而降调，好色者以娶妓而革官，爱财者中道云殂，逞气者失律获谴。彼位高望重者犹且被酒色财气所羁绊，以致晚节难全。况我辈一介书生，可不远而避之，以致沉溺不返耶？因作酒色财气说，既以讽世，亦还而自箴焉！

（1891 年 5 月 25 日，第 1 版）

续论裁捐

捐之宜裁也，夫人而知之；捐之不能裁也，亦夫人而知之。侍御奏陈，朝廷谕旨尚且不足以仰回天意，俯顺人情，而况区区以口舌争之，楮墨筹之，又何益之有哉？三月初六日，余作《裁捐篇》请将一切厘捐悉从裁撤，而专捐烟酒两项。自知狂瞽之言，断不足以动人之听闻，不过以愚者千虑或有一得，即不能起而行之要，亦不妨坐而言之。但有所以利国家裕财用，而不逆乎民情、不扰乎闾阎，则即此时不行，将来必有试行之者，固未尝亟亟焉求知于人也。孰意有自称为鉴湖古之愚者，自范蠡城边作书邮寄，颇以余言为然，并推广其说曰：厘捐之弊，此篇可谓详矣！专捐烟酒之利，此篇亦可为尽矣！当大任者，苟读是篇，而采择施行，诚国计民生之一大转机也！顾独不解，叠奉上谕裁并各卡，各省大吏亟应钦遵办理，乃粤匪肃清之后，已及三十年，不闻何省裁并何局，岂果不可裁乎？抑皆畏难而苟安乎？其所以不裁并者是不为也，非不能也。谓予不信请就吾郡而论，可裁并者二，可裁撤者一。东则曹娥与百官相离三里之遥，而各设一收捐之卡。据商家言：曹娥捐则百官不捐，百官捐则曹娥不捐。西则临浦进出各货均由义桥而行，而临浦有一厘局，义桥又有一厘局，此何为也哉！临浦归并义桥，百官归并曹娥，奚不可者。又有余姚之竹山港卡，上运之货则已捐，自宁之北门下运之货则已捐，自绍之曹娥竹山港虽设一卡，实则无货可捐，似何必多此一处局用开销，为司巡需索之地？此则可以径行裁撤者也。夫裁撤厘卡所以省经费、便行旅，于国于民，两有裨益，而乃绝无人计及于此。夫即无所裁撤，苟能恪守定章，不再添设，虽不能遂民之生，或不至拂人之性，乃讵意更有不议减而议增者。前以探亲桑盆，知该处埠头近由绍郡牙厘局添设下卡，闻之不胜诧异。盖是处本有曹娥之分卡，又有宁道之分关，今又增一下卡，则是一隅之地，而有分卡二，分关一，何为也哉？牖下书生但能知其然，而不能知其所以然。前见裁捐之说，不□□□，□敢以奉询，幸匪其不逮焉。来函所述，如此读之，不禁鼓掌大笑曰：有是哉天下迂拘戆直之人尚有过于余者，□□□之个中人曰：今日之厘卡胡为乎？若是之多曰：为防偷漏也，为防绕越也。商人贪于走私，不惜水脚，往往见此处有厘局，乃绕道数里由彼处而过，而货捐之走漏者多矣。防之于东，彼则行乎西，堵之于南，彼又越乎北，其狡计百出而不穷。诚有非一处所能截查者，故不得不多设分卡以防之。且我等委员亦何尝有意苛求哉？上宪之督课严密，月有比较，岁有黜陟，一月之中收数起色，则足以博上官之喜；一月之中收数减色，则必至触上官之怒。上官之喜怒，我辈之考成系焉！百姓喜将何以奉上官耶？夫上官之喜怒，既在乎收数之多寡，则必务求其增，不令其减而后可。而商人乃百计千方绕越走漏，则是商人但顾自利，而不顾委员之害。彼不顾我辈之害，我辈又安得而不自去其害？于是乎，查勘道路，或水或旱，为大路、为小路、为□港、为支港，一一烂熟于胸中，以左右望而扼其要。禀请上官添设某处分卡，倘言而不听，则日后可以为藉口之地。如其言而见听，一则显己之才，一则分己之责，上官被其恶名，我辈享其实惠，其事则两全，其利则同享。虽欲裁并，又安得而裁并也乎？非然者，我辈听鼓辕门者数百计，将以为候补之费、馈贫之粮，不且为一官所累也哉！余闻其言，不禁悄然以思，慨然以叹曰：天下事不应为而为者，殆亦有所为而为者欤？上官以顾恤属员，而大发慈悲，宁结怨商民，而不肯使候补诸人失其养赡之路。而为之下属者，则直以上官为众怨之的而已，则从而作袖手之观，此其心可不谓之毒乎？厘卡之弊，一处如此，到处如此，书之不胜其书。如果欲尽去其弊，惟有一律裁撤，而专捐烟酒则舍旧谋新，从此尚可一变。否则空言无补，只取厉耳。即以此言转质之，古之愚以为何如？

（1891 年 6 月 2 日，第 1 版）

论德国售酒渐少

西报言：德国前此七八年，每多酿酒以运售于外。据西历一千八百八十五年所有报单，是年所售出之酒价计得二千七百万麦克斯。每一麦克斯约合洋蚨四角。迨一千八百八十八年，则所售出之酒价仅得九百六十九万麦克斯。更查前年一千八百九十二年所售之酒不足三百万麦克斯。该处所售之酒日少一日，未免失一巨款。然民间省此无益之费，所得殊多矣，西报之所述者如此。按外洋税则，其最重者莫过于烟、酒两项。盖谓烟、酒二者，于人皆无益而有损，故特重其税。其志固非专在于厚敛，以为如此则二者之税既重，二者之价必昂，民间或嫌其价之昂也，而不过问焉，是不啻为民间除一害也。顾既以此为足为民间之害，则何不禁之，而反欲征其税乎？不知征其税者，于防害之中寓裕国之计。重其税者，又于裕国之中寓防害之道，固并行而不相悖也。烟税虽重，而烟之销场尚不见减，酒则已有明验。虽止述及德国一处，想不难以类推也。余前者曾屡著论说，谓中国于此一事，大可仿行西法。中国之地，烟、酒两项所出实多。烟则无一处不开刨，酒则无一处不成缸。今者中国亦有酒缸之捐，然其所谓捐者，不过虚行故事，率由旧章，挑委员差保等，多获意外之利而已。若烟捐则更未尝提出。夫此二者，外洋以为害人之物，既民间乐此以为玩具，则国家不妨因此以科重捐，而中国何独不可行也？外洋行之，亦既有年而绝未有因此而激变于民者。盖下民虽愚，亦各自知其好恶之邪正。彼亦以此二者皆系玩好之物，无补于身心，既不能屏而去之，则虽出重税，亦无怨焉。中国若仿而行之，于烟则严查其刨，烟从刨出，一家有若干刨，则可出若干烟。按刨而捐之，约所取者不过十之一，而为数已不少矣。酒则按缸而捐之，酒出于缸，无可遁饰也。某家有缸几何，则可酿酒几何，照缸数捐之，虽其中尚有可以转移藏匿之处，究亦十不离九，所取者亦不过十之一，而所得更不少矣。南边之所酿者，黄酒为大宗；北方之所酿者，以高粱为大宗。今酒捐虽有所征，而税则初未重于他物，故民间之酿者仍多，而因酒肇事者亦复层见叠出。至于烟则耗损肺脏，易致咳嗽，其所损于人者，实较酒为尤甚，而各口烟税亦仍与他货从同。且但税其已成之烟，而绝未一查其所出之数，故业此者因得藉此以为利，嗜此者亦得藉此以消遣，而于国家课税一无所裨，不亦贻外人之笑哉！外洋重征酒税，而至于酒之销数日少，夫销数之所以少，则以酿酒者不多故也。酿酒之所以不多，则以税重价昂，人皆望而裹足，业此者无利可获，故舍而去之也。而中国之操此业者，乃惟见其日增，未见其日减，论者谓中国政尚宽厚，不肯效外洋之重敛。然可以重而不重，则不重者有重焉者矣。试观左文襄公创议增收洋药之税，骤加至一倍有余，而至今亦未闻为众怨所丛，盖明知嗜洋药者，一时必不能除瘾，虽增税而出重价亦不能割爱而去之。吾知文襄若在，将不止一加而已，虽至再至三，而业此者固不肯因税重而别图他事，嗜此者亦不肯因价贵而决然弃去。盖所加之税虽重，而分而计之则亦觉其无几也。且设或业此者因其税重而别图他事，嗜此者亦因价贵而决然弃去，此则文襄之心更为大慰，何则？其创议增税者，原不专在乎增税，以为国家裕其财，实借增税以渐为民间去其害也。今文襄□□去矣，后之人无复有议及于此者，而余烟酒加税之说亦卒不能行。以至烟酒之害，无论中外，人人知之，而人人犯之，不特中国不能去此害，即外洋亦不能绝此害。不过外洋则虽不能尽除民间之害，尚有以裕国家之课。中国则并此而无之，为可惜耳。然余观于德国之售酒渐少，则又叹外洋将有以渐除其害，而不禁于中国有厚望也，且不禁于中国有重慨也。

（1894 年 1 月 16 日，第 1 版）

酒政

西人之嗜酒，与华人之嗜鸦片同是，固人皆知之，不知西人虽曲蘖是耽，然其中亦有多寡重轻之别，非可为之概论。但就欧洲而计，则嗜酒之最甚者，莫如法人。其人每年所饮之酒，约有廿三牙兰，每牙兰计有四大瓶，约共五斤之谱。然则廿三牙兰，则至一百一十五斤之数矣。至于英人之嗜酒，则远不及法人。今就英国而核之，每岁每人所饮之酒，不过得半牙兰之谱。可知同是西人，而嗜酒之重轻，各国不同有如是者。爰记之以便参考。

（1894 年 3 月 1 日，第 2 版）

论中国宜仿西俗设戒烟戒酒等会

中西之情不同乎？是是非非也，同好而弃恶也，栽者培而倾者覆也，吉者趋而凶者避也，奚为而不同也。中西之俗同乎？西国君不甚贵，民不甚贱，岂惟不贱。有所谓民主之国者，君之在位也有期，君之得位也从众，君之俸有定，君之权有限。其国之民若曰："君者何物也？"食众之禄，而与众办事者也，苟不称其位，易之易如反掌。是即孟子所谓："民为贵，社稷次之，君为轻者也。"其他君主之国，与夫君民共主之国，亦莫不有上下议院焉。有大政事举措，必从乎众，是西国之视民若此其重也。西国之民其重若此，故凡事之有关于世道人心者，兴其利，防其弊，相约为会，以补君相与官吏之权之所不及。其始倡者数人，和者数十人，渐推渐广，至于千百万亿，由一国以至他国，国政虽异，而民会则同。其最大者为救世教会，其次专为一物一事而设者，则有如戒酒、戒烟等会，皆极有益于当世。君相官吏知其会之有益于当世也，匪特不禁，且从而奖励之。中国则不然，自三代帝王以前，政教相传，威福作于一人，君之权本至重。而自汉唐以后，君天下者皆私为己业，而于古人所谓：元后作民父母之意，几几乎无有存焉。于是君至贵，民至贱，次于君者为官，官有大小，其权即有轻重，其贵亦分等差，而要皆非齐民所敢望。是故民之一举一动有法令以禁制之，上有举措不便于民者，民既无如之何。即民或有自相保卫之心，自相禁约之意，亦必官居其名而后可。夫诚设官以治民，而权既若是之重也，意者民之利无不兴乎？民之弊无不革乎？上之法令，无不奉令，惟谨乎而抑又不然。昔者仪狄作酒，禹饮而甘之曰："后世必有以酒亡其国者。"于是疏仪狄而绝旨酒，然绝之而已，不能禁也。周公作《酒诰》曰："群饮，汝弗秩，尽执拘以归于周，予其杀。"可谓雷厉风行矣，然而酒之祸卒未绝。唐宋以来犹有禁者，至今日而酒禁遂荡然无存。夫官有禁，而民弗遵，固不如弗禁之为愈也。

若夫今世鸦片烟之为祸，其实犹酒类也，其嗜之中于口腹也与酒同，其有此物而不能禁绝也与酒同。以人之血气强弱而论，似酒之害过于烟，以人之智慧□明而论，则烟之害甚于酒。顾中国之有烟患不过百有余年，而中国之欲去烟患，则已势尽力竭矣。外洋之来而不能遏，患在弱也；内地之种而倚为利，患在贫也。源之不图而治其流，烟之不能禁，犹夫酒也。今中国言者，事事劝法泰西，官既有之，民亦宜然，诚能仿西法以设戒酒、戒烟等会。愿入此会者，各守禁约，随处劝阻，偶有犯者，屏弗与会。而又著书立说，讲求药物，凡有关于会中之事，竭力以为之，合力以助之。一邑有会，则一邑烟酒之害除矣；一郡有会，则一郡烟酒之害除矣；推之一省而皆然，推之一国而莫不然，又何待于官吏之法令哉？或者谓：中国之法，士人禁结社，凡民禁结会，一旦擅立名目，倡言设会，恐官将有以惩之。噫！此殆胶柱鼓瑟之见也！诚因戒酒、戒烟而设会，其意至善，岂匪人结会之比，而猥曰犯法乎哉？抑推而论之，不特戒酒、戒烟有会也，凡士人有志于天算、舆地诸学者，皆可联合同志，通为一会。庶合大易丽泽讲习之义，以文会友，以友辅仁，其裨益固应不少。外此医学有会，农学有会，艺学有会，无不合众人之心思以求精进。窃以为西俗之最善而亦最易仿行者，必自此数者始。

（1897 年 8 月 30 日，第 1 版）

酒谈

昔者仪狄作酒，禹饮而甘之曰"后世必有以酒亡其国者"，遂疏仪狄而绝旨酒。是酒者，固非我中土之所有，而家国子孙之祸也。乃世之好饮者，则辄沈湎于曲蘖，卜昼卜夜，迄无醒时，有告以为腐肠之药者，则解之曰：子独未读夫《礼记·射义》之篇乎？"酒者，所以养老也，所以养病也。"酒既可以养老、养病，则其害焉在？何用多虑为哉？且人子或椿荣萱茂、膝下承欢，如《书》曰："厥父母庆，自洗腆，致用酒。"是酒固不可废也！宾朋聚首，把酒联情，如《诗》曰"我有旨酒，嘉宾式饮以敖"及"君子有酒，嘉宾式燕以乐"诸语，是酒又不可废也。岁时伏腊，里党往还，非酒无以联桑梓之谊；祭祖先，祀神示，来享来格，非酒无以邀鬼神之福，酒之为用，如是其大，而顾可以绝乎？抑又闻古之君子，有以酒得名者矣。汉之扬雄，时人载酒以□奇字；唐之李白，斗酒诗百篇；张颠乘醉作草书，以头濡墨；苏子美读《汉书》佐之以饮，此文采之美有足述者；阮子常常以百钱挂杖头至酒肆间独酌酣畅，虽当世贵戚均不可语；陶靖节不肯为五斗米折腰，而酒常不去口，尝于九月九日独坐菊花下，王宏送酒至，即便就酌醉而后归，此清介之节足述者；陈孟公每大饮宾客，闭门取车辖投井，虽有急终不得去；光逸遇乱，避难渡江，依胡毋辅之，时辅之方与谢鲲、阮放、毕卓、羊曼、桓彝、阮孚，散发裸衣，闭室酣饮，逸从狗窦中窥之大叫，遂入与饮，不舍昼夜，此豪迈之举又有足述者；刘伯伦以酒为名，一饮一石，尝令人荷锸相随，谓死便埋我于下；李元忠征□侍中，虽处要任，初不以物务干怀，惟以酒自娱，每言宁无食，不可使我无酒，其子揆闻之请节酒，元忠曰："我言为仆射，不胜饮酒乐，尔爱仆射时，宜勿饮酒。"此旷达之怀文有足述者。历观史册，以酒得名，垂誉百世下者，指不胜屈，固不仅在之数人也。若是则醉乡风味，何独不可领略乎？善哉！王孝伯之言曰："名士不须奇才，但使常得无事饮酒、读《离骚》便可称名士。"余则曰："世之提壶挈榼、餔糟歠醨者，无非以为饮中八达、酒中八仙、千古名流大都如是，然谓酣眠即成太白，痛饮便是平原，则无赖酒徒亦将垂名酒国矣，讵不可笑？夫世之以酒贻忧者，其人正无可限量，如丰侯酗酒、荷罌负缶而不能逃，及身之诛，灌将军何等勇略，而杯酒之间即遭收执，是以圣人戒之三无，佛氏数其十过，可为殷鉴也！况酒性大热有毒，过饮则伤神耗血，损胃烁精，动火生痰，发怒助欲，故饮之乱性，举动不能自持，或以骂座开罪友朋，或以忿争致成仇隙，《礼》曰：'豢豕为酒，非以为祸。'而讼狱益繁，则酒之流生祸也。《说文》曰：'酒，就也，所以就人性之善恶也。'一言：'造也，吉凶所起造也。'酒顾可不慎乎？然而酒狂之害，其害犹浅？至以郑康成之大儒能饮三百杯，卒至爵行而绝；以丁冲之神智无匹，卒以狂饮无度，遂至肠烂难医，性命之忧，讵不甚重。且我闻西人之言曰：'酒之为害，不徒害及己身，而又流毒于子孙。'盖酒最伤脑，故嗜酒之人其脑髓必不足，所生子女因之亦有不足之虑，而愚骏痴顽之病丛生矣。曾经法国医士，验得此种疾病得诸先天者居多，就医院中病孩一千口查之，因父嗜酒而得此疾者四百七十一口，因母嗜酒而得此疾者八十四口，因父母俱嗜酒而得此疾者六十五口，父母俱不嗜酒而亦得此疾者二百九口，无从查考者一百七十一口，是则酒之为害，顾不大哉？而人犹以公瑾醇醪，嗜之弗彻焉，即不为身计，独不为子孙计乎？"

月圆之夕，适逢立夏，有邀执笔人燕饮以赏令节者，履舄纷来，觥筹交错，剧谈豪饮，论及杜康，执笔人固不能尽一蕉叶者，乃罗举前事作扬子之解嘲焉，归而诠次其语以付手民。

（1898 年 5 月 8 日，第 1 版）

严酒禁说

本年京畿一带秋旱歉收，粮价异常昂贵，小民生计维艰。顺天府府尹何质夫大京兆奏请暂停烧锅以杜杂粮销耗，奉旨交户部议奏。旋经部臣议准，停止顺直各属烧锅一年，视来岁秋后收成丰歉再定开禁与否。其一年以内，所有酒课均请停征，惟旧欠仍饬各州县严催，以重库款。今年秋季如有业经缴过课银者，准抵以后赋税云云。

此事本馆既得京师访事友函述，录登报端，有客见之，问于执笔人曰：禁止烧锅固为救荒之一策，然考乾隆初年亦因畿辅收成歉薄，严禁民间不准造酒。时方望溪侍郎苞历引古来饮酒之害，上书请著为令，凡酒皆禁绝。令到之日，有司巡视，城乡已成之酒皆输公所，俾其人自卖而官监之，以尽为止。过此以往有犯禁者，其房屋器具俱没入官。若私酿于家，则绅衿褫服，民人决杖。凡境内有酒肆，有司不能禁察者，夺其官，首举者赏钱五十千，并请饬下各直省一律严禁，即丰收之年，亦不准弛禁。再开说者谓侍郎欲举数千年积习一旦扫而空之，其用意非不甚善。惟北省之民骤失此莫大利益，恐未免骚然不靖。未几，直隶总督孙文定公嘉淦奏请开禁，大旨谓：

奉谕以来，迄今一月有余，无日不报拿酒之文，无刻不批审酒之案。前直隶总督臣李卫任内一年之间，拿获烧锅酒曲共三百六十四起，人犯一千四百四十八名。臣到任以来拿获烧锅运贩共七十八起，人犯三百五十五名，通计酒四十余万斤，曲三十余万块，车辆、骡马器具难以悉数。凡此皆特报总督衙门者，其各府州县自结之案，尚不知凡几。况一省如是，他省可知，通四海之内，一年之间，其犯法之人，破产之家更恐不可以数计。孙公此奏，诚可谓深切著明洞中利弊。

推原其故，盖北人嗜酒之风较甚于南人，每当风雪残冬，驱车远出，见夫五里十里之堠、三家四家之村，旷荡萧条，一无所有，惟烧酒与鸡子，则家蓄而户藏焉，行路者只须费杖头钱数文，即可陶然一醉。询其造酒之法，亦甚简易，但用高粱若干，佐以豆皮及黍壳、谷糠之类，加入曲蘖即杂而成酒，价廉而工省，以是居民相率趋之。一旦遽尔禁绝，不持杜民间之生计，且岁时伏腊，无以将诚敬而联欢悰，尤非俯顺人情之意。犹忆曩年顺直水灾，前直隶总督李傅相曾附片奏称：各属烧锅本应饬禁，以裕民食，惟虑各州县禁令不齐，私烧仍不能免，而吏役需索弊窦丛生。且烧户千余家，全行闭歇，亦恐坐失生计。饬据筹振局司道议，照光绪九年奏案，免其停烧，即以资本之大小酌令捐输，每户多至五十金，少亦二三十金，皆归顺直振捐，不准影射巧避。当时民情翕然允从，毫无异言。今京畿一带又患旱荒，何不仿其成规，免予停烧，责以输捐。而乃不察利害，遽令一律停止，似揆之周礼荒政舍禁去讥之说，有所不符，不识计臣何未通筹前后而贸然议准乎？则谨应之曰：乾隆初年之禁酒，并非因年饥谷贵暂布科条，当时立意直欲使各省通行禁绝，永著为令，民间以利之所在忽焉被夺，不顾禁网，起而争之，犯者累累。职是之故，今朝廷洞悉民隐，本不欲窒其利源，徒以粒食维艰，不得已而暂行议禁。俾高粱、大麦亦可藉以疗饥，虽虽者泯当可深谅。况明岁秋收丰稔则开禁，即在目前一岁中获利几何？何至有干犯法纪之事。吾子议论素称通达，更何必多所顾虑乎？客敬谢不敏，唯唯而退，爰诠次其语，弁之报首，质诸当轴，其亦以为知言否耶？

（1899 年 12 月 6 日，第 1 版）

榷酒酤议

自仪狄作酒，而嗜饮之风，历数千年，而日见其盛。《周书·酒诰》厥或告曰："群饮，汝勿佚，尽执拘以归于周，予其杀。""周官萍氏，几酒，谨酒，而司虣（暴）禁以属游饮食于市者，若不可禁，则搏而杀之。"汉兴萧何造律："三人以上无故群饮酒，罚金四两。"自古圣君贤相，欲风俗之整齐，财物之丰阜，无不以禁民饮酒为急务。诚以酒之为物，虽为仪文酬酢之所，不可废；然戕民生、耗民财、荡民志，一利而百弊，一益而百损。非有制节谨度之意，即难免沉湎淫佚之愆。故非苛法、严刑，不足以峻民之防闲，而驱民以勤俭也。至汉武帝天汉三年，用桑宏羊之说初榷酒酤，自后有时而禁有时而开。迨唐代宗广德二年，诏天下州县各量定酤酒户随月纳税，除此之外不问官私，一切禁断。宋孝宗淳熙中，李焘奏谓：宜设法劝饮，以敛民财。周辉《杂志》以为："惟恐其饮不多而课不羡。"于是议者谓朝廷徒计一时之小利，而不计百年之大害，殊非化民成俗之要务。然愚窃谓：治国之道惟在务其实，而不必争其名。果使令出惟行，上绝甘酒之风，下无酗歌之失，岂不甚善。然周时之法可谓严矣，而载号载呶之风并未戢也；汉初之令可谓密矣，而吏舍歌呼之习亦未除也。故与其严其禁，而民间仍潜肆其奸，不若征其税而国家得广收其利。今者国库空虚，度支告匮；司农仰屋而无计，疆吏罗掘而俱穷。凡盐斤之加价，房屋之纳捐，苟有利之所在，无不析及锱铢为裨益库储之计。况酒酤仿自前代，何不可通行各省？凡有造酒之处就地筹捐，以资挹注。或曰：方今福州酒捐由宏丰库商人陈桂官创议与绅士叶某议，令各酒库每年酌令公缴洋银二万元，以五年为限。其章程每大坛纳捐小银钱四角，中二角，小一角，再小五十三文。已禀准上宪给谕开办，而一时省城内外酒库二十余家一律停止，酒店五百余家亦相率闭门罢市。海防同知吕司马迁就其说减至每年一万元，而酒商仍未首肯。岂不以年来市景萧条，若欲捐纳巨

1046

资，必至业此者无利可沾，而生机因之遽绝。不知骤而观之，万金之数固不为少。然以酒户五百余家而输此，则每户不过一二百金，黾勉轮将，亦自易易。

况酒税既重，酒价可增，是官府虽榷于造酒之人，店铺仍取偿于沽酒之客，藉彼输此，曾无受亏，何必因此细微而徒负抗捐之名哉！或又曰：民间之喜沽饮者，以价之不甚贵也。若欲陡然加价，恐嗜饮者少，而店中将有无人顾问之虞，是又不然。盖酒之为用，本非同稻粱菽麦为民生所必需；开筵宴客者，非陶猗豪商即金张贵胄，笙歌风月之场断不因吝此区区，遂致减其豪兴。试观燕京之售酒者其价几倍于南中、甘凉、秦陇，则又过焉，而酒肆如林，销数仍然畅旺。可知不喜饮者，决不因价贱如泥忽思染指；若生有曲蘖之癖即十千一斗，亦不以青蚨之浪掷而遽损豪情。况其章程每大坛只捐四角，是每斤不过多加数文，岂有因此而遂忘醉乡风趣哉？故居今日而欲税项之增，首宜仿前代酒酤之成章而不必有所顾虑。若夫行之而如何能除弊？如何能持久？则凡有理财之责者，皆宜周详审慎，而岂独酒税为然哉？

（1900 年 10 月 31 日，第 1 版）

请禁烧锅以重民食说

天地之生物供生人之用，本无有不足者；其有不足者，皆人之不能早为计算。糜费狼藉以致空乏时虞，即生物亦有不足之时，而人苟能有余于平时，亦不难弥补于危急，《礼经》所谓三年耕必有一年之食，九年耕必有三年之食，即指此也。大抵生物维备，而以米谷为最要。人一餐不食即饥，数日不食即死，所以自古以来无不贵粟！夫既贵之，自当惜之，务使之常不缺乏，民顿以安而国亦赖以治。今者去古远矣！糜费狼藉之风，如江河之日下。余三余九，既迥不古，若且民多于古，故缺乏之患更甚。即不荒歉而已，无充足气象，一逢歉岁，即罗雀掘鼠，民不聊生。于此而若不平剂之、撙节之，恐民食之艰，将日甚一日矣！平剂之法，则开仓平粜，严禁屯积，严止出口，此其大较。现在各处米价腾贵，官中已逐渐举行，然虽能剂其平，而究未能撙节也。米之所费，莫不于酒。撙节米食，亦莫要于酒。酒禁之设，自古为然。《周书·酒诰》："群饮，汝勿佚，尽执拘以归于周，予其杀。"周官萍氏，几酒，谨酒，而司虣禁以属游饮食于市者，若不可禁，则挢而戮之。

故凡酒皆公造，民得饮酒，独党正族师，岁时蜡酺耳。

汉制，三人无故共饮，罚金一锾。三国时，家有酒具，行罪不宥，禁令如此其严者，诚以耗嘉谷于无形，恐妨民食也。

方望溪谓今天下通都大邑，以及穷乡小聚皆有酤者。沃饶人聚之区，饮酒者常十人而五，与瘠土贫民相较，约六十而饮者居其一。中人之饮，必耗二日所食之谷。王应麟谓：酒为食蠹，统五谷约之，以升粟成酒一斤，有半为率，统万民约之，以十人而一饮，饮亦一斤，有半为率，是十人而糜十一人食也，亿万众必有十分之一受其饥者。以此观之，酒之不可不禁也，明矣！独是榷酤之法，亦由来已久。为国家一项进款，故说者，每以酒不必禁，只须重榷其税，则酒价必贵，贵则饮者日少，亦不禁而禁之一法。不知在米粮充足之时，固当榷且当重榷；而在不足之时，即使重榷，饮者即可望少而究不能绝，米粮毕充耗费，则何如？禁绝烧锅以杜其去路之为愈，说者谓：米食所费，只在黄酒，其余烧酒，则皆杂粮为之。现因米贵而禁，亦只须禁烧黄酒。诚如孙文定请开酒禁云：白酒则用高粱，而佐以豆皮、黍谷之类，其曲则用大麦。大麦与高粱，非朝夕常食者也。不知高粱、大麦虽非常食，然何一非民所食，使非产米之处米贵，则食高粱、大麦。若高粱、大麦缺乏，则粟米不更贵乎？故愚以为，不禁则已，禁则无论黄、白概行禁止，则民困或可稍纾。查自康乾以来，已屡开屡禁，此亦视时势而为之，非可执一而论。年岁丰登，即不难弛禁。当此米如珠贵，苟能禁之，所省杂粮、米谷当不可以数计。节无益之耗费，济亿兆之民命，计无愈于此者矣！说者又谓：北五省烧锅之家贫苦居多，五里十里之堠，三家四家之村，旷荡萧条，一无所有，而惟烧酒、鸡卵则家蓄而户累焉。若禁烧锅，此辈何以为生？其势不出于抵死触禁不止，未得其利先受其害，奈何曰：事当权其缓急轻重。为酒者一，而饮酒者百。益一人而百人受其害，何如？损一人而百人受其益乎！质之当轴，以为如何？

（1902 年 6 月 21 日，第 9 版）

论酒害

少时读《尚书·酒诰》，私怪群饮之人，微眚小过，周王至执拘以杀之，则以为刑之太过。及壮岁，阅历渐多，见夫世界淫酗之恶俗，已身妨害之大弊，种种腥闻，蒸为习尚，其为祸害于前途者至深且巨，乃知周初拘杀群饮之典，自是预防酒祸，以杀为生之机权。初非甚恶，夫酒而滥于用刑也。夫酒所以合欢，所以成礼，断绝而戒之，固所不必。然古人之饮酒也，一献之礼，宾主百拜，终日饮酒而不得醉，抑何其秩然而不乱也？日本宴会犹存此意，而今日我中国南省，风气酒德日败，沫邦遗俗所在皆是。其设宴也，则有赏梅赏菊消夏消寒等名目；其赴宴也，则有赌桥献标抢三拍七等名目；其会集也，无端其号呶也，无休、无昼、无夜、无暑、无寒，群哗然以醉为雄，以醒为耻，在彼豪于饮者，只以取一时之快乐，则乌知其受害之酷，更有甚于鸦片害身，而非可以一端尽者。今试参酌中西古今酒祸之成案，为好饮者痛下□砭，或亦中国言自强者，所有取乎约略言之，厥害有四。其一曰害生。酒家覆瓿，布久则糜烂，酒家粉垩，壁久则霉黑。此种显象，三尺童子犹应知之，中国医家言：多饮酒则害肺。西国医生言：多饮酒则害脑。而害脑之说，则尤较切于害肺。人生灵明，全系于脑，脑气筋之最被损害者，食物之中莫如酒醇为甚，久饮之后，其人之脑髓必致渐缩、渐坏，以旁及于百体，故西人谓：酒为脑髓毒药。此亦几经研究而得，其实验者脑髓一坏，而百体内之流质与织质均被扰害，失其常度，不能自行其职司。夫至百体扰害，失其职司，则虽块然人形，亦几几乎无生人之趣矣！

吾尝以一□肉安置酒中试验其现象，至二三小时，其肉必缩小变硬。观于肉之被醇浸灌而变其本质，则知人身之被酒渐渍而变其本体，其理确凿，无或疑者。《幼童卫生》编载，英国有著名医士，□常饮之人，其胃体被醇变硬，虽暂时可耐酒之害，不即发现。然积日累月受害既深，必减人若干寿算，毫无疑义云云。骧聆其言，似乎西人立言之过激。然中国古人指酒为腐□之药，指□为水险，□酒为□□之下□□酒祸。正与英国医士之言同一至理。常见世人偶然乘兴饮之过量，其胃中食物同时呕吐，因酒未成瘾，其胃不能消化故也。若习惯自然久于酒国，非特无呕吐喘急之苦，而且饮之愈多，反有畅快安眠之乐。是其人酒已成瘾，毒入膏肓，内□涎膜之水，多被酒醇吸取，久之而胃质变硬，内膜发炎，势必令人久病，或竟至死，此最危险者也。吾究不知好饮之人何轻以己身为尝试，乃甘受此醉性毒药，而自促其天年也乎？（未完）

（1903 年 9 月 5 日，第 1 版）

论酒害续昨稿

其一曰害种。人种之优劣，大体虽由于师教，而根原首属于胎元。饮酒之人，脑髓既坏，则体质受毒，血气改易，其得胎之理必至谬种，流传子孙，误衍世之。羊痫病、颠狂病或状貌凶恶，或性情横逆，中国则以为祖宗遗孽之报应，而西人则以为于酒遗毒之传受。有笃地路者所述：竹士氏一族堪为传性之证，其始祖名麦士竹士，乃酒仙之流，终日游于醉乡。七十五年之间，共出二百凶贼之子孙，又有二百八十后裔，或瞽或聋或内伤，均成废人，又有九十为娼妓，又有三百少年夭折。男女子孙七百零九人，诚实者不过三四男儿，能作工业者仅得二十，内有十人学其事业于狱中。西书言：酒癖害种者，甚夥！而此言则最悚人听。然则以酒成癖者，其受害竟若斯之烈耶！自达尔文倡自然陶汰优胜劣败之理，而后人种之竞争为天演不可逃之公例，以今之孜孜卫生善于调护，尚且遇竞争者，而其种或灭。况以区区口腹之故，而留此遗毒，弱我种类，稍有人心者，当知所谨矣！呜呼！我中国嗜好较深，医学不进、卫生不讲，故户口之数视嘉道时并不加多，而乃于鸦片伤种之外，又有此嗜酒之恶习暗伤中病，留贻传种数世以后，其尚能争雄于世界乎？

其一曰害政。楚司马子反以醉而败师，魏典韦以醉而失事，犹曰：身为将帅，不宜饮酒也。至兵卒，则饮酒过甚，气力必减。美国医生于南北花旗交战时，纪所闻见云：常饮酒之兵，平时未习劳苦，自谓能耐劳苦，未显气力，自谓有大气力，及果有劳苦用力之时，则全归于无用，如此则害及于军政。食为民天，酒为食蠹，中国制酒皆用五谷，非如西国之杂，用葡萄、苹果诸植物，犹无大害。冯林一尝统五谷约之，以升粟成酒一斤有半，统万民计之，以十人而一饮，饮亦一斤有半，是十人足糜十一人之食也，亿万众必有十分之一受其饥者，如此则害及于农政。饮酒之人。无论少壮，必皆肌肉变软，手腕颤动。英国水师学堂有绘图教习，云：凡生徒用手绘图时，如使画直长线，其纡徐有定者，必为不用烟酒之故，而颤动无定者，即为用烟酒之故。即在体操之时，亦必气馁力弱，难于及格，如此则害及于学政。他若经商之人，因脑筋麻木，心计囿于卑陋，而不克规于久远，则商政害。营工之人手指颤动，制造只能粗浅，而不能入于精细，则工政害。甚或长夜荒饮，不计时局之危，如王绂之所谓大苦，则国政受其害。专好饮酒，不顾父母之养，如孟子之所谓不孝，则家政受其害。凡百政事，不可殚述。总之，淫湎之风一开，无论为官、为士、为兵、为农、为商、为工，无有不废时失事，蹈于彼昏之消者。理无间于古今，弊无分于中外也。（未完）

（1903 年 9 月 6 日，第 1 版）

谕酒害续十五日稿

其一曰害性。吾□偶尔发兴过量，酩酊醉时之情状，至明日都不能记忆。推究其情，实因脑筋麻木之故。大凡人之大脑，受酒醇之毒，其见识智虑因醉而乱，恶情私欲乘间而来，出言行事往往不克自持，与醒时若出两人。此固事之共见其间，非吾一人之私言矣！吾试设想醉后之人，其行事颠倒，最足以变人之性情者，莫如好色与好斗。庆封嗜酒而易内，实同禽兽之行为。周颐乘酒而挑妾，致被有司之弹劾。酒为淫源，由来旧矣！人虽有性好渔色，或不尽由于酒。究之醉眼模糊，爱情改变，昏乱之后易致淫荒。平时整饬者，或变而为狭邪；素性纯谨者，或变而为轻薄。常见醉人，游狭娼妓，私说妇女，比比皆是也。是以好色害人之品行。搏俎之地伏以兵戎，饮食之间终以狱讼。古诗有云"失意杯酒间，白刃起相仇"，痛乎哉？曲蘖之为祸烈也。我国械斗案件以色财为多，次之因酒酿衅。

近时虹口美界西国兵船水手因酒醉误击中人被捕拘拿者屡见不一，见正不独中国为然也。是以好斗害人之名节。其他若行步歪邪，有庾颐堕头之失；言语冲撞，有灌夫骂座之风。此种小失，犹无大害，更仆难数，不

1051

尽罗缕。大抵醉后，灵性多所变易，一切措施身不自主。呜呼！屡受醇毒，时发酒狂，轻则供他人之嘲笑，重则坏自己之身躯。人生一世，陶情怡性之资，不虑其少。何苦耽此狂药，而使丧失吾常度哉？

以上四者虽或粗举，其大概而要之。酒害之巨者，略尽于是矣！害生、害性为吾人之关系，害种、害政为国家之关系。欲杜其害，其道何由？曰：惟有设会以戒之而已。西国新设律法有过饮罚锾之罪。彼中土夫各地有戒酒会。近会中女监督恨得氏，将酒与卫生相关之理逐层剖析，载入各学堂条约。俾后学小子知所谨戒，内以益于己，外以益于人，立意至为美善。吾国能仿行其法，或者淫湎之恶俗，庶几稍衰息乎！

闻美国□□利城□，即旧金山大学校之所在，居民约二万，而并无警察一人，其故因城内无酒之家，且离城周围一英里亦不准卖酒，所以风俗纯良，不烦警察。然则世人皆醒之益，乃如是之大。反而思之，憬然可悟，或曰：酒可入药，似非全无益于人身。殊不知酒曲入药，而医生斟酌轻重，从无敢乱用之者。诚使设会戒酒，广为惩儆。虽下等劳动之人，未必尽遵戒约，而诗书礼义之□，不敢恣其所欲，素封纨绔之豪，不得听其所嗜。久之，而此义大明，人心思返。百家之市无悬帘，则日暮无猗争之狂子。四时之暇无巷饮，则行路无扶倒之醉人。厚吾民生，强吾民种，勤吾民政，全吾民性。大之可以敌世界种族之竞争，小之可以葆一人灵明之本质。强中国而奄有海外，其道或微系于此。若听其沈湎，仍此昏乱剧饮，狂歌曼衍，内地弱种亡国之原，此亦其一端也。今之谋国者，或议抽重税，冀遏其流，而榷酤之害，甚于税亩。设法劝饮，以敛民财，前人有言之者，则何如？设会戒之，之为愈也。呜呼！余之困于酒国十余年矣！负伤以后，讽劝来者，故不觉其言之沉痛也。世之管领醉乡者，尚知慎哉！

（1903 年 9 月 9 日，第 1 版）

论谕禁官员狎妓饮酒事

自唐以来，在官有官妓，在营有营妓。近人俞理初所著《癸巳类稿》，原原本本考之极详，可见当时禁令之宽。虽身登仕版者，自公退食之余，舞席歌筵，不妨尽情留恋。昔人讥白香山谓：忆妓诗多于忆民诗。平心论之，经济文章，如白傅者，披古今循良之传，试问能有几人可知。治术果优，即偶尔冶游，亦未必遽为官箴之玷。

本朝法令极严，既除前代教坊之弊，而在官人员狎妓饮酒，又有科罪之条，故京朝诸巨公类皆自守兢兢，从不敢涉足平康，为问柳寻花之举。顾衙斋清晏，郎署萧闲寂寂，终年无计陶情适性，于是都门风尚，自上下下，皆不狎妓而狎优。犹忆十余年前，鄙人遨游京师，春秋佳日，每见部院司员，或联袂于剧场，或倾□于酒肆，非有□伶在座，即觉寂寥寡欢。其寓处则精雅绝伦，书画琴棋，纤尘不染，于以聚□好纵狂谭，嬉酣淋漓，几忘日夜。其有嗜好，与俗殊异，不溺志于梨园，而营情于柳巷者，必深自讳匿，苟为同人所悉，尤相与姗笑之，盖风气使然，无足怪者。

自辛卯而后，鄙人因事出都，忽忽十余年，中间既遭拳匪之变，长安风景物换星移，乐部诸伶大半星散。友人之自都中来者，询以近日风尚，则谓自回銮以后，王公贵人无不任情酣嬉，为及时行乐之计。惟所狎者，又舍优而为娼，每至曲院开筵宴客，一席之费贵至数十金，即酒家剧饮唤令，侑觞缠头之资，亦必须鹰银五六□。南地名花闻此消息，相率航海北上竞营，香巢燕莺□，北里之欢，花柳壮皇都之色，争妍斗丽，各擅胜场。

于时振贝子方归自外洋，年少气豪，不拘小节，面余园狎妓饮酒之事，竟为人列诸弹章，妓女谢珊珊之名，亦因此而上达天听。皇太后、皇上知在廷诸臣，当此内忧外患，迭起环生，犹以恒舞酣歌，目寻娱乐，不禁太息痛恨。爰于十月二十六日，面谕军机大臣、京朝官员，概不准在外狎妓饮酒，无论王公、贝勒、贝子、大小臣工，如有犯者，一律惩革。刻已由军机大臣交片顺天府提督高门五城察院出示晓谕周知矣。

嗟乎！歌舞漏舟之中，宴乐覆巢之下。每阅明季遗事，流寇既逼京城，而诸臣之避乱南都者，犹以选色征歌、各矜泉石亭台之胜，是诚所谓陈叔宝全无心肝，以昔方今，有如一辙，不亦深可慨哉！

抑吾犹有感焉，夫京师为首善之区，前此文武百僚相率狎□，优伶从未闻台□诸公以此为玷辱官常，奏请禁止。而此次振贝子诸人，狎妓饮酒，物议沸扬，竟据所传闻登诸白简，固由声名太觉狼藉，亦以都中此风，究尚未盛，故耳目所接，似觉骇人闻听耳。若夫沪渎为中外互市要区，夹道青楼何止千百，而各省官吏之道经海上者，无不广莝金赀，徜徉于酒地花天，几不知名教为何事。闻从前江南提督某军门，因往妓院狎游，为□侦知，乘机索得重贿。而某监司、某大僚之放胆寻芳，跌□自喜者，偻指更复难终，盖在租界冶游，西人固任其自然，中国亦不复深究，坐令印累绶，若之辈东山丝竹，任意陶情。地虽犹是中国版图，而彼等已视同化外。在上者，既放荡若是，复何怪绅商士庶相率纵情游冶，虽破家荡产，而有所不惜哉噫！

（1904 年 1 月 1 日，第 1 版）

纪章革牧开设酒肆事慨而书此

呜呼！今日中国官吏之贪黩成风者，是岂无故哉！夫朝廷之设官分职也，必日奖廉而罚贪，然内而卿相，外而疆臣，下及庶司百执事，无不贪墨卑污，肆无顾忌。一若奖之不足喜，罚之不足惧者，岂真性质特异欤？夫亦以进身之始，皆由钻营贿赂而来，一旦事权在握，苟有利之所在，如饥鹰、如饿虎，出其暗取明攫之手，叚不惜人言，不顾公议，惟求饱其贪囊而后已。幸而无事，则育田宅长子孙，以小民之脂膏，供嫖赌之挥霍，即或官运不佳，风波别起，然苟分其所得之十一，以为弥缝，轻者薄予处分，重者不过降革，一二年后又可借报效之说，出其多金，为开复原官之计。万一事不遂，遂而百万黄标、千万紫标，有此金赀不难易仕为商，坐拥非常之厚利，此等秘授宦途中人，固已心法互传，视为唯一之妙诀矣！

即如前署海州知州章邦直者，以善于钻刺得各大宪欢。其承办江宁高等学堂工程也，于所领公款，任意侵吞，以致工料窳败，房屋不能坚固，当事者不知因何反以为功，令署海州知州。在章邦直之意，岂不谓草率不堪之工程，苟得支持数年，即可满载而归，置身事外。初不料未及一稔，堂遽坍塌，某生因而压毙，且更伤及多人。当时堂中各生悯死者之惨，群起与章邦直为难，当事者恐众论之难违，允令将章邦直严行惩办。观监督胡某之批词，未尝不仁至义尽，迨诸生忿激之心稍息，仍不过责令赔修，予以参革。抑知所谓赔修者，不过就侵吞中略分余润耳！所谓参革者，不过令其暂投闲散耳！于章邦直固何损分毫哉！今者更出其侵渔之资，在学堂左近建造洋房，创设酒肆。闻开张之日，遍谓各当道与各学堂教习，驱车赴宴，户限为穿。

呜呼！彼章邦直者，殆既因学堂事而被遣，故特于学堂相近，建此崇宏广厦，以自鸣其权力之雄、赀财之厚，是其居心！固有与学堂各学生互矜意气之意。不然可以开设酒肆之地多矣，何必于金陵！即金陵可以开设酒肆之地广矣，何必于学堂左近！特不知其所设酒肆，果能工坚料实，不致如学堂之易于坍塌否？

嗟乎！章邦直之猥鄙不堪、居心险诈，固已尽人皆知，不足污我笔墨矣！特不解各当道与各学堂教习，曾不顾清议之指摘，竟于开市之日，大肆饕餮，是非平日交情深昵，狼狈为奸，何肯出此？然则当学堂既塌之后，必有人从中为章邦直斡旋，故办理因此从轻，而得于秦淮钟埠间，依然顾盼自豪，为此全无心肝之事。夫奖廉罚贪，宇宙之公理也，褒善诛恶，人心之所同也。以章邦直如此之贪墨卑污，而庇匿附和者如此，其众宜乎！宦途中顾声名、知廉耻者，如景星、庆云之不可见，而章邦直之辈，且接踵而起也噫！

（1905 年 3 月 19 日，第 2 版）

论烟酒与卫生之关系

伟卿

人类以血肉之躯，而寄生于世界。不独动物，植物寄生体之足以侵袭其肌肤脏腑，刺戟其五官百骸已也。至如饮食衣服之不清洁，沐浴起居之不勤慎，房屋空气之不流通，凡此种种事项，均足为身体上、精神上健康之障害。而其最有害于卫生者，则莫如烟酒。近泰东西各国，莫不视烟酒为害人之物。特增加其税率，而又严设禁令，以为节制。凡未成年之人，不许吸烟，违则惩以相当之罪。而于饮酒一事，亦引为恶德。父以之戒其子，兄以之戒其弟。独我国社会中人，因嗜烟酒而荒其营业、丧厥生命者，不可数计。初不过以其为能兴奋精神，活泼身体，而以烟酒为消遣之资。继逐沈溺其中，而不能出其范围，养成一种特别之奇癖，卒致嗜好弥笃，年深月久，而惹起各种病源之大患。洎一旦病魔缠身，始延医焉，服药焉，吾恐虽起卢扁于九原，终不能愈其沈疴，而救垂危之性命。人至此而始自悔，悔无及矣，晚矣！世之酷嗜烟酒之人，类皆不知卫生之人，当其酷嗜烟酒时，莫不以为有利而无害，实则殆无异于患重病之人，而惟恐其死之不速，必扼其吭以速其死也。试即烟酒之利与害，一为缕析言之。

疫病流行之日，凡吸烟之人每免传染。推其故以烟草中含有一种消毒物质，入口腔内，其效能扑灭霉菌，且能活泼运动，振发思考力，起种种之作用，此其利也。然吸烟草过久，则必脑筋衰弱，头部疼痛，记忆力减退，并损伤齿牙及呼吸器等。当身体发育尚未完全之日，如吸烟草，使体质变为柔弱，其为害益不堪设想。况烟草中含有尼古第毒质，中其毒者，则发诸般疾病，往往不免因之而毙命。而烟草中之酸化炭素，尤足以败坏室内之空气。至于鸦片，则其为害较烟草更甚。中鸦片毒之现象，初则饮食渐次减少，肌肤渐次瘦削，终至形销骨立，面目黧黑，奄奄一息，虽有生气，无异尸居。嗟乎！吾人之负担匪轻，而乃以有限之精神，甘为此无形之斫丧，吾不解其何乐而不惮寿命之促短也！是人之所当戒者，宜莫如烟。

人于有所动作时，饮酒则自觉精神百倍，而兴会淋漓。当抑郁无聊，饮酒则能抛弃一切，如得以解其沉闷。故曹孟德曾言："何以解忧，惟有杜康。"阮嗣宗则谓："胸中块垒，须以酒浇。"此皆以酒为有裨于人生者。然李白则饮酒过度，而醉死宣城；杜甫则多陷白酒，而卒于耒阳。古人之因嗜酒而殒命者，殆不一而足。是饮酒虽不可谓为无益，而惟饮之过量与常饮，则不特无益，且适足为疾病之媒介。以酒之为害，与烟相较，其害殆有过之而无不及也。盖以嗜酒者，其呼吸器必病，而并损伤其全体，体质从而变更，而危险之病易乘隙而侵入其体内，其弊不至于脑溢血死不止。嗟乎！吾人之前程自远，而乃费宝贵之金钱，致酿成重笃之疾患，吾不解人何乐而演此夭折之惨剧也！是人之所当戒者宜莫如酒。

由是观之，烟酒既足以耗财，又足以伤命。我国四万万人中，几无一人不知烟酒之害。乃虽明知其为害，而仍沈湎于烟酒者，亦复屡有所闻，时有所见。此非烟酒之能害人，实人之嗜烟酒而有以自害也。于此而谓其咎由自取，夫复何说之辞。况烟酒二事，实为耗财伤命之原因，其为害无所区别。人而有一于此，已足被其毒害而有余，不谓人竟既吸烟复嗜酒，终日烟酒是耽，大有不可须臾离之势，嗟嗟！蛇蝎者，毒人之物也；烟酒者，害人之物也。乃于蛇蝎，则知其毒而能远而避之；于烟酒，则知其害而偏亲而近之。何以故？盖因人无普通卫生之智识，故以烟酒戕贼其身体而不自觉悟也。用敢刺取东西卫生家之精理，以为吾国今日之嗜烟酒者告。

（1909 年 7 月 13 日，第 2、3 版）

烟酒与卫生之关系（再续）

江苏袁焯

　　夫烟毒之为害既为上如述矣。请再言酒，酒之种类有韦斯格、白兰地、葡萄酒、麦酒、高粱酒、绍兴酒、烧酒、日本酒诸种，其中所含酒精虽各因制法而有浓淡之分。然皆有碳酸、酵母诸毒质，故其性皆热，而能令人麻醉，世俗以其能奋兴精神，排解郁闷，遂谓酒能益人。不知酒精入腹，则脑筋先受蒙蔽，由是先失理解力，继失感觉力，而运动力反增加，既而酒力达于皮肤，皮肤之神经悉为麻痹，则运动力亦失，甚有因之而成终身不治之废人，或因之而醉死者。且酒毒之害，匪独于一身已也！且害及其子孙，或生疯癫痴愚之子，或产聋哑多疾之人。昔者德人垆孤领氏，尝取好酒者二百一十五家族，合其四代计之，其所生子女，百中之五十为违背道德者，四十为大酒家，一十为患狂病者。呜呼！嗜酒之受祸如此，可不慎欤？或曰酒可以御寒而发热，冬日饮之岂云无益，不知此正其害也。夫酒精为水素、炭素、酸素三者合化而成，炭素、水素可燃烧之料也，酸素能使燃烧者也。人之饮酒而发热者，由于酒精之燃烧暨血行加速，血管涨大之故耳，然皮肤虽热而腹中温度实较平时减少，且热至于皮肤则放散更易，少时反觉寒冷。昔美国医学博士达维斯氏研究饮食物与体温之关系，曾设种种试验，始知凡物消化之间，皆能增进体温，饮酒以后，体温亦加，但放散过多，故不出半时，体温即下降，而反觉畏寒，必至两三时以后，始止其下降之度，其时间之长短，则准于饮酒之多寡。由是以观，酒匪惟不能御寒，且反令人畏寒矣。况神经屡受麻醉、血液屡受催促，久之则失其固有之功能，而酿成种种疾病。吾尝见嗜酒之人有阳痿而不能生子者，又尝见因酒醉吐血咳嗽而成肺结核以死者，岂不悲哉！兹

将酒毒之害详列如左。（未完）

（1912 年 3 月 8 日，第 8 版）

烟酒与卫生之关系（三续）

江苏袁焯

甲：酒之害于骨骼，酒精大有害于骨骼之发育，幼童饮之则生长不能完全。

乙：酒之害于筋肉，酒能使筋肉变为脂肪，嗜之者似以之振兴其筋肉，细考之，实非然也，暂时亢奋者，反动之作用耳。

丙：酒之害于消化器分列如次：

（一）酒精在胃中能使胃液沉结，且使蛋白质凝固，故大大害于消化作用；

（二）害胃之粘膜；

（三）遏止消化之机能；

（四）致肝脏胀大或萎缩。

丁：酒之害于循环器分列如次：

（一）从血液中夺取其水分，使血球萎缩作硬固状，而失其运输酸素之性；

（二）又能使血球粘着，而阻害毛细管之血行；

（三）过量时即血液亦凝固于血管中，而有大害；

（四）能令心脏筋肉变为脂肪不能伸缩，以致血液不能射出于全身，或使血管脆弱以酿破裂，至于起卒中等之危症。（未完）

（1912 年 3 月 9 日，第 8 版）

烟酒与卫生之关系（四续）

江苏袁焯

戊：酒之害于排泄器，酒精能使肾脏变为脂肪性，而妨害其排泄之作用，且使血中营养之蛋白质由此漏出，实有害之甚者也。

己：酒之害于神经系，饮酒之害甚多，已如前所述矣。而其害于神经系者尤大，复述如次：

（一）脑髓与酒精之亲和力特甚，故其吸收酒精远胜于他机，其受害亦更甚，此充血病脑，所以最多也。血液既乏酸素，而多炭酸气，使精神昏迷，则以后恢复绝缓，且久有抑倦怠之感，可知脑髓一旦因酒精而疲劳，极难复常也。

（二）暴饮过量，则血管壁易破裂，致起脑出血症，俄然卒倒不省人事，颜面倾斜而死，即不致死，亦多成半身不遂、聋哑痴愚之□。

（三）麻痹神经使精神错乱，每见泥醉者，脚跟蹒跚，一前一却，终且跛踬，前后茫然。

（四）能使精神颓废，精神既颓废，则其人之性质亦必大变，忌廉节，增利欲，悖家庭之私德，伤社会之风教，凡善良之性情尽失，则其人之道义亦不足言也。

（五）精神颓废之人，易发癫痫、癫狂之精神病，且延及子孙，即不自发，无不遗患其子。

据上所述，则烟酒二者皆为伤人之毒物，固已昭然若揭矣。然犹未尽其底蕴也，就吾所闻见者言之，凡嗜吸烟酒之人，皆易罹各种传染病，且易死，不但本身为然，其子女□□。而素常不吸烟酒者，则不惟不易传染，且不易死，盖人身中之血液、脑筋与各脏器、各机关皆有天然消毒之能力暨扑灭微菌之本领。惟嗜吸烟酒之人，则其身中血液、脑筋与各脏器、各机关已为烟酒之毒蹂躏变坏，而失其天然之功用。虽在平时已负暗病，况当气候不调、微菌蕃生传染病大盛之时哉，无惑乎每过春夏之时，则传染病随地皆起，无问老幼，死亡接踵，几如摧枯拉朽，虽曰医治不良，而亦烟酒之毒，戕贼在先，使人不能耐病也！近者阳湖顾氏，以中国学堂中教员、学生鲜衣美食，谓为服亡国之服装，食亡国之饮食，而不自知其危。吾谓今日各界之青年，嗜贪烟酒，乃真蹈灭种之大祸，而不自知其为危者也。当此新国初成，此种灭种之嗜好，苟不斩除尽净，将何以与列强并立于今日之世界乎？读者诸君勿以为老生常谈，而无足轻重视之，则岂徒一身一家蒙卫生之福而已耶？

（1912 年 3 月 10 日，第 8 版）

酒精与肺病之关系

　　法国某名医尝研究肺病之起原，谓实与酒精有关系。彼尝调查法国北部二十八州，其饮料多为酒精（如白兰地及威士忌等酒），约住民十万人中，患肺病者二百三十人。此外各地多饮葡萄酒，以十万人为比例，患肺病者减其半，可知葡萄酒实为肺病之大敌。故凡患肺病者，宜多饮葡萄酒，绝不宜饮酒精以益其病，曾著一论说劝世，其题为酒精与肺病之关系云。

（1912 年 8 月 21 日，第 9 版）

酒与疯病之关系

颂斌译

　　伦敦市于本年八月间调查得市内患疯癫病者，共有二万九千九百六十五人，比之去年计增四百九十八人，究不知系属何故。同时又调查得，此间饮酒者年盛一年，以一千九百十一年比之一千九百十年，计增总数五分之一，故此间人民咸疑疯人之增加，系受酒徒之影响，而一般耳食者流，群以此说为信而有征，竟有欲实行禁止饮酒者。现英政府睹此现状，征诸舆论，特请各处生理学家专心研究嗜酒与患疯究竟有无关系，一俟考验得实，再行核办。

（1912 年 10 月 20 日，第 9 版）

酒与筋肉之关系

　　吾人饮酒后，其作事较平时为多，谅为世人所共信。英国某博士曾研究之，博士曰："饮酒之后，一时之兴奋，较诸一时之麻痹为劣，故于作事上，实足以招损。易言之，饮酒不过为钝疲劳感觉之一种虚欺的方法而已，作用之持续甚暂，作用消失之后，神经麻痹，决非一时之兴奋作用所可比附，茶及咖啡之作用亦然，其结果不若酒之显著。若以之代酒，其害亦同。"

（1913 年 11 月 5 日，第 14 版）

酒杯之献酬与结核

丁福保

日本古时宴会，必有献酬之礼，将一杯互相传递，自此手移于他手，一口饮用后，复移于他口饮用，此习实有传播传染病毒之危险，故废止献酬之说，时有倡道［导］之者，然迄无效果。西洋虽无献酬，亦有类似于此之习惯，即耶稣教徒往往将面包与葡萄酒相混，多数人群聚而食。详言之，将葡萄酒贮于大杯内，数人依次递饮。由是观之，其以手传手，自此口移于彼口之恶习，不同于日本之献酬乎？盖此葡萄酒杯之数人共饮，异常不洁，即以食面包之口，饮于大杯，凡面包之细屑与齿间之不洁物，附着于杯缘，渐渐流入于葡萄酒杯中，第二以后之饮者，对于葡萄酒之清洁度，益形减少也。（钝根按：此说不尽然，以余所知，基督教徒行付圣餐时，各饮葡萄汁一小杯，食极小饼一二枚，杯用过后，即置于旁，不再令第二人用之，故每付圣餐须备小杯数百或千余。）

德国梅洛雷儿博士对于上记之恶习，抱必须改良之主义。彼于食堂晚餐会食之时，以绵拂拭葡萄酒杯之缘，以之培养试验及动物试验，冀结核菌之证明，其后医检查肺结核患者三四十人会食之杯，果发见结核菌。博士遂进论改良之方法，即多数人会食之时，中置一大杯满贮葡萄酒，列席之人各以不入口之瓢，从大杯中舀酒入小杯而饮。如是，便可免传染之危险。我国之宴会，急须改良，多人共食一碗之习惯，当速行废止，虽稍形繁琐，然有益于身体，岂浅鲜哉！（钝根按：我国宴会，多猜拳斟酒，于杯负者取饮，余沥未尽，复益以酒□人，复取饮之，馋涎交换，津津有味，虽有好洁者，莫敢劝止。今因丁君之言，奉舌上流社会，此种陋习，速宜除之。）

（1913 年 11 月 8 日，第 14 版）

酒之害人不浅

本邑西南乡漕河泾镇向为石匠之陈银根，前日约同同业曹和尚及张某等多人在该镇饮酒后，因各有醉意，陈出言冲撞张某，张遂大发酒威，欲将陈置之死地，当由曹和尚解劝息事。席散后，陈在途扬言所受之辱终须报复，讵此言为张某等多人所闻，遂于晚间将陈扭至该镇附近荒田之内，用刀在手足等处猛戳数下，咽喉之处，亦受刀伤。陈痛极倒地，张等意其已经戳死，遂一哄而散。岂知陈喉间之伤未□喉管，故未殒命。直至昨晨乡民朱阿炳在该处经遇见此情形，投报该镇警区，经区员传到当时经劝之曹和尚连同受伤人陈银根，并证人朱阿炳，备文于昨日并送地方警察事务所，转送地方检察厅验究。

（1914 年 8 月 14 日，第 10 版）

德帝之禁酒

蛋庐

德国为啤酒之出产地，今世界上最为著名德人几以啤酒为国家饮料，德人每年每人之饮量平均约有六石五斗。德帝往年演说时，曾有德人不可不常饮少量酒精之语，斯语盖暗示人使用国家饮料，特以此为奖励之法。然德人以饮酒，故年年自杀之事多至千六百件，伤害千三百件，失心发狂三万件，犯罪十八万件。德帝愀然忧之，认定其为饮酒之害。近来德帝自身废止一切饮料，一滴不入于口，如禁酒大家美国国务大臣弗那阿氏以嗬□水为饮料代之，但于宴席之间，亦不强他人禁酒，如宫中之御宴，以及其他之宴会，帝之桌上置有三□酒杯、葡萄酒杯、聿可尔酒杯，此数酒杯，宛然罗列于前，而内中实盛以水，举杯颂祝时，即使用此水杯。管理宴席装饰之人，于御桌之前多饰以花彩巧为蔽障，故来宾虽众多，并不知德帝之禁酒。今春维尔拜蒲港举行海军候补宣誓礼，德帝亦举此水杯颂祝，而某陆军显要军官亦举此水杯以祝帝圣寿，其后陆军将校等请用单纯之葡萄汁为寿。帝答之以否，仍请以水代酒，祝朕之健康，此盖暗给军人以酒癖之告诫。虽然德帝之禁涵，评判上多以为不宜，而德国诸有力社会尤为反对，如文部大臣以禁酒，则德国之酿造业必受其打击而亏损，故教育禁酒协会之设立，竟不许可云。

（1914 年 9 月 23 日，第 13 版）

再论烟酒公卖

讷

各国关于烟酒官卖事，不外分全部独占、一部独占与承包法三种。我国之公卖局，即承包法之一种也。然据各国理财家言，此种承包法不过限于政府财政困穷，当官无资本时不得已而偶用之，此无他因，一方面有私人垄断权利之嫌，一方面有办理难以妥善之惧。今我国之公卖，如苏州等处，既纷起风潮，而上海亦有为难之情形，可见此法之决非善良矣。

（1915 年 8 月 27 日，第 10 版）

我国烟酒税之发达

我国烟酒税始自前清末叶，当时因财政支绌，仓促制定，税法不备，税率轻微，每年收入仅六七百万元。至民国四年，政府为谋加收入起见，实行烟酒公卖制度，特设督办全国烟酒事务处于北京，对于财政部为独立机关，设分处于各省，管理烟酒公卖收入及一切征收烟酒税事务。去年梁任公长财政，改督办全国烟酒事务处为全国烟酒公卖局，隶属于财政之下。溯自公卖制度实行以来，政府有公卖利益与烟酒税之二重收入。据民国四年之调查，公卖利益一项已有二千余万之收入，而年年尚有增加之希望。然五年以来，内乱不已，致不能举良好成绩。今日各省之烟酒税收入实际若干，因税率随处而异，不能得其确数。唯民国五年预算中，列全国烟酒之收入为一千余万元，与实际收入虽不中，亦不远矣。加以公卖利益，则每年两项收入，当在三千余万元以上。若对于税制及征税方法能力求改善，则其每年收入可在盐税之上。由此观之，则烟酒税实为我国最有发达希望租税之一。此次烟酒借款问题，自京中各报揭载之后，各地纷纷反对。闻当局已决定取断然之处置，不因人言而中止，有谓曹总长因外间舆论态度犹豫及将推诿于周家彦身上者，殊非事实。曹氏对于烟酒借款早决意于前，必不能中止于后，又曹氏长财部后命前农商次长周家彦就秘书

1063

之职，即专为此事，而发现正在进行中，草合同已拟定，如条件上无甚反对之处，则成立之期必不远也。

（1918 年 6 月 16 日，第 3 版）

酒色财气谈

慕道

前万竹校长、现任中华书局的店长李墨飞先生，一天晚上在该局演讲酒色财气四个字的常识，意义很浅简易明，而且颇有裨益世道人心的地方。鄙人也深然其说，不敢缄默，因此借我这支秃笔，将他所讲的，简略写了几句，以供［贡］献阅报诸君之前。

酒。酒的害处，我想通人大概知道了，但是上海的酒店也不算少。眼见到下半天，简直连座位都没有了，店主同堂官招待也来不及，大有山阴道上应接不暇之势。这是什么缘故呢？委实不知道他的害处，比鸦片烟还要利害，何以见得？因为吃鸦片的，他还偶然可以兴奋精神，助他办事。虽是伤了身体，倒还不至闯祸，要说是讲到酒呢，是越吃越糊涂，越不能干事。费了钱，伤了身，误了事，还要耗去无限宝贵的时刻，这是何苦呢？不但如此，倘然酒吃入肚内，好似在那里烧的一般。到了后来，将肚肠烧得如石灰般脆，偶然遇着倾跌，触动肚肠，很易折断，即经折断，焉得不死。我（李自称）的先兄也是犯这个病死的，怎样不害怕呢？所以我说比鸦片还要利害，然而鸦片也不是好东西，诸君不要误会了。

【下略】

（1921 年 1 月 4 日，第 16 版）

旧新年

老圃

凡物新则不旧，旧则不新，旧新年者，矛盾之辞也。然中国变法，往往如是。旧法之力至强，废之无可废，充其量不过增一新法，与旧法并行，旧新年特其一例而已。

旧新年实至惨之景象，红帽黑鞋，踽踽拜年，自初一至十五不休，我不为也；朝朝暮暮，作牧猪奴戏，我不为也；花天酒地，饮食征逐，我不为也。此三者或以为至乐，吾以为至苦，今日民国固犹是惨象也。

中国人向无七日休息之制，殆以新年为总休息之期。然休息期内，何事不可为？岂赌博以外竟绝无消遣之事，乃达官巨富，一掷千万，即乞丐走卒，亦席地而为之。街谈巷议，舍此莫属。举国若狂，天地异色，所谓惨象莫惨于此。

中国人以请酒为惟一之能事。凡有所□营，以请酒行之；或与人不协，以请酒解之。良辰美景，其术乃大行，春日屠苏，亦同斯例。吾尝谓中国人办事，其所有精神，十分之七八皆耗于请酒，谓中国人独饕餮耶？何以被请者又疾首蹙额，苦酬酢之烦？然则主为伤财，客为劳民，劳民伤财，君子不为。

（1921 年 2 月 16 日，第 17 版）

酒肉政策

老圃

中国人有一种心理，以为请人宴饮，其人必大喜，感情从此融洽，营谋从此告成。腊月送灶，请灶君饮醇酒，食糖果，冀灶君上天后，誉扬盛德，掩饰罪过，故送灶之心理，与请客之心理同。新春接财神，财神醉饱悦乐，必有赏赐，今年利市三倍，可以高枕无忧，故接财神之心理，与请客之心理同。乡人有病者，使巫视之，曰厉鬼为祟，于是享之以酒食，厉鬼含哺鼓腹，乃跨纸马而去，故迷信巫觋之心理，与请客之心理同。吾尝谓天下至苦至惨之事，莫如设酒请贵客，而贵客不至，或迟迟不来，余客枵腹以待，主人皇皇，坐不安席，此所谓奴隶也。而世人或以此为乐，终日营营，与灶君、财神、厉鬼之徒相周旋，苦其心志，劳其筋骨，蹉跎其光阴，粪土其金钱。而所谓灶君、财神者，亦未必降以福；所谓厉鬼者，亦未必弭其祸，乃知求福祛祸之道，固在彼不在此。

（1921 年 2 月 22 日，第 17 版）

烟酒税

默

以押尽当光之中国，而尚有人人艳羡之烟酒税，宜乎其争如投骨矣。政府欲以烟酒税为抵债用，三使欲以烟酒税供欠饷用，各省督军又截留而视为禁□，各征收官吏又侵蚀而视为肥肉。可怜哉！此押尽当光之烟酒税。

然而探其究竟，何以此烟酒税，成为甘美有味之烟酒税，而为各方所竞争乎？则国人嗜此甘美有味之烟酒故也。征愈重，销愈畅，国人愈嗜烟酒，政府愈有罗掘之希望。使非然者，何以各方觊觎此烟酒税？若是乎，可怜哉！押尽当光之国民。

然而揭其内幕，则此甘美有味之烟酒税，早已层层剥削，朋分无余。实际上初无一顾之价值，非特欲供欠饷者失望，即欲供抵借用者，亦大失望也。可怜哉！押尽当光之政府。

（1921 年 5 月 22 日，第 7 版）

酒谈

蒋宗琬

吾乡谚云：无毒不成酒。又云：冷酒伤心，热酒伤肺。是酒之为害，人所共知。然而社会上人，以酒享客，更或有嗜酒如甘汁者，何耶？窃以为此无他故，盖彼普通社会上人，徒知酒之为害，而不彻底于酒之如何为害耳。缘作酒谈，以告国人。

或以为酒运入人之身体中，能起养化作用，释放人身之能力，因以食物名之。殊不知生理学家论食物之性质云：食物者，所以和暖人之身体，振作人之精神，发育营养人身之不足者也。故无论物质之自身，或其变化品，积于人体中，必伤及人身之组织与活泼之官能，苟如是，毒耳！乌得名之曰食物耶？酒为含有酒精之刺激品，性毒而烈，饮入体中，不消化，不变易，随血液运行，过处均遭其焚烧，其影响于神经系也尤大。故饮酒过多，则头目昏眩，精神欠爽，此外且能增尿崩症、痛疯症之产物，发肺胃各症之萌芽。是故与其称酒为食物，不如名之为毒液之确而且当也。

吾人恒觉冬冷而夏热，其实人之体温，则犹是华氏表九八·六度，未尝稍有变动，不过夏日人身皮肤间之最小血管，较为澎涨［膨胀］，容血亦较多，故觉其热，冬日血管收缩，容血较少，故觉冷耳。酒后身体似稍暖，然则果暖耶？曰：非也！盖酒能影响管理皮肤间之小血管之神经，使将血管澎涨［膨胀］，充满血液故耳。夫人体中之热血，即运至肤面，失其相当之温度，则体内必至过冷，故善饮者常冻死。北冰洋之探险家亦以此而戒酒。

假令酒为食物，则饮之者，当不致促短生命，但各国人寿保险公司，多不愿保善饮者，而其报告，亦谓人虽饮酒稍许，其生命亦不若常人之长且健。

饮酒者自以为饮后思想清明，工作爽快而正确，不知是乃得其反。盖烟能钝吾人之知觉，失吾人之责任心与事理之审判力，试观天下事业之失败，与夫作奸犯科之罪人，其中以好酒而致之者，盖不知凡几也。

由此观之，酒之为害，诚足令人生畏。美国近来已实行禁酒，吾中华人，其醒焉未。（乙种酬）

（1921 年 7 月 23 日，第 20 版）

人情之一斑

杨晴康

有性不嗜饮酒，而好吸烟者，必告人曰：酒之害大，及于全身，且饮醉之后，易作非礼违法之事。烟之害小，且可祛除臭气，余愧不能免于嗜好，顾择其害轻者耳。

有即嗜吸烟，又好饮酒，而不解赌博者，必告人曰：烟酒所费，虽极尽吾量，亦属有限。至于赌博，每至倾家荡产，吾不为也。

有嗜烟酒，又好赌博，而生平不入妓院者，必告人曰：烟酒赌博，即有害，不过及于一身。至于嫖妓，即坏自身行止，又丧他人节操，且易染梅毒等症，吾不为也。

有烟酒嫖赌，无般不嗜，而心地纯良，居官则廉洁，营商则信实，生平不妄取一文者，是人也必告人曰：烟酒嫖赌，关乎私德，无害于人，吾生平最讲公德，人所贵者，良心不坏耳，小节出入可也。

凡无恶不作之人，必举其生平所不为之事以自诩，而于所犯，则轻恕之。杀人放火之盗贼，常自以所为，为英雄好汉的勾当，而以不犯奸淫为道德，是则所谓跖亦有道矣。

人情凡自己所犯之过失，必曲为之词而轻谅之，尤喜举他人所犯较重之过失，以自形其过之轻。

刘先主之遗言曰：勿以恶小而为之。今知此语，乃有深意，盖人莫不以其己之所犯为小恶也。（乙种酬）

(1921 年 9 月 29 日，第 18 版)

移春酒费以赎路之提议

蒋剑侯

社会旧习惯，春正都办盛筵，邀亲集朋，开觞共饮，是曰春酒，美其名为联络感情。一席之资，动辄十余金，交际广阔者，更非数百金不办。以全国一年论，所费何可计数。当此外交紧急之际，稍有国家观念者，莫不以借款赎路为第一要图，惟时机难逢，讵可坐失。鄙见以为，大可将春酒之资，移作赎路之用，集腋成裘，不无小补。况春酒为酬酢之小节，赎路为国家之大事，一则徒贪口腹，一则有关主权，权衡轻重，审度得失，岂可以同日而语耶！我可敬之国民，亦知赎路为刻不容缓之事乎，移拨筵资，仅反掌之易事耳。如荷赞同，请即将款送至商会或其他机关，以尽国家兴亡匹夫有责之义。（乙种酬）

(1922 年 2 月 9 日，第 20 版)

饮酒之害

蒋懋伦

饮酒为害，尽人皆知。顾世之酒徒，仍趋之若鹜，曾不惜殒其生命于无谓之中，亦可哀已。兹将其有害于生理者，说明于后，俾知其害非细而屏绝之，是所望也。

一、关于神经之害

神经为全身之主宰，而不可有丝毫之损伤者也，而饮酒实能使之麻木不仁，其程度依所饮量之多寡，而可分为四步，如下所示者是：

第一步：使血管中之神经麻木，致血管仅能放大而不能收小；

第二步：使脊髓麻木，致手足不能营整饬之运动；

第三步：使大脑麻木，致胡言乱语而不知检；

第四步：使脑髓失其知觉能力，致脉息低而呼息迟，昏迷不省人事。

其第一步至第四步之饮量，逐渐加多，故其害亦渐次加剧，至第四步之损伤，为害已深，不复能完全复原矣。此酒之害及神经者也。

二、关于心脏之害

酒能使血管放大，已如上言，而血管既放大，则血液流动较速，致心脏之跳动亦因之增速，其工作遂疲。此酒之害及心脏者也。

三、关于血液之害

酒有吸收水分之性质，故一经入血，即吸取红血球中之水，致使红血球干燥，而质地变硬，其运送氧气之能力，遂因而丧失。此酒之害及血液者也。

四、关于消化之害

酒能使胃汁凝固，而胃汁为消化食物之要素，倘若一经凝固，即失其作用，致食物难以消化，而将影响于全身之健康。此酒之害及消化者也。

上所云云，仅就生理上言之，其他之害甚多，如废时失业等等，尚未论及，而众人犹以为饮酒可以增力，可以御寒，殊不知皆谬解也。愿饮者速师美人之决心，毅力而禁绝之，不亦善乎。（乙种酬）

（1922 年 3 月 3 日，第 17 版）

卫生·饮酒与人身各部之关系义 ［议］

吾人日常酬酢，无论婚丧喜庆，往往耗费许多金钱，设筵置酒以享宾客，而一般嗜酒者，辄豪饮狂醉，继续不已，殊有碍于卫生，实为我国酬酢方面最大之恶习。盖酒中所含酒精对于人身各部为害甚烈，请略述如次：

一、饮酒与脑之关系。饮酒过度，酒毒为害益烈。由是思想迟钝、意识错乱、记忆力衰弱、夜不成眠，头部神经细胞破坏矣，此神经炎之所以起也。

二、饮酒与胃之关系。余每见人豪饮之后，食欲大张。盖其胃壁受酒之刺激而思进食也，此所谓慢性胃病。

三、饮酒与肝脏之关系。人身血液之流行，先由心脏入于肠胃经过肝脏，仍归心脏。若常常沈湎于酒，则必障碍血液之循环，而停滞于肠胃，必成肝脏硬化症。

四、饮酒与肾脏之关系。酒毒侵入肾脏，为害甚烈。凡血液中所含污秽之血，均停滞而不能排出，其始急性肾脏炎，更进则成萎缩肾矣。

五、饮酒与心脏之关系。酒精侵入心脏之筋肉，则必阻碍心脏之运动，筋肉之脂肪性亦必变性，而患慢性心筋炎。

由此以观，饮酒与人身各部之关系有百弊而无一利。当酒□侵入人身各部，血管即变硬固。倘运动过剧或遇其□刺激，必发生头部血管之破裂。世之死于脑溢血者，多由饮酒过度所致，深愿世之嗜酒者速起戒绝。（乙种酬）

（1923年1月5日，第11版）

记酒者言

枕石

余善饮，成年时，余父恒戒余曰："酒之为物，含刺性甚烈。多饮则殊不利于汝身，尔宜戒之。"时余闻父言，深不然其说，思历来雅人逸士多依酒似命，其寿岂尽夭乎？且吾人于疲极无聊之际得之，转足以增吾兴，又何乐而不为之哉？因饮之如故，而遇朋辈招宴，更举杯角胜，不稍让步，以为少饮则示弱于人，诚无上之辱也！同曹之为余败者，因赐余名曰"酒桶"。余不怪其命名之不雅，且以此自豪，顾余之酒量日大，而余之病根亦深种。特于成年时体躯强健，犹不觉耳。至今年事稍增，而百病集身，患咯血也，无记忆也，靡不酒之祸耳。去年春更发酒积一次，茶饭不能进，进则呕吐频作，故腹虽饿而终不可食，余自拟必为饿殍终矣。幸得某良医为余治愈，自此余誓不再饮，讵知病魔犹不肯舍余而他也。今岁咳呛特甚，恐亦非善状耳噫！酒毒中人之深，有如是者乎！回忆老父言，悔之无及矣！

枕石曰：上言为父执某君语余者，余记之，以告天下贪杯之人，鉴此当知所戒矣。（乙种酬）

（1923 年 3 月 10 日，第 20 版）

诗经新注

此生

"或湛乐饮酒，或出入风议，或靡事不为"，这几句是形容议员先生们的状况。吴大头若不是快乐到极，又何至多饮几杯，演出那《大闹东方饭店》的名剧呢？所以说"湛乐饮酒"；弹劾啊，不信任啊，质问啊，徒凭口舌在那里放言高论，所以说"出入风议"；吃冰敬炭咧，打架咧，种种卑污无耻的事，无所不为，所以说"靡事不为"。何人斯章有道："彼何人斯，其为飘风，胡不自北，胡不自南。"这几句是说近来朝秦暮楚的政客，今日在南方主持护法，明日又跑到北京做官，往来不测，好比"飘风"一般。

小宛章有道："温温恭人，如集于木，惴惴小心，如临于谷。"这几句是说当今的黎大总统，虽然位在极峰，但对于那些军阀非常害怕，时时要做出那温温恭人的样子，惴惴小心的拍军阀们马屁，不敢得罪他，好比站在木上怕跌下来，临到谷口怕坠下去一样。

（1923 年 3 月 26 日，第 19 版）

酒之研究

焕长

酒之为害，夫人而知之，而其所以为害之理，则或有不尽明者。今试

1071

述之如下。盖一切酒类之主要成分，不外为亚尔科儿（即酒精）由其含量之多少而异，其作用之程度，如清酒百分中含有酒精十二分乃至十五分，葡萄酒则八分乃至十五分，麦酒（啤酒）则二分乃至六分，蒸溜酒类而得之白兰地及烧酒等则含有三十分乃至五十分之亚尔科儿。

亚尔科儿（Alcohol）由糖类之发酵而生，单糖类（如葡萄糖）直接受酵母菌中之酵素 Zymase 之作用，即分解亚尔科儿与炭酸气，复糖类（如蔗糖）则先由酵母菌中之他种酵素，即转化酵素之作用，变为单糖类，而后再行如前者之分解。

由此观之，亚尔科儿亦为炭化水素之一种，而与嗎啰仿姆以脱等属于脂肪体中性之物质，故亦如嗎啰仿姆以脱等之有麻醉作用。兹略述麻醉之理如次。盖麻醉药者，化学上均为炭化水素，如前据之三例皆是，悉能溶解于水，又甚能溶解于脂肪及类脂质之性。而人体细胞之外廓，均为类脂质所构成，故是等麻醉药，由其理学的亲和力，得侵入于生活细胞内，理固宜也。但人体内各种细胞，其含有类脂质之量，甚有多少之别，如神经系之细胞，其含有脂量，除脂肪组织外，实为最多，故是等麻醉药之向脂性即可视为向神经性。神经细胞蒙麻醉药之作用，一时失其生理的机能，故呈麻醉之状，但麻醉性既过，总可复原。若反复继续，则久必致成病的现象。故有酒癖者，往往犯神经系病，此亦一定之理也。（乙种酬）

（1923 年 6 月 8 日，第 19 版）

酒鉴

鼎

酒之为物，刺激神经，伤害心脏。余年在三旬以内，酷好杯中物，每饮不醉不休。当时躯干强壮，不觉有何痛苦。及至三旬初度，始觉行路稍远，气易上升，作小楷则手震不能成行。入夜非饮不易熟睡，所以有此现象者，神经、心脏已两受伤矣！但好饮之心，未尝少减。既而见从兄为酒身死，戒心顿起，先将每晚例酒戒除，偶遇宴会，则饮至中酒即止。一年后即觉饭量增加，而手震不眠，亦渐见霍然。

余之从兄身死，实为酒害，谨将从兄当日情形举以劝世之好饮酒者。

从兄饮酒，每餐二斤，若遇亲朋邀饮，虽深夜归家，不辍例酒。年未四十，手足麻木，面目浮肿，与人语即喘。家人婉言劝戒，非惟不听，甚且大怒。于是一家人内皆噤不敢声。半年以后，喘益甚而又加咳呛，呛阵至则两目外骱，非拳背数百不止。家人见其肌肤日削，求医祷神皆不效。直至民国九年春，呛不绝声，酒不思饮，并茶饭亦不能进口，进则和血呕吐，最苦者彻夜不能卧床，如是者四五日，竟凭几而死，亦云惨矣。（乙种酬）

（1923 年 8 月 18 日，第 19 版）

酒之为害经济谈

知非子

赌之为害，已将经验献于阅者诸君之前矣！兹述鄙人饮酒之受害如左，亦愿同病者之得一般鉴矣。

（一）病胃。余少能饮，久之得胃寒症，始不知酒之为害，犹以为酒或活胃。于胃寒时，且略饮烧酒少许，以暖之，不料愈饮而胃愈寒，竟至呕吐酸水，胃乃大痛。后力戒之，胃寒不药而愈。

（一）病湿。酒能惹湿，多饮之，得癣疥等症，此犹发泄于外，无甚痛苦。所苦者内部湿阻，消化器因以大损。最近余友唐君、沈君，均喜杯中物，先后得酒湿病而死，良可惧也。余亦曾得黄疸病，调治一百余日，方愈。

（一）病血。血脉流通有一定程序，多饮酒后，血受刺激，往往上冲头脑，驯至头目昏眩，脑筋大受损害，精神即渐见萎弱，此为兴奋剂之反动、脑冲血等症，大部原因于酒，故余饮酒后，觉神志昏迷。

（一）病肠。酒入肠中，经过之处，俱受影响。余饮酒后，又得便血症。有人且因此得痔疮病，余自便血之后，遂力戒之，居然恢复原状，至今并未一发，亦云幸矣。

以上四者，均系饮酒所致，余目民国八年戒绝后，至今精神爽健，诸羔俱去，想世之酷爱此物者，必不在少数。虽身体强壮或过于余而能抵抗，然久饮之后，难保不受酒之遗害。如上述种种，苟能力戒，亦讲求卫生之一端也。（乙种酬）

（1923 年 9 月 12 日，第 19 版）

饮酒之问答

勿尘

问：人何为饮酒？

答：酒能焕发精神，解愁闷。

问：酒能行血活络，医家常用之，果有益乎？

答：《本草》载：酒味甘辛，性大热，有毒，入《十三经》，故医家不用过量之酒。若误作滋补品，则大谬矣。饮酒过久，令人头晕气喘、发咳肢痹，终成慢性酒毒症。

问：饮酒后，精神勃发，四肢有力，日后子女能先天充足乎？

答：酩酊后，犯房事，令人寿促，酒后所生子女，神经系必衰弱，甚者发为先天之精神病。西人尝证明监狱中犯刑事者，其父母有十之七八好饮酒，故饮酒不独有害本身，并且贻害子女。

问：终日愁闷之人，非酒不能解忧，信乎？

答：琴棋书画、园林山水，皆足消忧，乐而不费，何必饮酒？

（乙种酬）

（1923 年 10 月 31 日，第 11 版）

卫生·饮酒之两面观

蝶影

或谓饮酒入体，能发生高温，于寒冬更可多饮之。

其实饮酒入体，不过使皮面血管膨涨［胀］，血液外流而已，不但不能增加体温，且因血液外流之故，反易感受风寒。

或谓酒为补品，其实酒在体中，恒使生活物质起化学变化，蛋白质为之凝结（淡薄之酒尚不至此）。

一切器官中之细胞，其工作力亦因而渐减，或谓酒有刺激性，能遏制反动力。

其实，虽精巧之匠人，如饮少量之酒，亦能使其减少工作之效力。

或谓酒能提神加增快乐，其实酒能使人生麻醉性，以致惹起催眠之现象与神经之昏［混］乱，而发出各种不合理之举动。

或谓饮酒之后行性交，可以延长其时间，其实当性交之后，便疲倦到万分，而至于促进性的虚弱。

观上可知，饮酒一事，实为减弱疾病之抵抗力，而导入于死亡之路也。酒之为物，尚得为养生之食品乎？（乙种酬）

（1925 年 11 月 14 日，第 13 版）

尊前语录

醉人

【上略】

舍食而言饮，则吾国之传为最久。禹禁旨酒无论矣，汉家有禁酿之诏，丰登以醉人为瑞。迄乎今日，试检《北山酒经》等古籍稽之，若□曲□曲制法之精，殊与现世化学家、科学家之说，有不期而自合者，可知此道中人之深矣。大抵由今以窥古，北地苦寒，故多芳烈。至今若汾酒、高粱，以至通行之白玫瑰、五加皮等，犹其遗意也（汾酒用火可焚，饮者或且注酒为燃料而温之，即并余料以入酒中，其味益甘，然颇燥未宜人体）。长江中部以绍兴所制者，为最隽永，则以其有佳水足酿也。至于奔牛、惠泉诸制，虽有"不吃奔牛酒，枉在江湖走"之谚，然闲经品酌，殊不当味，或甜或酸，决不能如绍酒之公瑾醇醪，便堪一醉也。粤南一带，土气卑涩，疾疠丛生，投其制酒每多加以药材，使于饮宴之间，祛风解湿，即如巫蛇酒、茵陈酒等，亦以粤产为佳也。

酒以多历山川年代为尤美，盖其历久而不败者，即足征其酿制之得宜，故于京师饮南中绍酒，绝少劣品，而辗转江海，多得山川灵秀之气，其味自亦益觉可口矣。

洋酒名目孔多，大致亦无多出入。盖其所用原料，仍不出于酒精之外，而各别以水果精之配合而已。英国礼文琐碎，每一筵席，于各种肴馔，均有专门配饮之酒。往者屡尝而屡忘之，更仆难数矣。德人好饮啤酒，故其麦料之补益，易生脂肪，故每大腹便便。法人爱饮香宾［槟］、白葡萄诸酒，而葡萄以出于意大利、法国交界之弗劳伦斯者为最佳。英人多饮威司克酒精，食量极多，亦如我国北方之强好饮高粱而薄绍兴也。

美国向者不乏好饮之徒。近年以来，酒禁极严，而私酿偷运者，仍不绝于途，可知嗜好之染，难于移易。而扶头小醉，宿醒未解，其情态为可掬，而不肯以功令之严轻为絷置也。

日人制酒用米而舍麦，虽酒精之含量与吾绍兴相仿，然其色香味均有不适。最通行谓之"菊正宗"，其如吾高粱者，谓之"烧酎"。而仿制洋酒，以啤酒为最多，若樱花牌、太阳牌、麒麟牌等，均风行一时者焉。

（1925 年 12 月 19 日，第 17 版）

卫生·冬令卫生杂话

坚

时届冬令，天气渐寒，常人不知卫生规则，往往行不合法之避寒法，害其健康，兹就习见者列述之，爱健康者，幸留意焉。

【中略】

（三）戒饮酒取暖。酒之为害，尽人皆知，冬日饮酒，为害尤甚。盖饮酒后，所以觉温暖者，非真能增高体温，不过使皮肤管膨胀，将内部之温度向外发散，故皮表虽觉温暖，而内部温度实反减低也。临睡饮酒，暂时虽舒适，及至明朝反觉困顿。

【下略】

（1926 年 1 月 10 日，第 11 版）

道德·青年寒假中之责任

权

风物凄凉，岁聿云暮，学校又放寒假矣。是时莘莘学子负笈言归，家庭融融，固天伦之乐事。但在此休假期内，亦不宜虚度光阴，自应负有几种责任，为立身计，为社会计，万勿放松，爱写数则，以期共勉：

一、勿玩愒时日。吾人欲精研学术，宜于自修时补教室课业之不足，并练习办事才及判断力，为将来服务社会之预备。

一、勿浪费金钱。青年在求学时代，一切所需赖家庭之供给，父兄之汗血，尤宜力图节俭，审察用途，不使妄费，又可养成朴实耐劳之习惯，为青年之模范。

一、勿沾染烟酒。人之不良积习，烟酒为烈，对于斯两种之嗜好，尤宜互相劝勉，概行屏绝，非特足以省钱，又可有益于卫生也。

一、勿犯及赌博。新年之中赌风尤炽，宜抱坚忍之意志，惜自己之人格，万勿随波逐流，涉足于赌博场中也。（乙种酬）

（1926 年 1 月 30 日，第 11 版）

经济·限制造酒之必要

道一

米价日增，民生益困。推原其故，实为兵祸连年，农业不振所致。故治本的救济民食，当从息内争、兴农业入手，若限制造酒，足济目前之急，诚治标的救济法也。

酒之为害，固夫人而知之矣。即在平时，亦当限制酿造，以免流毒社会。况在米贵如金之秋，乌可以生人之米，造害人之酒，造酒愈多，需米愈夥，民生因以益艰。然则限制造酒，洵为当务之急。甚愿酒家一念民生苦况，易造酒以营米业，即有酿造之必要，亦以少量为是。盖现有之米供给民食，尚虞不足，安有盈余以消耗于造酒耶？至于地方官吏须限制造酒之量，逾限则科以责罚。此项定章，布告大众，俾资遵循，其有益于民食问题者，宁有限量。望地方官吏亟起图之。（乙种酬）

（1926 年 10 月 18 日，第 14 版）

卫生·火酒与劣米掺杂之宜严禁

玉书

酒商之最先掺火酒于梁烧者，为上海新闸路一带酒行，乃未几而延及内地，如太仓、嘉定、昆山、苏州等处，先后纷起掺售，蔓延日广。盖其制法，每担粱烧含火酒三十斤，自来水五十斤，而纯粹之高粱，则仅二十斤矣。制法各各不同，成本既轻，获利自厚，其销路因之日旺，影响所及，致二泰之烧酒、牛津之高粱，市面阻滞，来源寥寥。兹据调查所得，现在邻近上海各县几无不揽售火酒饮之者，除发生神经衰弱、头痛脑昏、赤眼便血等症外，且有失明之虑，受毒既久，无药可治，于卫生至有妨碍。

各酒行以厚利所在，其最初私运办法，将火酒置于寻常酒篓内，分运各地。嗣经烟酒分栈查获处罚，今乃改变方法，一将火酒装入火油箱内，冒充运寄洋商火油栈，然后转行分发于酒商；二私运火酒时，遇人检查，往往诿为非供饮料，乃为化装燃料或医药品之用，且私运每在深夜，复假托洋商名义，以汽车装运，手续周密，破获不易。前由上海士绅姚文枏等呈请官厅严禁，此举保全人命不少，但不知官厅能有严禁之善法否。

此外则又有劣米一项，流行市面。向者以米荒价贵，采办客粮，业已陆续运到。惟其中有劣米一项，彼小民之日籴升米为活者，常有一食即饥之患，苦力辈时起怨言，或云其米自南洋来者，或云其米自暹罗来者，实则米商作好混乱糅杂，其心理与酒商之揽售火酒也正同。呜呼！如此等利令智昏、不顾人道之奸商，人人得而放逐之、惩罚之。我愿地方有司及各公团速起合筹严禁之法，最好即就酒业与米业中人，择其熟悉个中黑幕情形者，暗任调查，或侦缉之职，或亦有善法以治之欤？若徒责官厅，犹无济也。（乙种酬）

（1926 年 11 月 27 日，第 18 版）

饮酒常识

俭父

美报近载国人之死于酒者，约占四分之一，政府有鉴于此，遂下令禁绝。论者谓美国之禁酒可比我国之禁烟，余谓吾人之于烟酒，当目之为酖毒，畏之如蛇蝎，自无伤生之患矣。我国古俗往往谓酒以成礼，相延成风，因而败德坏行者有之，然死于酒者尚不多见。在昔禹恶旨酒，乃恐人主怠忽政事；仲尼之不为酒困，乃勖学者勿荒废学殖。余如昭烈之禁酿，以维持民食；嵇阮之纵饮，以消遣世虑。皆与本篇无涉，姑不具论。

夫酒之为物，虽属戕生之品，患在吾之不自节约耳。然考其所以不自节约之原因，则惟知饮酒，而实无饮酒之常识。近世科学昌明，谓饮酒过量，则精虫受戕，足以妨害生育。余初未深信，有族人某，固豪于饮，年逾五旬，生子凡四，皆夭折，遂毅然戒酒，旋生一子，今五岁矣。方悟前此生子之不寿者，伤于酒也，则精虫受戕之说，不尽无因矣。

酒少饮则能活血脉、助消化，于身体康健上颇有裨益，饮后禁睡，睡则停食，戒行房，行房则五脏反复，此又研究卫生家之最宜注意者。他如急饮久则干呕，滚饮最易伤肺，吾人虽审知之，而多不注意。又如饮冷酒，则生酒□，虽属无稽，亦有至理。盖酒中常生微菌，即寄生虫之一种，如醋中之醭鸡，目不能辨，故易忽略。惟暖酒使热，候温饮之，可祛此患。

（1931 年 6 月 9 日，第 13 版）

自由谈·酒畔挥毫各有诗

自在

国难当前，外寇日深，凡有血气，莫不愤慨。名画家张善孖、大千昆仲，画虎山水，各擅其胜，世有定评，善孖昨绘斑豹，奕奕有生气，将以悬之陶乐春酒家，供众欣赏。届时宴请诸文友，即席挥毫，花卉山水，佛像仕女，泼墨设色，满目琳琅。玉岑词人，援笔题五古一章于其上，抚时感事，感慨至深，诗云："不藏南山雾，犹饮西江流。所志岂果腹，将湔坠天忧。国难泣神鬼，山林亦同仇。文采不足矜，所贵奋戈矛。万里逐胡马，九世崇复□。中原有志士，激起光神州。龙骧与豹变，髹画炳千秋。"热血奔腾，使人有执干戈而卫社稷之想，名画隽句，各有千秋。酒至半巡，击钵联句，以助余庆，诗云："海门有客多奇思（指王个簃、谢玉岑句），独上鼎湖求之子（指陆丹林、郑午昌句）。蜀中双绝艺林豪（指张善孖、大千兄弟），二谢俱能贵洛纯（指谢公展、谢玉岑）。渊源家学右军书（指王师子），三绝郑虔惊再世（指郑午昌）（以上为章百熙句）。宾筵笑乐数平生，归去章郎写兰纸（指章百熙在旅社写诗陆丹林句）。"宴罢，大千乘酒兴正浓，复以速写笔法，为个簃绘像，并作佛像数帧，分赠同席者，各皆称谢而散。

（1932年1月27日，第11版）

改良社会讨论会建议革除烟酒的恶习

锡□

在现在经济感到极度困难的我们中国，节约运动正应高唱的时候。在此，我有这一个小小的建议——革除烟酒的恶习。

烟酒本来是最普遍而一件应酬的小事，似乎不值得我们这么大惊小怪的去"小题大做"。可是你得想想，假如把一天的烟酒的消费量能统计起来，一定会使我们吃惊而战栗！

"只会消费，不事生产"的人太多，这大概使我们中国弄到这样穷的原因之一吧！

在不久的过去，中秋的那几天，我很记得有许多人提倡不吃月饼，把节省下来的钱去捐助东北的义勇军，这是很有价值而值得我们钦佩的一件事。但这倒竟还是一年一度难得的机会，良机错过，未免要叹声"可惜！"虽是义军还是拼命和日人肉搏着！

烟酒之比月饼，其消费量正不知要大几千万倍，如果能一旦的废止，所节省下来的钱，一面去捐助义军，一面作救国基金，赶造飞机、兵舰、军械，待我们军饷丰富了，实力充足了——那时，那怕你有十个像现在这样的日本，也不过在我们手掌之中。

话虽说得太远，但如果你能设法革除，于国家亦非小补吧！

而且，烟酒都是富于刺激性，能使你的脑子受了过多的刺激，会愚笨而遗忘□增强。像鸦片，吸之者会使你倾家荡产，身体瘦弱，有时会叫你提早的走入坟墓！

总之，烟酒是有害无益的东西，实有革除的必要。至其革除的方法，如国府明令的禁止，或抽重税，这都是办法之一。本席不过是建议，至于能否议决通过，还请各会员详细的讨论。

（1932年10月21日，第16版）

酒是否有害?

美善

酒中所含,除酒精外,别无主要之物。其凶顺,亦视所含酒精量之多少而定,故酒类之有害与否,可谓即酒精于生理之状态如何。现代生理学家,对于酒精之有害与否,各有其学说,或云微量有益,或谓有害,莫衷一是。但据某生命保险公司统计之报告,谓饮酒者之寿命,恒较不饮酒者为短。

一、微量有益说

酒之微量有益说,我人闻之久矣。然不能确定其实在如何。我国昔时有"惟酒无量,不及乱"之说,而外人亦有谚曰:"一杯,人饮酒;二杯,酒饮酒;三杯,酒饮人。"按此说之缘起,因在人体血液中,发现有微量之酒精 C_2H_5OH,因之乃谓糖类之入人体,先变为酒精,然后再经燃烧作用,始供给"能"。

此说虽具少许之理由,但肠中之淀粉、葡萄糖等,为细菌发酵,亦能生酒精,若为血吸入,血中自然有酒精之存在,此说实难能成立。

复有人谓,酒精与在体内经燃烧而发生"能"之糖同为热源,故饮酒者,辄不喜食糖,因之亦可谓酒为营养品之一。但是所谓营养品者,须于人体有确实之益,绝无弊害。今酒能使人得瘾,实不能视为营养物。

二、酒于人身之生理作用

酒之有害否,既不能断定,然视下列经实验而得之生理作用,至少有些影像。我人身体,分为若干部,因就酒精于各系统之作用,分别述后:

(一)消化系。胃之作用,为分泌消化液,消化蛋白质。饮酒以后,胃之血管扩张,黏膜充血,分泌腺过分疲劳,且胃液主要成分之胃液素,遇酒精起沉淀作用,并能减少胃液之杀菌力,而易感受传染病。加以酒精能使蛋白质沉淀,则难于消化。

(二)神经系。饮酒者之神经细胞体,及纤维中之原形质,毁坏甚多,结缔组织皆堆积于细胞,以代原形质,细胞便不能行使其职权,故酒醉之徒,其神经失其主宰,且因此发生半身不遂、中风、发狂等病症。

（三）呼吸系。酒精能麻醉运动胸部，及管理伸缩之神经，减其运动之力量，及减肺脏器管［官］之黏膜充血，多分泌痰液，又使肺胞 Airsuc 之容量减少，故饮酒者易染肺炎，及其他肺病。

（四）循环系。酒可夺血中之水分，影响于血压，缩小赤血球，减其运输氧气之能力；扩张皮肤表面之毛细管，蒸发水分，及散失多量之热。故饮酒后，体温反降低。

（五）肌肉系。饮酒则肌肉变为脂肪，心脏、血管等处之肌肉亦然。故喜饮酒者，其腹部常大逾常人。且肌肉中之神经，往往不能任主宰之指挥，故运动选手，不准其饮酒。

（六）骨骼系。成人饮酒，于骨骼虽似无妨碍。但小儿正在发育时期，如饮酒过度，骨骼即不能健全发育，因之影响于身体之姿势，及内部之各器官。

（七）排泄系。肾脏之肌肉，亦因酒精之作用变为脂肪，肾中毛细管扩张，动作过劳，因是蛋白质由尿中排出。蛋白质为有益人体之物，因不断排出，遂得所谓蛋白质尿症。

（八）遗传。饮酒者之子女，常呈柔弱状态。经多次于动物身上实验结果，有生殖力减低者，亦有不妊者。若以鸡卵浸于少许之酒精中，或酒精之蒸气中，所孵得之雏，多属畸形，尤以两眼及其发育不全为显著。

综观上述之酒于生理上之现象，酒精，即酒于人血之有害，实无可□言。

（1933 年 2 月 28 日，第 19 版）

谈酒

阿景

周作人先生，绍兴人，绍兴的酒，是有名的，所以周作人先生，虽则"并不十分喝酒"，但是终于做了关于酒的文章。除了叙述酒的趣味之外，还告诉了我们"女儿红"等名色。可见即使"不十分喝酒"，但是住在出酒的地方，到底连做起酒文章来，也便当些。我是不喝酒的，又不住在有名的出酒地方，那么，做起关于酒的文章来，不消说是困难，不过我终于做了。

中国人喝了一辈子酒，同时骂了一辈子酒，"自然赞美酒的人也不少"。自从禹老夫子说过一句"后世必有以酒亡其国者"，他的灰孙子桀先生，就证实了这句话。接着凡是亡国之君，就多少和酒有些瓜葛。灌夫使酒骂座，几乎丢了头颅。李白喝醉了酒，一失足掉在浔阳江里，就此呜呼。这是尽人皆知的事，此外因为酒而误事，不知有多少。

虽则如此，因为喝酒而得到帮助的，也不是没有。李白"一斗诗百篇"，武松喝醉了酒，使出醉八仙拳在景阳冈打死白额虎，还是小事，更有趣的酒，并且救了两个晋人的生命。

王允之和王敦夜饮，吃了先睡，王敦就和另外一个人商量作乱，商量已毕，想到卧在床上的允之，恐怕他听到，泄漏消息，就想杀以灭口。恰巧允之没有睡，完全听到他们商议的事，并且知道王敦要疑心，就用指头在喉中一扼，方才吃的酒菜，全部呕出来。等到王敦来看，就以为他没有醒而不杀死他，这样酒就救了王允之的生命。假使允之不喝酒，就没有什么会吐，就是硬扼出来，没有喝酒，也没有呕吐的理由，王敦就一定以为他听到而杀死他了。

阮嗣宗名重一时，司马氏忌之，想找一个藉口杀死他，就派一个人去说亲，想把自己的女儿配给嗣宗的儿子，并且决定假使嗣宗不答允，就杀死他。嗣宗知道来意，答允又不是，不答允又不是。于是就拼命喝酒，大醉六十日，弄得媒人没有说亲的机会，就此溜掉，这样酒又救了阮嗣宗的生命。

最近酒的功效，似乎更大了。在美国，酒就决定了两个政党的胜负。民政党上台，罗斯福战胜胡佛，开酒禁，是有大关系的。在中国，那么，黄浦滩、塘沽口几盅香槟，就保全了行将毁灭的大上海和快要陆沉的华北。

是的，酒是麻醉的，但是他先使人兴奋，使人在兴奋之中，不知不觉的麻醉下去。这样，酒就更适合于现代。因为在目前，我们就看到了无数的使人在兴奋之中，不知不觉的麻醉下去的玩意。

"酒落欢肠"，得意的人因为要增加兴趣，而欢喜他。"事大如天醉亦休"，失意的人，因为要忘了悲哀而欢喜他。"何以解忧，唯有杜康"，"遇酒且呵呵，人生能几何"，在生命几乎不能苟全的乱世，酒的消费量，一定会继续增大的。就是我，也因为想到酒而有这篇文章好写。最后我更想告诉读者一件事：诗人杜甫的死，据说多吃了牛肉白酒。那么酒的确能够杀人的，刘伶的死，焉知不真正是吃酒吃死了。世上自杀的人，一天天的增加，但是自杀的方法，似乎最进步不过吃安眠药片。我想用酒来自杀，他的趣味与快乐，是更胜安眠药片的。

(1934 年 2 月 3 日，第 20 版)

谈喝酒

阿昙

昨天谈了一遍酒，今天再想谈一谈喝酒。据周作人先生说，外国人虽则不解饮茶之道，但颇知喝酒。其实外国人的喝酒，是只知其一，不知其二。

按，喝酒本来有两种喝法，一文一武，一南一北，"气如长鲸吸百川"、"喉如焦釜气如奔雷"，武喝也，北派也！"浅斟低酌"，文喝也，南派也！

武喝，北派之中也有二种。一种是平凡的志在喝酒，一种是不平凡的志在吞酒的"气势"。平凡的一种，劳动者行之。他们做了十二小时苦工以后，买一包花生米，打四两白干，随便喝，喝完就走。不平凡的一种，一定要是燕赵豪士，在白草黄沙的塞外，牧马悲鸣，雄关突兀，巨杈在手，对月鲸吞，焚野草烤新打着的飞禽，且喝且歌，淋漓慷慨。

文喝南派之中，也有二种，不过同样是平凡的。他们的分别是在目的是不是喝酒。空斋无人，唯闻落叶，自取小杯，徐斟细饮，这是在辨酒的"味"。虽则不一定喝得多，但是目的是在喝酒本身。还有一种是两三闲汉，坐在酒店里裸臂跷脚，酒杯方才碰着嘴唇，立刻又放下来，这一种目的不在喝酒，而在消闲，即使时时举杯，也不过装装样子。

武喝北派的方法，宜用麦酒——汾酒，速饮速醉。文喝南派的方法，宜用米酒——绍酒，不一定醉，或则根本不要喝醉。外国人的一味狂吞，明明是武喝而非文喝，明明是北派而非南派，故曰"只知其一，不知其二"。

　　喝酒应该目中有酒，口中有酒，心中有酒，不是这样，就解消了酒的严重性，歪曲了酒的意义。淳于髡一斗亦醉，一石亦醉，当他喝酒的时候，目视美色，目中无酒，心念美人。心中无酒，所以即使口中有酒，也不当他是酒，于是一斗之量，就可以饮一石。自然喝酒是唯物的，明明有酒喝下去，那么他的喝醉与否也是决定的，而一部份人的喝醉与否却是观念决定。我们乡下就有望酒旗而醉的人，他从家里出来没有喝酒，十分清醒，当他一望见酒旗时，立刻语言模糊，脚步歪斜的醉了起来，直到喝饱了酒回去，一路上烂醉如泥，但一看见家门，却又清醒了。这自然因为望见酒旗，想到酒味，而不觉陶然；望见家门，想到老婆的面色，而不觉清醒。但是拿来证实一部份的喝醉与否，是观念决定的已经够了。

　　当然上边所说的喝酒，无论那一派，那一种，中间有一点是共同的，就是喝酒出于自愿，完全看自己的高兴与否。没有非喝不可的苦衷，不过天地之间，竟有非喝不可的事实，在长者之赐，酒令输了罚酒，无论矣。魏晋时人，因为吃了五石散，非喝酒不能散发，因此他们就拼命喝酒，此时喝酒，就成了风气，非喝酒就不足以成名士。直到目前，尚且有文人（不管海派与京派），拿喝酒来表示自己风雅。

　　喝酒是能够使人忘了现实的，所以从前犯人临斩，总给他喝一点酒。但是在犯人中，竟有不肯喝酒，而要清清楚楚的看着刽子手刀劈下来的人，这种举动实在叫弱者自觉惭愧。刽子手在执行以前总是喝一点酒壮壮胆，那么碰到这样的犯人，我真不知道他有何面目动手？

　　"人头作酒杯"，而他们却正喝得起劲呢！

（1934 年 2 月 8 日，第 20 版）

谈啤酒汽水

汪瘦秋

　　夏天到了，啤酒和汽水，又逐渐的出现了！关于夏季一季中的啤酒和汽水的销数，很是巨大。在从前都是为外人所把持着，一季中的漏卮，的确是不少。直到近几年来，才有国货的益利汽水和烟台啤酒出现，稍为挽回一点漏卮，然而数目也是很微末的。据说上海一埠共销啤酒二十九万箱，而国货的烟台啤酒和五星啤酒，仅占六万五千箱，其余二十二万五千箱，都是英、日各国的出品。至于汽水，也是外货的销数超过国货好几倍，这当然是国人崇拜外货的缘故，但是我以为这里面或者还有其他的原因，极愿义成公司和益利公司加以研究，加以改善。

据闻日货的太阳啤酒，今年已经准备跌价倾销，以图独霸我国的销场了。而英商的上海啤酒，当然也不肯示弱，预备和太阳啤酒竞争一下。这的确值得我们的注意，我以为国货的烟台啤酒和五星啤酒，也应该乘着这个时期，来推广销路，挽回漏卮，而国人更应该加以维护，加以提倡的。

（1934 年 7 月 5 日，第 18 版）

酒的话

小林

一闻到酒的香和瞧到酒的红绿色，马上就感到一种未饮先醉似的飘飘然。我之耽于酒的嗜好是高过于一切的嗜好以上的，为因酒有着其他的东西——如烟卷所没有的麻痹力，淡淡的三四杯酒咽下肚里之后，就会即刻来了一种异乎平常的情调和感觉。说是醉吧，有点像，但还未曾到了完全失掉理智作用的程度；说是没醉吧，却也不然，脑子里已经渐由昏沉而至摇晃，而至眼底发花，而至于看见无数金色的花光在飞扑着。于是所有的物景一时间亦像突然长了腿的走动起来。

而在尚能够如寻常一样辨认出一切的事，一切的物，映入于自己的眼帘并不异样，依然像事似的，则我那想用它的力量可以暂时遗落的心中无限的苦闷还没有遗落。无论如何我是不能满足的，那就一定要继续的喝下去，直喝到自己的感情全失去常态为止。因为不是全醉时的痛苦是更加难受的，只消有一丝酒醒便够，自己总还想约束情感的冷滥，竭力把自己装在一个规律的言动里，不使放浪的言动流露出来。

所以这一丝清醒是可怕的，它会留住原有的痛苦，而又再带上痛苦以外的新生的痛苦叫你领受。

但是若到了这点清醒也消失，同时所有的痛苦也归于消失了。虽然这种解脱是暂时的，等到这暂时过去之后，痛苦又依然纷纷凝集上来，不但不曾因此减去多少，或者还比原本的份量加重。可是那暂时的解脱我是非常珍惜的，除了这暂时的解脱，反正就是永远的磨折。而在暂时的忘我的境地里，我尽可以将一个真我掩过去。另外扮着一个嘴脸，我是醉了啊，那么的话着，于是我可以借醉的名扔去一切的拘束而任意的叫嚷，任意的做着往日所不能做的事来。我可以随便开口骂人或打人，在平时这些是不容许的。现在因为我是喝了酒，醉了，就能得到人们的谅解和容许，不能跟一个醉酒的人论长短啊，旁人准会这样的说着。于是我一下子成为烈性的英雄汉子了。

酒能给人以许多发泄的机会，但酒也会损伤人与人间的情感。有一些人对于醉酒的人的话以及举动是仍旧不加体谅的，仍旧对于一个酒醉者和对于没醉的人同样的认真，故往往是轻轻的几杯酒，会弄得彼此扫兴，或友情分裂，或是闹成更大的悲惨的结果。但这不能将罪推在酒的本身上，也不能怪喝酒的人，而只好怪酒与饮者以外的人。因为喝酒以至醉了的是不可受寻常的规矩和用这规矩来缚住他的。不过若欲藉酒以报复什么和谁过不去的地方，却是不好。而且有点下意识作用，则酒的意味也不存在了。这样，是会后悔的。酒只能作为个人苦闷无聊的时间用来消消愁，所以那种酒喝过量真是醉到不能再醉的时候，什么话不说，一丝不动，就一口气躺在床上醺醺。睡过去的人，最为幸福，最有喝酒的份儿。如果喝了酒，不醉装醉，简直发狂似的尽骂人，找人打架，那便将因酒而闯祸了，则还是憎酒的好，嗜酒是悲哀的。

（1934 年 12 月 1 日，第 31 版）

世界名酒考（上）

召予

上下数千年，纵横数万里，爱酒者不可胜数。虽以夏禹圣帝之权力，不能引起未来以酒亡国之危惧。美国全力之禁令，难阻地窖密室之私饮，酒之魔力，可想而知矣。今日世界各国中，以美酒名世者多矣，不揣谫陋，为加考证，世有刘伶癖者或亦引为知己欤？

世界名酒

【中略】

中国名酒

中国有名之酒，以北方之高粱、南方之绍兴为首屈一指，此外尚有五茄皮酒、虎骨木瓜酒、龙胆酒等，均为强壮身体之普通药酒；豆淋酒（黑豆所制）为调整尿血瘀血之药酒，桑葚酒（桑实制）可以聪耳明目治水肿，桑酒（桑枝与根制）可以愈脚气、中风，菊酒以愈头痛，紫酒（鸡粪所制）以治中风，霹雳酒（热铁浸入酒中）以得仙气，名目繁多，举不胜举。要之，以治病为目的者，无药不可以为酒，无酒不可以入药，是故健胃可用肉桂，祛痰可用桔梗，去风邪则有防风酒，活血行则有益母酒，甚至发汗用麻黄之酒，下积用大黄之酒……盖皆以药为主而酒为附者矣。（未完）

（1935 年 3 月 2 日，第 17 版）

世界名酒考（下）

召予

人类与酒之关系

北方民族，喜饮强烈性之酒；热带民族，喜饮甜而平和之酒；蒙古人在严寒中，喜饮含有少量酒精之乳酒，此就民族性与气候方面言之也。乳酒为畜牧时代之副产物，谷酒为农业时代之副产物，葡萄酒原始于人类野性时代（此非笔者有意取笑，在欧洲人亦有此神话说：当时因彷徨山野，采木实、草实而充饥，有半人半兽之酒神教之酿酒之法），此就酒之诞生时代言之也。中国人以米、麦、高粱酿酒，俄国人以蕾麦、大麦、裸麦、玉蜀黍酿酒，印度人用椰子，墨西哥人用龙舌兰，此就原料受天然之支配言之也。寒带人说酒可战胜寒气，热带人说酒可征服酷热，此就民族对于酒之观念言之也。酒之颜色亦随各地民族性而异，大抵进化年数较短之民族喜深色、强色，反之则喜淡色、浅色，所以观其性之所好，即可知其为何种民族也。

（1935 年 3 月 4 日，第 13 版）

饮酒

冰玉

予酷嗜杯中物，予家自曾祖以来，累代经营绍酒业，所以对于酒的常识，比较无论何物为丰富，现在把酒的程度利弊和秘诀分别来说一下：

（一）饮酒的程度。我们饮酒时，倘若血液一·〇cc 中，吸收了一米里"爱的尔"酒精，就要微醉，吸收了二米里时要昏懵，三米里时哭笑无常，高歌狂论，四米里时，身体已失支持力，五米里时知觉全失，过此就要中毒，也有因此而死亡的。可是各人的酒量大小不同，大量的人多吸收些酒精，也不要紧，这是因为胃袋中已为酒精麻醉惯了，就是血液中经得起三四米里酒精的刺激，所以过了五米里以上，也不致知觉全失的。

（二）饮酒的利益。大概饮了适当的酒，能够旺盛消液的分泌，帮助食物的消化；又当身体疲劳的时候，饮了酒，就会安眠，镇定心神；假使血液循环不顺、心脏衰弱的人，饮酒后，能增加血液的循环力，提高心脏的兴奋性，促进体内新陈代谢的机能。尤其如绍兴酒与啤酒，因为大部分是水，而且酒精含有量很少，确有增进血液量与利尿通便的功效。

（三）饮酒的弊害。酒既有这样利益，倘若饮了过量，也要发生大害的，就是多摄了酒精的缘故，浸透组织细腻，各器官必起变化，破坏消化器、神经系、血管、肾脏、心脏等，胃溃疡、食道癌、肝脏癌等，大半是饮过量的酒而起的。又有亢进血压，变为动脉硬化症，麻痹脑筋，甚至破坏脑的组织，罹脑充血而死者甚多。而且饮酒中毒者的子孙，往往有精神病、白痴等流毒。平时举止稳重的人，往往饮了过量的酒，不知不觉的显出了本来面目，乱言妄语，丑态毕露，以致大失社会上的信用，奸盗诈伪之事，多在酒后发生。假使尝饮了烧酒（高粱等）、威士克以及其他外国出产的强烈性酒，受了木精的毒，立即要头痛、昏晕、呕吐、四肢肿痛、呼吸逼促的。近来市中所售的高粱酒，一般奸商为贪图暴利，不顾大众的生命，竟混入多量的酒精。又绍兴酒中，也有混入酒精与胡椒等，以欺瞒贫苦的酒徒，倘若饮了这等酒，大都促寿致死的。

（四）饮酒的秘诀。饮酒以前，应先吃些面包与牛奶或富于脂肪的东西，或饮一碗清水，那么就不容易醉，倘若空腹饮酒，酒中的酒精直接为胃吸收，就要大醉。我们宴会时，恐怕为友人灌醉，可先在口内含些硼砂及枳椇子，那可耐久不醉，或先吃几个柿子（无柿子时吃柿饼代之）与苹果尤好。如饮酒已醉，那可用葛花煎汤饮服，或用荸荠生梨煎汤，或嗅以阿姆亚水，并用生豆腐，贴在心脏部，自然可以清醒的，其中食柿最为灵验，因为柿中含有丹银（Tannin），能够防止酒精吸收作用的。若饮酒发生头痛，用重曹水或乳酸加尔秀姆一克兰姆，冲温水饮服奇效。

（1935 年 3 月 18 日，第 12 版）

喝酒哲学

拾玖

从喝酒也可以看出各人的性情来。人在平常的时候，总不免有些矜持，这矜持就是要想保全做人的面子的，故态度总不大自然。假使三杯黄酒落肚，不觉说话也会无顾忌了，举动也会无拘束了，所以观人，应在喝酒时观。

身上穿了一套粗布衣服，脚上套了一双蒲鞋，立在酒店门首，挖出几个铜子，换了一杯白干一喝而尽，把手向鼻口一掩，不忍使酒气丝毫外泄的这种朋友，是难得喝酒的，所以他异常珍惜。他喝酒的目的，并不是陶情，是想解解寒气，或者兴奋一下，再可为人作牛马走。

三朋四友，踱进酒馆，未喝酒，先点菜。猜起拳来，面红筋赤，声震四座，而且彼此各不相让，仿佛有深仇宿恨似的。一不小心，酒壶泼翻，亦不甚惜，再来一下，这种朋友是不会喝酒的。倘使数十年陈酒也是这样喝法，旁观者真要替那名酒痛惜了。像这样喝酒的人，大概是喜动不喜静的。

一二知己，对据一桌。菜不在佳，好酒是饮，浅斟低酌，娓娓清谈，喝到适可而止，不再添酒了。这种朋友是真会喝酒的，他们的性情是难得糊涂的，或者是火气已经脱尽的。

至于酒后发疯，有的喜欢软劝，有的喜欢硬劝，从这，也可以看出人的性情来。

（1935 年 6 月 11 日，第 12 版）

烟酒利害观

周笑涵医师

烟酒为嗜好品之一，人所不免，然嗜之有节，未始不可。若习之成瘾，则蒙大害，甚至使人无由自拔，岂始愿所料哉。

请先谕烟。虽有解闷、镇疼、兴奋、杀菌之效，如吸之成瘾，则转为不吸即闷、微疼不镇、稍振即弛、慢性中毒等患，得不偿失，有如去虎迎狼。况生理上受烟毒之侵害，而发生便秘、减食、羸瘦、神衰、晕眩等症，且血管扩张，血压沉降，分泌物减少，新陈代谢障碍，故以不吸为宜。

至于酒，其利害概有似于上述。然更有乱性及障碍脏器机能之患，甚至延及子孙。盖吾人于临床上，每见癫痫精神病、白痴以及佝偻病、结核等病人之父母，皆嗜酒若命者也。

自新生活运动勃起，有识有志者咸知嗜烟酒之非，愤起戒绝。然往往因引起身心之不愉快，而复恋恋欲犯，如内服内分泌制剂"生殖素"，以资调理，当立能使脏器恢复其健全之机能，而身心蒙其愉快，亦为初料所不及也。凡戒后思调理者，盍注意而试之。

（1935 年 9 月 14 日，第 19 版）

谈酒

卜易

酒，化学家认为是有麻醉性的饮料，而文人学士多当它为清雅上品，故文人与酒特别有缘。杜甫诗云："李白一斗诗百篇，长安市上酒家眠。天子呼来不上船，自称臣是酒中仙。"这位酒中仙是文学史上最有名的大酒徒了。刘伶有《酒德颂》之作，辛弃疾亦有挥酒杯的一首词。今人中如鲁迅、郁达夫也都是酒中的好汉。读郁达夫的最近日记，知他寓居杭州，差不多每晚要在湖上痛饮，兴来时不免吟吟新句。鲁迅，则有人嘲之为"醉眼朦胧"，有人且为作一杯在手的漫画，想他对于他故乡的醇醪，必能辨之有素也。

据说美国每年葡萄熟时，犯罪率有显著的激增，酒之为祸有如是者，所以他们的忧国之士，竟将禁酒的法条订于堂堂律令之上。但嗜酒似乎是人类天性，中西一体的，美国人爱喝杯中物的热忱并不下于我黄华胄裔。不过近年来这个黄金国也袭上了经济恐慌的恶潮，自罗斯福总统进了白宫后，为振兴市面起见，他就取消禁酒法令。据说在那初解禁的初晚，那般久受束缚的酒徒，大家都疯狂般的畅饮终宵，不知《成都古今记》中所载的"十月酒市"，亦有美国解酒禁之初晚的情景否？

据社会学者说，酗酒不但足以增高犯罪率，并且是贫穷的致因之一，爱尔乌德氏就是这一派人的一个。他说："调查各慈善机关所周济的人，差不多有四分之一是由于嗜酒。"美国五十人调查委员会在三十三个大都市中调查，三万多寄养的案件中有百分之一八点四六是由于本人的嗜酒，有百分之九点三六是受了旁人嗜酒的害，所以因嗜酒而致贫的总数是百分之二七点八二，调查其余美国都市的情形也是如此。英国都市中因嗜酒致贫的百分率比美国还高。据麻沙珠寒的工巡局调查，穷人中有百分之三九是直接由于嗜酒，或间接由于嗜酒。这无怪嗜酒的辛弃疾要将酒杯斥之而去，亦怪不得曹孟德要说酒可以亡国的话了。

"朋友"平于氏，酒徒也，虽不沈湎于老酒之中，然家藏佳酿甚多，嗜好之深殆无可以他物易之。他常邀几个好友到他斋中痛饮终日，寒暑假日，我乘归家之暇，亦常过斋畅饮。近平于氏额其书屋曰"苦酒庵"，盖仿知堂老人"苦雨斋"之意也。然酒而必谓之曰"苦"，其用心亦良苦矣。

生当这个乱离世界，慷慨悲歌的知识阶级中人，说话既为环境所不许，冲破沉闷的空气又为力所不逮，于是取巧的就投入了杜康的怀抱。多饮酒，少说话，大家奉为圭臬。麻醉呀，忘怀呀，寄沉痛于幽闲，全生命于乱世，所以酒之为物殆为世纪末的象征。魏晋的颓唐风气得以重见于今日，实有他的历史性的。

酒乡，竟也是一条遁世的曲道。但李太白纵是痴狂，他却有勇气在醉后触犯世人所不敢触犯的高力士；他纵是偷生于末世，他却仍有勇气在泥醉之后作捕月之戏，以殉他的浪漫趣味。你能说他是将精神完全葬送于醇酒吗？你能说他的醉眼中全无憎恶吗？你能说他真的浮沉一世，没有足以使他身殉的事物吗？

为此，我为今日的一般酒徒惜！

"对酒当歌，人生几何？"这样悲壮的歌词可惜也久已不闻了。

（1935 年 11 月 24 日，第 18 版）

谈谈绍兴酒

纪一介

说到我国产酒的种类，不在少数。约略计之，有浙江的绍兴酒、江苏的洋河高粱、山西的汾酒、安徽的大曲、辽宁的牛庄高粱，都是很著名的。因为绍兴是我国最著名的产酒地方，不但有悠久的历史，且每年产量之巨、营销之广，任何酒类都够不上它。绍兴酒在国货酒类中，既然占第一位，那是值得一谈的，此本文之所由作也。

真正绍兴酒，系用鉴湖水所制，既得天赋良好的水质，复经千余年制造的经验，故其酒质厚而味醇，有藏至二三十年的陈绍兴酒，饮之有香清意远、不可名言之妙，一般有太白淳于刘伶之癖者，天天在酒中讨生活，关于酒的新陈美恶，到口一试，便知分晓。且饮量亦愈练愈大，每饮辄尽四五六斤，还有婚丧款客，祭祀酬神，均需用酒。于此，绍兴酒每年消耗额，可想而知了。

绍兴地方，大小酒家，一共有一千八百余家。大酿户每家每年造酒数千缸，小酿户则数百缸、数十缸不等，总计全县每年产酒数量在二十万缸以上，价值达四千数百万元。除一部分在本地贩卖外，大都运销杭州、上海转运至长江、珠江、黄河各流域，以及东三省等处，即海外如南洋新加坡、印度各埠，也有输出。其在本地贩卖的，称本庄；营销外埠的，称路庄。路庄酒约占全年产额百分之五十，仅捐税一项，年约九百余万元。趸批零卖的酒商，以及赖酒衣食的技士工人，不下数千万人，不可谓不发达了。但因造酒方法，犹仍旧贯，所用器械，亦未改良，以致近年来，营业方面逐渐为外国酒商所夺，出产数额亦渐见减折。长此以往，绍兴酒业，势将一蹶不振。近闻某国已在东北筹设大规模的酿酒厂，以期抵制绍兴酒的输入，如果绍兴酒业，再不急起直追，研究改良制造推销之法，以图挽救，窃恐将来，难免同丝茶一样的失败呢。

（1936 年 1 月 30 日，第 14 版）

文学与酒

钦文

"你是文学家，怎么不会喝酒呢？"

我时常听到这样的话，有些人这样说着，而且表示惊奇。他们总以为旧文学家应该天天都喝绍兴黄酒，新文学家则喝白兰地。

"不会喝酒，可见我不是文学家。"

这样回对着，我总要推想一下文学与酒的关系，以为酒对于文学，既然会使得人这样容易联想到，总是有着原因的。

照古书所记载，以前从事文学的人，委实很多与酒接近。固然，"沽酒"、"买醉"，是很普遍的词句，而且，白乐天自称"醉户"，刘伶自称"醉侯"，李太白尊为"醉圣"，蔡邕称作"醉龙"，欧阳修自号"醉翁"，并筑醉翁亭。

有着这种事迹，无怪一般的人，以为要做诗词歌赋总得喝酒，喝了酒才可以拿起笔来写文章。

古代的文人为什么这样喜欢酒呢？做了文人才喜欢酒，还是接近了酒以后，才做得好文章的呢？

明白了历史的背景，可以知道有些文人的常常喝酒，无非由于佯狂，原是为着避免麻烦，就是不愿意与有种人同流合污，也有是为发牢骚的。他们的故意多喝酒，当然在会做文章成了名以后。不过酒，实在也可以使人多出产些作品，这不但是助兴趣的，喝醉以后，昏昏沉沉、懵懵懂懂的时候，大脑的理知作用减退，就容易得到下意识的暗示，自然可以多多的"捉住意境"。

一般人都以为酒可以解愁，要喝酒，大概就是为着发泄苦闷。照着"文学是苦闷的象征"的话，文学与酒，也是互相为因的。

喝酒以后，所谓深入醉乡的时候，虽然敏感，容易找到题材。可是下意识的作用未免盲目，任凭热情的结果是放浪的，所以利用酒来促成作品的产生，只在浪漫时代可以。自然主义以后，文学要凭客观的考查，重理知而经过科学化，利用酒的麻醉理知是不行的了。

如今文学实在已经没有借助于酒的必要了，只是有些人泥于旧习，还以为酒与文学有着很大的关系。

（1936 年 6 月 12 日，第 16 版）

愁和酒

白流

酒有香槟酒、啤酒、葡萄酒……大多是所谓"上等人"饮的，且外国来路货多，似乎在这提倡国货的年头，不好谈外国来路货，这样，自不得不谈国货的酒。

常灌在耳朵子里的酒名，当然要算"绍兴酒"了，什么"元粱"、"高粱"……最有名的要算山西的汾酒了，那滋味的隽美只有自己去尝才知道！

吃酒，那一个不高兴，一天的倦疲不堪，几杯酒可以大为兴奋啦！古来的文章家、诗人简直可以在酒里过日子。李白的诗句："长歌吟松风，曲尽河星稀。我酬君复乐，陶然共忘机。"又如《月下独酌》诗，都在深夜时饮酒，自得其乐，本来李太白是个大酒仙。据说皇帝送他喝酒护照，便可无钱而喝遍天下的酒了。唐朝诗人的"白日放歌须纵酒"、"葡萄美酒夜光杯"、"何当载酒来，共醉重阳节"等的诗句，可以证明他们在酒里过日子是无疑了。

托尔斯泰在《难道这是应该的么？》这短篇小说内有写劳苦工人的星期日的生活："到了礼拜日那天，许多工人得了工钱，出去洗澡休息。有时不去洗澡，却跑到酒馆、饭店里去喝酒，喝得大醉才罢休。可是到了明天礼拜一，一清早就要做那种工作了。"因为劳苦的人，物质、精神的种种不足，便在"以酒浇愁"的情状下，得到了满足、快乐，虽然是满身臭气呢。

日本的生物学家邱浅次郎说："社会制度根本不改良，酒类是永远不能禁掉的！"那种话，真是实话，美国向来禁酒，近年来毕竟也解除酒禁了。因为酒是劳苦的人们唯一的安慰者呵！杜牧有"落魄江湖载酒行"之句，可说酒是无产阶级的最大的恩物了。因此都市市镇的生意清淡而或关门，而酒业酒馆却因而增多，这可使酒老板笑逐颜开了。

（1936 年 11 月 16 日，第 19 版）

饮酒难

南丁

酒，是一种有刺激性的饮料，可以使人兴奋，嗜饮的人很多。在宴会内，因了使客人兴奋而欢乐起见，酒便成了不可缺少的副品。

我国的酒，在古时夏禹的时候，已经有了《战国策》载"帝女令仪狄作酒而美"，可见这时已发明了造酒。到了少康一代，便造了秫酒，《世本》有"仪狄始作酒醪，变五味，少康作秫酒"，这是高粱酒的起源。

至现在，酒的种类不下几十种，除了我国原有的绍兴、高粱等之外，又有舶来各种洋酒，如白兰地、口利沙等，名目繁多，酒味也有浓淡的分别。但是无论是一国原有的酒，或是舶来洋酒，都因了内中含有一种酒精质而制成，酒的浓淡，便因了所含的酒精质多少而不同。酒精质却又可分为两种，一种是植物质酒精，从植物内提出，饮了并无害处，不影响身体的康健。一种是矿物质酒精，是从矿物内提出，对于身体有极大的损害，甚至可以妨害生命。矿物质酒精，味烈而价廉，因此不道德的酿酒家，并非把植物酿成，用矿物质酒精作为原料，因味烈而成本低廉，容易获利。但是饮酒的人，却受了绝大的害处。而且现在市上，以矿物质酒精为原料的，不知多少，有刘伶癖的人，遂发生了饮酒难的恐慌，所以饮酒的时候，第一要点，便是先明了所饮的酒，是否由植物酿成，不然，还是不饮的好，因有生命的危险。

成酿酒，提出酒精的植物很多，如米、麦、山芋、绿豆、高粱、玉蜀黍、葡萄等，都含有很多的酒精。绍兴酒是米酿的一种，麦制的酒，最著名的便是啤酒，葡萄酿成的有葡萄酒和白兰地。山西汾酒、洋河，都是高粱提制。其中最浓烈的是汾酒，含酒精百分之五十，次白兰地百分之七十四，再次惠司克百分之七十三，绍兴百分之十七，啤酒最少，只有百分之四。但是近年的酒，如高粱、绍兴、劣质葡萄酒、劣质白兰地等，都杂入矿物质酒精，使人不敢尝试。除非是可靠的酿酒公司所制，如张裕公司，因了他在烟台有几百万里的葡萄场，可以保证没有矿物质酒精搀入，方能放胆畅饮。不佞也是有刘伶癖的一人，不过因了饮国货酒和避免矿物质酒精起见，只饮烟台啤酒和那可靠的绍兴。

（1936 年 11 月 16 日，第 19 版）

国产啤酒谈

李林

前些年头，在中国是以"洋"为贵的，分明是地道国产，不用上两个洋字即不足表示高贵，更为购者所瞧不起。现在呢，除了汉奸及无知识的人以外，用洋货几乎认为是可耻的事了，这就正如我们的中宣部长邵力子先生所说的，是国民的意识进步，也就是因了国民有了非国产不买的现象。一般在我国内设厂渔利的洋商也改换了昔日自尊的态度，比如以啤酒来，有分明是洋人资本、洋人技术（除了一些可怜的工人为华人以外），而却标明为啤酒与酒瓶完全在国内为华人所制造，这种投机取巧的行为，正足证明为洋商势力衰败的先声。

中国啤酒厂的数量与产量，如与欧西各国比较真是小巫见大巫，厂即不多，出产更不多。因为真正国产啤酒厂，说来可怜，只有三家呀，一是开办于民国三年的北平双合盛，出品有五星。一是烟台啤公司，开办于民国九年，出品有双头鸟牌。其次是广东省府创办的饮料厂，至今尚无出品应世。而这三家中也只有烟台才能算是纯粹的第一等国货，因为北平及广东两家，资本经理虽为华人技术却为外人（北平双合盛之技师为德人，广州为捷克人），只有烟台是打破中国酿造界的纪录用的是华人为技师。实业部的工厂条例，凡资本为华人而技术为外人者则为二等国货，凡资本、技术完全为国人者则为第一等国货。至于其余的如上海之怡和、上海与国民三家啤酒厂、天津之天津啤酒厂、青岛之青岛啤酒厂均为外商，怡和又名友啤为英商，国民为法商，青岛为日商，天津为俄商（入美籍的俄国犹太人），更奇怪的是这些外商都用中国的地名作招牌，看起来倒很像是国产啤酒的样子，又加以洋商资本雄厚，宣传力大，小资本的国产啤酒倒反被人忽略了，因为不少的同胞把洋商当做国货去了呢。

（1937 年 7 月 21 日，第 17 版）

工商座谈·从烟酒到节约

溪南

烟酒的消耗，在这九个月中，进口有一千三百余万元。上海的理教会把他平均计算，每日消耗达四万八千余元，遂劝各界厉行节约，摒除烟酒不正当的消耗，这是在他们理教的立场上说，固应如此劝导人。

但要明白，此一千三百余万元最大的消费者，不是四万五千万中国人中的大多数人，而是其中绝少数部分的达官巨商，（当然是烟之中，还有烟叶等原料在内），这些腹便便而自以为"麦克麦克"的富翁，与气昂昂而目空一切的达官贵人，都是挥霍的民脂民膏。因为中国到如今造产立业的富翁恐如凤毛麟角，能成为富翁的不是盘剥居奇，即是换纵投机，以傥来的钱，买傥来的物，那会觉着肉痛。

可笑的他们还说救国难，要提倡节约运动呢！固然，照中国的现状，不但已到了非节约不能救国，亦已到了非节约不能救自己的地步了。然而他们自己有处挪用的是金钱，所以口里尽管说节约，他们的生活，仍在穷奢极欲，竟有非一般人所能想象得到的奢侈。虽则《大学》中如此说"一家仁，一国兴仁……一家食戾，一国作乱"，并云"其家不可教，而能教人者无之"。但是中国有地位的人，往往是教人家应该如此做，自己呢？偏是在这个范畴以外，实际上又常是破坏这举动的人。

烟酒节省，原不是难事，即使不能节省，有的是土酒土烟，几杯绍兴酒，数枝美丽烟，难道不有同样的作用？何必定要用进口的洋酒、洋烟，才能消闲遣闷呢！

果真要厉行节约，亦只要如理教徒，那样戒烟酒的精神，决无有不成之理。可是作者非理教中人，理教之所以戒烟酒，或许当初别有一种伟大的精神，寓乎其间，但是能够戒绝，是另有一种宗教的信仰，坚其决心。原来"在理教"之所以为"在理"，正为他"在儒释道三教之理中，奉释教之法，修道教之行，习儒教之理"，因之自清初至今，三百年来，戒烟酒而不禁茹荤，依然盛行着；正为抱有坚决的信心，才不为外物所移，而能切实的不吃烟酒。如今所提倡的节约运动，若人人抱有决心，亦焉有不成功之理。可惜是使的遮眼法，做的表面，除了物价高涨，生活紧缩，自然地出于被迫的节约而外，其他仍是胡天胡帝，然或许也有被迫节约的一日，可是到了这地步，已是节无可节、约无可约的呀！

（1938 年 10 月 28 日，第 13 版）

四大名旦与酒

海测

松风主人宴义女周梅艳，沽有某酒肆之太雕，主人询余：酿佳否？愚饮之而甘，曰：美哉！醇厚如梅兰芳之歌。因以酒喻四大名旦。愚□以甜（梅）、酸（荀）、苦（程）、辣（尚）喻四旦，今又得一新喻矣。录之，以备戏迷而嗜酒者商榷焉。

梅兰芳如太号花雕（味厚而酒力强）。

程艳秋如竹叶青（味清而酒力与太雕相若）。

荀慧生如口立沙（西酒之甘美宜于妇人者）。

尚小云如高粱（味烈而少回甘，但亦能使酒友过瘾）。

（1939 年 5 月 3 日，第 22 版）

路头酒

张孟昭

一年容易，今天（十二日）又是废历新年的五路日（也可以说是财神日）了。习俗旧式工商机关里家家必于是日晚上大吃其路头酒，说是吃了之后，一年四季，大家必定发财。中国人着重"吃"，同时也着重"钱"的，大家都不免脱口而出的说说"人生所为何来？"

"五路日"在吾锡商家的习俗，又称"铺盖生日"。伙友们的去留都在隔夕（年初四）决定，经理们审议那一位伙友是勤劳、诚实、努力工作的；那一位是吃粮不管事的、荒唐的，勤劳的留职，荒唐的开除。伙友们事前的对于自己职位的去留问题，都讳莫如深，蒙在鼓里，必须等候到吃路头酒时，没有自己的份儿，那才瞿然失惊，知道自己要卷铺盖滚蛋了。所以路头酒席上，有我一席的朋友，就堆满笑容，喜之不胜；没有的仁兄，不免双眉紧锁，悲从中来了。其实拆穿了西洋镜，经理们果能真真以往年的勤惰标准别去留吗？那也未必尽然，因为有裙带关系的人，常是盘踞要津，安如泰山，平时尽管荒唐，吃路头酒来，总是南面而坐。因此被革职的朋友，心中的恼怒不平，真是"有苦无诉处，哑子吃黄莲"。照此看来路头酒虽美，真有些可吃而不可吃呢！

（1940 年 2 月 12 日，第 13 版）

谈酒

秋郎

酒在食字中占着重要部分，它虽是糜费的奢侈品之一，但社会间遇着庆吊大典的时候，总是少不了它的，便是平时友朋酬酢、市楼买醉、戚串往还、家庭联欢，也仗它做了介绍，吃酒的人，更说得好听："三杯和万事，一醉解千愁！"喝酒本不算罪恶的事，但怕一个"瘾"字，有了"瘾"，早醉夕醺，遗误公干，而且多饮伤脑，湿也奇重，很易患湿气病。最好逢年过节和酬应场中，略吃几杯，尚不妨事，实则在此国难方殷的时候，其他饮食还须节约，当然更不应该喝酒！笔者兹将酒的种种，约略摘录数则，以博读者一粲。

酒的种类

酒的种类是很多的，以国产论，在国中最驰名的，首推绍兴酒，这固然是制法的完善，但大半也仗着绍地鉴湖水质的淳厚所致，据说易地就不能制出这佳酿了。其他山西的汾酒，也很闻名。此外高粱烧酒之类，因其性烈，喜吃的人，泰半为劳工界，取其易于过瘾，至于果类可酿酒的也很多，不胜缕述。国药铺中的几种药酒，乃是活络筋骨、医治病症所服，此是例外的。若论舶来品的酒，也有白兰地、啤酒、畏士忌、畏士格等。但欧战后，因运输困难，价格飞涨，所幸张裕公司已有仿制数种国产出品，确能挽回利权不少。

酒的故事

关于酒的故事也不少，莫若李□仙的："太白斗酒诗百篇，天子呼来不上船，自称臣是酒中仙。"古今传为佳话。而旷达豪放，又要推刘伶了，他的饮酒，是携了荷锄者相随，意思是一时在饮醉倒，便随地给他瘗埋好了！此外有司马相如的貂裘换酒和白衣送酒、双柑斗酒等，也多得不胜枚举，可是在历史上都播为美谈的事迹。

酒的名言

孔子说："惟酒无量，不及乱。"朱子说："勿饮过量之酒。"可知圣贤对于酒，虽无禁吃的言论，但总劝人们少吃，不可过量为是。他若谚语所说，"酒是穿肠毒药"、"酒不醉人人自醉"、"酒为色之媒"，又佛门中的"戒酒除荤"，或以慎食和严肃为准则，或以戒杀和卫生为依归，这些也都是告诫人们的警语哩！

文人与酒

吃酒对于人的身体，固然利少害多，但人们偏喜饮酒，尤其是一般文人雅士，与曲蘗有了联系。且美其名曰"诗酒留连"，像诗圣李青莲独酌名句"举杯邀明月，对影成三人"，他的兴致，何等高超，饮酒宜择幽蒨之地，最妙在花前月下，低酌浅斟，永榭风亭，擎杯少饮，待薄醉微醒以后，或拈题分咏，或佳句连吟，自觉倍增逸兴，乐趣无穷。比较只知狂吞牛饮的俗子，专以酗酒寻衅为事的，不可同日而语了！

（1940 年 7 月 29 日，第 11 版）

信笔话"酒"

不善饮的人滴酒入口便要皱眉，好似吃苦药。嗜酒的人则以饮酒为人生最大乐趣，真是奇怪。但饮酒究有何种乐趣，没有人能说得出来，《晋书》："孟嘉为桓温参军，好酣饮，温问酒有何好，而卿嗜之？答曰：公未得酒中趣耳！"大卖关子，没有说出究竟来。白居易有诗云："更待菊黄佳酿熟，与君一醉一陶然。"魏文帝与吴质书云："酒酣耳热，仰面赋诗，当此之时，不自知其乐也。"还没有说出究竟来。

大约饮酒可以消愁解虑，忘却一切，即是酒中趣也。白居易诗云"俗号消愁药（即指酒），神速无以加，一杯驱世虑，两杯反天和，三杯既酩酊，或笑或狂歌，陶陶复兀兀，吾孰知其他？"有此功效，因此失意的人多半嗜酒。李白诗云："与尔同销万古愁"，正所谓借酒浇愁是也。你听，陈暄与兄子秀君云："吾既寂寞当世，圬病残年，产不异于颜原，名未动于卿相，若不饮醇酒，复欲安归？"十足的是借酒浇愁也。陶渊明不愿为五斗米折腰，挂冠归乡，作《归去来（兮）辞》中有云："携幼入室，有酒盈樽，引壶觞以自酌，眄庭柯以怡颜。"索兴过闲情逸致的生活，其有诗云："何以称我情，浊酒且自陶。千载非所知，聊以永今朝。"可见满腹牢骚，尽向杯中泄了。

文人多与酒结不解缘，大约酒能刺激神经，兴奋"烟丝披里人"（Inspiration）的缘故。最豪饮的是诗人李白，据杜诗云："李白一斗诗百篇，长安市上酒家眠。天子呼来不上船，自称臣是酒中仙。"据传太白在翰林，代草王言，然性嗜酒、多沉饮，有时诏令选述，方在醉中，不可待，左右以水沃面，稍醒，即令秉笔，顷之而成，帝甚才之。酒醉到如此地步，古今只此一人。但终因酒醉冒犯了高力士，晦运开始，过下半生潦倒流浪的生活，写下了那些好诗："处世若大梦，胡为劳其生。所以终日醉，颓然卧前楹。""花间一壶酒，独斟无相亲，举杯邀明月，对影成三人。"是多么动人的酒底诗境呀！

多才多艺的东坡居士，也是爱酒的。词中话酒的地方很多，其《南歌子》词云："卯酒醒还困，仙村梦不成……带酒冲山雨，和衣睡晚晴，不知钟鼓报天明，梦里栩热胡蝶，一身轻……"多够味儿，要是酒后必有此味，谁都愿意干几杯儿吧！

今人喝酒，只知猜拳一种玩意儿，古人欢喜酒令，因太斯文，故不能普遍。据宋张邦基撰《墨庄漫录》所载："饮席刻木为人，而锐其下，置之盘中，左右欹侧如舞状，力尽乃倒，视其传筹所至，酬之陶以杯，谓之劝酒胡。"此则已绝迹于今日了。明宗仪编撰的《辍耕录》中，更有一段风流记载："杨铁崖耽好声色，每于筵间见歌儿舞女，有缠足纤小者，则脱其鞋载盏以行酒，谓之金莲杯。"三寸金莲穿着绣花之鞋，在现代人看来，已觉甚少美感，拿来当酒杯以行酒，未免令人作呕。不知今日的舞迷，也会将舞女的高跟鞋儿拿来行酒否？

据传古时以鸩（鸟名）毛制酒，名为鸩酒，奇毒，许多忠臣烈士失败时即以此自杀的。但据说也有一种饮后不死之酒，据传从前君山上之酒香山，有美酒，喝了可以不死，于是打动了汉武帝底心，便令乐巴去求取，结果自然办到，但是在进御之前却被妙人东方朔偷吃了，武帝大怒，便要杀他，妙人从容地说道："使酒有验，杀臣亦不死；无验，安用酒为？"说得多幽默！弄得武帝哭笑不得。东方朔字曼倩，武帝时为金马门侍中，语语有异趣，常以幽默口吻讽谏武帝。愚蠢自私的皇帝，有时确非幽默如曼倩者，不足以纠正其错误的。

关于饮酒，还有几个奇异的故事，原载《太平广记》："元戴不饮，鼻闻气已醉，后遇异人，以针挑其鼻尖，出一小虫，曰：此酒魔也，是日遂饮一斗。"又《唐史拾遗》载："焦遂（善饮酒，被称为饮中八仙之一）口吃，对客不能出一言，醉后酬答如注，时目为酒吃。"还有唐名书家张旭，嗜酒，大醉之后，呼叫狂走，然后下笔，写得龙飞凤舞，后人称他为草圣哩！

我总以为喝酒是一件风雅或潦倒的玩意儿，要是你自鸣清高，自以为是诗人雅士，否则至少也得自以为是像虬髯客或武松、石秀一流的英雄好汉，那你便得学习饮酒，一饮数斗，酩酊大醉。通常一个人如愿总用清醒的头脑为国家社会做一番事业，便不应与醉酒为伍。你得明白，酒精富麻醉性，饮后神经被刺激，加速血液的循环，于是发生不自主的兴奋，成事不足，败事有余。有人以为借酒浇愁，其实是暂时的，清醒以后倍觉悲戚，益发难受。酒精又富腐蚀性，饮后胃壁血管尽被侵蚀，浸在酒精中，于是细胞发胀，久之便要中毒，并使血管硬化，受害不浅哩！

让我们读诗古今文人关于酒醉的诗文吧，倒可以欣赏那诗意底酒味，已经是很够味了，又何必要喝得酩酊大醉，像一个酒鬼呢！

（1943 年 6 月 14 日，第 5 版）

饮者的话

方君

朋友们都劝我戒酒。他们都说：一个人仅在药炉茶铛里讨生活，却还去不了酒，这无异于在作慢性的自杀了。

自杀，我可没有这种勇气，要有的话，早在十多年前就自杀了，何待今日。酒能戕害生命，我非不知，然而酒跟我结缘已二十多个年头了，却又不见得戕害了我的生命；反而，没有了酒的时候，使人感到生之可悲；酒杯一拿到了手，人反而是飘飘然，见着满眼都是生机，都是乐趣。即使是在感慨万端，"举杯消愁愁更愁"的时候吧，也会从酒杯里见到了有意义的人生，并不比在未喝酒时所见到的人生只是一片灰色。

这多年来，我发现酒给我不是一种如一般所谓的毒素，而却是一种纯人生的刺激。它能鼓舞我去做人，激励我去作生之挣扎。从颓丧中援拔我出来，从冰冷里送给我许多热力，给我透视到人生是多样的人生，世界又是一个多棱角而且驳杂的世界。世界缩小来说是一个棋盘，国家和民族便是在两棋盘上面争逐的棋子，棋子的争逐是被主宰着的，被主宰着就有胜负之分、生死存亡之别，然而在惺忪的醉眼看去可真多棱角而驳杂的啊！也唯有在惺忪的醉眼中使人理解到其中的真理，我这多年来就得了酒的不少助力。

谁说酒会"戕害人生"？但酒会使人冒险的，冒险到死都不怕。这大概就是所谓"戕害人生"吧！然而酒的本怀并不如此的啊！它只要人见到了眼前的危险并不当是一个危险而已。所以，从这一方面的证明，它确可能带你蹈过了危机，从危机中挽回你的生命，在我的见解是如此。可是，酒有时带给我一点懊恼，因为它给我的勇气太多了，便过于冒失，过于冒失就得后悔，然只能在醒后才有的，如果仍然在醉昏昏的里头，这后悔也永不会成其为后悔了。

酒给一个人对于他的人生没有危险而不是冒险，此则酒之所以可爱。

我最初喝酒，总是守着"惟酒无量，不及乱"的戒条的，热上那么一斤半斤，喝成一副猪肝脸，就从解透人生的真谛里去陶陶然，便认为满足。后来，不是为了酒量已满，而是性子逐渐狂放了许多，就非一斤半斤所能过瘾了。于是，从酒里所尝到的人生味便更深一层，有时，一个制止不住就得使酒骂座。

骂座的确是一件痛快的事呢！"酒后出真言"，骂的人总有其可骂，而是不能不骂，才得会给我在酒后彻头彻尾地骂个淋漓尽致，但这总是我得罪人的地方，要是给骂的人不自反省的话。后来，关于这一点我受着朋友的劝告戒除了许多，可是酒的饮量还是有增无已，这绝然不是量洪，而是自己要多喝。

要多喝就得醉了，醉了，才是真正的人生。

然而，这对于绍酒是如此而已。及至转移到了香港，就不敢一饮便是一斤了，为的是双蒸不比花雕，双蒸入口便辣。

饮双蒸有人象征是"吞剃刀片"，但我总不承认它会"戕害人生"，可是，双蒸给饮，醉了非经过大半天不能醒转过来的，而且醒后老是带着一副死人脸孔。常常害病的我带着这副死人脸孔便更来得吓人。

因为来得吓人，朋友便常常劝我戒酒。

戒酒不难，但戒了酒之后，人生的趣味也要随而消逝了，至少对于我，是这样。

然而朋友的善意怎能够辜负呢，这个多月来，我便接受朋友的劝告而实行戒酒。

戒了酒之后，妻立刻展开了常蹙的眉头，原因在"贫贱夫妻百事哀"之中每日给她少张罗一笔酒费。可我一切都感到空虚了，在这个多月来，戒了酒之后。

（1946 年 7 月 8 日，第 10 版）

酒的情趣

战时，山城禁酒，菜馆不许猜拳喝酒，但居然还是有人以茶碗盛酒，以调羹代杯，勺勺而饮的。经检队人来，茶碗上加了盖子放在某一个人的面前，便若无其事，不显痕迹。同时规定酒铺卖冷酒只许卖花生、茶干，不许卖熟菜，于是冷酒馆盛行一时。川人不喜吃黄酒，白干、大曲最风行。卖酒认杯计，两三知己，把杯聊天，一样地可以喝得醉酊大醉。

除成渝外，四川各县并不禁酒，主人以"编酒"（用方法劝酒的意思）为能事，我们多少人皆曾"被困"。因此，在酒席宴前机灵的绝不开戒，否则偶一"开例"，那么，集中目标进攻，结果不醉无归，所以川中酒量大者常有醉七天"酒罐子"、"醉不醒"的绰号。

冬，雾气笼罩着山城，迷蒙混沌中的夜景，带着几分醉意的眼睛看过去格外地神秘，从前我爱上海霞飞路的街灯，近十年，我却更爱□里山城的酒氛！

（1947 年 5 月 13 日，第 9 版）

漫谈解酒法

梁俊青

有许多不会饮酒的人们都不愿意饮酒，因为喝了酒下去总要弄得脸红耳赤，心跳头痛，真是十二万分的不舒服，心想这种烦恼是自己找寻来的，"那又何必呢？"所以还是不饮酒的好。可是在他们那些欢喜饮酒的人们看来呢？那就两样了。他们说什么"一饮三百杯啦"、"一醉解千愁啦"，说出了许多饮酒的好例子和饮酒的好理由。我的几位朋友都是喜欢饮酒，而且他们都是每饮必醉甚至大醉的。我以医者的立场常常劝他们少饮一点，可是他们总不肯听。有一位朋友每次听了我的劝告之后总是笑嘻嘻地对我说："我就是欢喜饮酒后那么一种飘飘然的境界。没有这个飘飘然的境界我就什么也没有了。"这不过是借酒浇愁的意思，我除了表示同情之外，当然也不便说些什么。

不过，他的"飘飘然的境界"几乎闯了一次大祸。有一天的深夜，他的夫人把他送到我家里来求诊。他饮了很多的酒，脸色苍白，呼吸轻微，脉搏细小，看上去真是可怕得很，我替他担心万分。经过紧急处置之后，结果总算把他救了回来。

　　真的，喝醉了酒真不是一件小事，小醉可以引起已经潜伏的病症，重复恶化，大醉则可以直接地戕生。我们真是要好好地当心它呀！

　　不过，酒终究是一种助兴的恩物。不管是团体的生活也好，抑或是个人的生活也好，有了酒，便可以使团体的气氛甜蜜，有了酒便可以使个人的兴致特别好，所以我个人是不反对酒的，只要它在某种限度方面不被滥用着。

　　我对于酒可以说是有相当的缘分，虽然我自己并不能够饮大量的酒，可是我有许多贪杯的朋友，在他们酗酒的时候从嬉笑怒骂以至于歌哭无祸都表演出来。我当然是他们的义务医师，因此我不但对于酗酒方面有了不少的观察，而且对于解酒的方法上也有相当的研究。今天是抗战胜利的二周年纪念日（九月三日），我想一定有许多人在借酒浇愁的，那么我就拿解酒的方法来谈谈吧！

　　我们要晓得，无论那一种酒的力量都是以内在的酒精成份的多少为标准。譬如白兰地、威斯基之类，它们的酒精成份是从百分之廿五至百分之三十五左右，国产的高粱可以有百分之六十的酒精成份。而啤酒呢，大概只在百分之五的酒精而已。酒精成份多的酒当然很快醉人，但是遇着不会饮酒的人呢，就是饮了半杯啤酒也会醉的。不过我们要晓得，酒为什么会醉人呢？因为它是带有刺激性的东西，在血内含有少量的酒精的时候，人们的大脑被刺激着，它在兴奋着，它教心跳加速，血液循环加增，饮酒者神思活泼，兴致盎然，喜欢说话。再进一步呢，那么就飘飘然了，于是乎头痛欲裂，两眼如焚，六脉偾张，胸闷作呕，随之即呕吐狼藉，昏然欲睡。若饮酒过量呢，那么大脑即被麻醉，心脏与呼吸神经中枢发生麻痹情形，停止一切工作，而饮酒者命丧黄泉矣。

　　有许多人喜欢饮酒却又怕酒醉后的种种危险，因此就寻求许多解酒的方法，譬如食水果啦，饮醋啦，吃什么半夏啦，饮浓茶或咖啡啦，虽然有些效力，可是往往杯水车薪、无济于事。我曾经试用了许多其他的方法例如注射樟脑溶液以及咖啡因之类，结果亦不过是防止心脏的突然恶化而已，要想醉人立醒，可以说是绝无其事。

　　德国柏林大学一位药物教授 Prof. A. Bickel 氏对于酒醉的治法的确有很高深的研究。他以为有许多的食物尤其是淀粉质方面的东西，在体内消化到了最后的阶段，总是先成酒精相似的东西，然后再经氧化而成为二氧碳及水。我们食进的饭和糖类的东西，它的化学方面的程序是如此的。我们所饮的酒，它的化学方面的演变的程序也是如此的。因此他检查了酒醉的人的血液内含有大量的酒精成份，如果把这些酒精成份迅速分解了成为二氧化碳和水，那么它使人酒醉的作用岂不是马上就消除了吗？Bickel 氏又想到因苏林（Insulin）是分解淀粉质的特效药，凡是患糖尿病的人，只要注射了小量的因苏林就可以马上减低尿内的糖质。因此毕开尔氏就把因苏林剂应用到酒醉者的身上，结果成绩非常圆满，在很短的时期内，就可以把酒醉者清醒过来。我本人曾经验过几次，结果成绩也非常美满，因此特地公开介绍于此。

有许多人在结婚的时候往往被人灌醉，结果呕吐狼藉，昏睡如死，大煞风景。我愿以此法贡献于一般结婚的人们。

（1947 年 9 月 5 日，第 8 版）

饮酒篇

平公

饮酒大非易事，有些人以为自己"能"饮酒，只因为他黄酒能喝三斤五斤不醉，伏特加也许一口气便能喝完一大玻璃杯。但是，喝得最多的人能不能就算是喝得最"好"的人呢？名□的神韵一半在于空白，谈话的情趣更大半在于片时的静默——捧起大杯"牛饮"不休的人，恐怕也只能叫你想起他真有些像一只牛罢。

饮酒要能到"恰到好处"的地步，便和寻求生活的恰到好处一样，自然而然的成为一种艺术。艺术家在创造一件作品的时候，在熟练的技巧之外还需要突如其来的灵感，这灵感又是飘忽得稍纵即逝，所以不少杰作会在蓓蕾当中便遭遇到了凋谢的厄运。饮酒也有这种叫人难以自主的地方，所以饮得好实在是极其难得的。

首先，"酒兴"即颇不易得。所谓酒兴，我想其实就是心境上偶然感觉到的一点余暇，无论是白天公务栗六，或者根本无事可作，懒散了一天，到黄昏时忽然感到了"喝一点酒如何"的意念，便把整天的忙碌或者无聊暂且搁开，只是想饮酒，这时候倒实在是可以喝一点的，因为只有在这种时候才可以喝得泰然自得。有些人饮酒已成习惯，不喝便不能睡觉，有些人却以酒为浇愁之具，以忘却为饮酒的目的——口实可以各各不同，其视酒为鸦片、吗啡则一。他们既然存心要麻醉自己，如何还能领略饮酒的真趣呢！所以惟有"无所为而为"的饮酒才是真的饮酒，才能达到陶渊明所谓"欲辨已忘言"的境界。

有人喜欢干杯，而且还要强迫别人干杯，酒味还没有经过细细的领略，便匆匆忙忙的咽下去了。这种人饮酒像是小学生考试时抢缴头卷，第一个缴卷便算是出了风头，能不能及格都没有放在心上。不知酒味其实也可以分"头"、"尾"不同，乍举杯时，先见了明艳的颜色，馥郁的香味，然后徐饮一口，此时酒色、酒香、酒味齐奔舌尖，挹芬芳而含琼瑶，这一口就无妨称为"酒头"。于是徐徐下咽，便似有一线芳醇，直沁心脾，霎时燥渴皆忘，口颊尚留余馨，这余馨就姑且称为"酒尾"罢。茶尚且要慢慢的"品"，饮酒又为什么一定要急急忙忙地像小孩子吃药水，但求下咽之速，不愿辨一辨味道呢！友人虚谷先生好饮酒，但是很多人不敢和他一起喝，他们说虚谷喝得太慢，他们不知道虚谷惟其能饮慢酒，所以有时能够写出清丽的短歌。

有饮酒的心境即是一种清□。我这样说实在并不能算是一种过火的说法，因为酒兴极不易来，而极容易消失。有时，刚刚整治好了杯箸肴核，正想小饮，忽然隔壁人家的无线电里大唱绍兴戏起来了，立刻就会没有办法。山阴是产名酒名士的地方，却也产生了令人作恶的绍兴戏，大概也是相生相克的道理，因为如果不然的话，恐怕大家都要赶到绍兴去住，要真正的在"山阴道上"拥挤一番了。

（1947 年 12 月 9 日，第 9 版）

越人谈酒

亦存

平公写饮酒篇（六日自由谈），可以说是"酒逢知己"了，为之□大白！的确，酒在山阴道上，是一个很重要的因子，不过劫后的山阴，却不如理想或憧憬中的美好。八载炼狱，不但树木被砍得山不成"阴"，就是这路也破坏得难以涉足；差堪告慰的，仅有这酿酒事业，在一天一天复兴起来。

绍兴不愧是个酒乡，不但每一个乡村有人酿酒，而且十有六七的农户都有家酿，酿酒多的到几千缸，少的一钵头也可以酿得。黄酒不一定绍兴可酿，像苏州和其他好些地方，也有很多绍兴人在设坊酿造，可是总不及绍兴的产品为佳，其原因是在乎天然的水。鉴湖依山蜿蜒三十里，清澈甘肥到异常，酿酒的水，都取诸鉴湖，但也限于几个地段才有用，据试验结果，两地取同样容量的水来过磅，在重量上要相差好些，这大概是某几个溪流含有矿质之故。

绍兴产酒著名的有三大处，就是阮社（阮籍的故乡）、东浦和湖塘。那里有无数酒坊，每当初春煎酒时期，空气中充满酒香，使人呼吸了就有点□□然之感。

论出品，外地人只知"京装"和"花雕"，其实不能算最好。在绍兴有的是"竹叶青"（不加酱色的纯酒）、"赶陈"（新酒加上酱色）、"状元红"（陈酒）、"加饭"（原料加重的一种）等，这些是普通的。较好的是"善酿"（用酒代水的再酿酒）、"福桥酒"以及非卖品，专用以送礼或纪念的特酿。陈酒有陈到几十年，已变成清水那样的东西，更有一种以烧酒当水重料酿成的"酒霉"，浅碧甘醇，一杯醉倒，那更是酒乡中人难得到的珍品。

论饮酒，倒不因是产地而便善饮，无非是比较普遍一点而已。有很多的酒坊主人是涓滴不饮的，农工们一天喝四五次，在他们已成为恢复疲劳的药品。有很多自朝到晚只喝酒，少吃饭，长醉不醒的，雅号是"醉虾"。至于可称"牛饮"的，那要算酒坊中的工人了，他们忙碌感到口喝、饥饿或疲劳时，便在随便那一缸里浸下头去咽咽一通，用不到下酒品，袖子抹抹嘴脸，又去工作了，这个叫做"照大镜"。

最后说买酒。山阴道上是到处不用愁的，价钱又便宜，可是买不到好酒，因为这里卖酒的赚头全靠在搀水（喝的人惯了是不以为奇的），要买好酒得用点心思。那家好？那家新开缸？绍兴人都如此相问，到么到山阴道上来"拥挤一番"的贵宾们，更须"入境问俗"呢！

（1947 年 12 月 15 日，第 9 版）

酒癖

一峰

俗语"江山易改，本性难移"，这是说一个人的癖好系出自天性，很不容易改移过来的。事实的确也是如此，只要他是人而不是神，就很少不有与生以俱来的癖好。其癖好的好坏，见仁见智，并没有一定的标准；也许甲认为是要不得的，而乙倒认为那正是人生一乐也的事情，反正"道不同，不相为谋"，科学家犹承认世间无绝对的真理，又何况个人区区的癖好呢？譬如嗜酒，便属一例，因谈酒癖。

在中国，酒是常与文人结不解之缘的，借杯酒以浇胸中块垒，也正是古往今来文人的用以发泄牢骚的好方法。虽然"借酒浇愁愁更愁"，醉后狂言不休或是一睡了之，但未始不失为一个暂时麻醉自我的法门。而且，谁都知道酒是种兴奋剂，它有时的确也能够促进人的灵感，促进你的文思。因此，古代文人之嗜酒者也就特别的多。

人人知道"李白斗酒诗百篇"，李白"下笔千首，倚马可待"的文才，是大大的得力于酒的。而后来之有文才而染有李白同样的酒癖的文人，也往往给人誉为"谪仙"。

自然，酒后失态，赤裸裸的还其本来面目，更为嗜酒的人在所不免的。有人所谓"醉后颠蹶醒时羞，曲药催人不自由"，也可算得一语破的的个中话。至于借酒侮人，那当然又当别论了。时至今日，物价飞涨，生活迫人，其犹能"三杯在手"的，恐怕已经不可多得了。不知一般嗜酒的文人们，在如何打发他们无醉的岁月哩！

（1948 年 1 月 13 日，第 9 版）

禁酒

平公

据中央社澎湖十八日电，澎湖人民嗜酒成癖，渔民因醉而丧身鱼腹者常有所闻，县府因决议周二及周五强制禁止，其他各日饮酒亦限自下午五时至十时止。据云，实行后可每日节省酒资五百余万元（台币）。

我虽不是澎湖渔父，然而却也很有嗜酒成癖之势。前讲饮水氏（Drinkwater）作"林肯"剧本，写林肯太太痛恨别人吸烟，每遇犯者，辄致呵责，当时我就暗想林太太未免太不留人余地，但默察近来的情形，却见中外清教徒们方向一变，又在向禁酒的一条路上走去。电影《失去的周末》所表现的酒徒，在饮酒同志固知其完全是夸张（而且中国人饮酒也从没有这样浑头浑脑的），而不饮酒的人见之，自然难怪要触目惊心，视为魔鬼。今日读到澎湖县府禁令，甚有桴鼓相应之感——而且同样的有些滑稽。我说，酒是千万不能"禁"的。为甚么呢？因为，一"禁"之后，你的"癖"就反而愈来愈深，而且一发不可收拾。每一个好酒之徒都有过这样的经验：愈是别人不许你喝，你愈想喝。反之，如果你的量不过一斤，而别人每餐给你两斤三斤时，你第一顿固会欣然喝一斤半，而舌麻心烦（若坏酒，则再加上头痛目昏），第二顿就是勉强喝了也是"食而不知其味"，到明天便必须稍休，至多每顿只喝半斤了。但若你能喝一斤，而皇皇禁令只许你喝半斤，那么这半斤下肚之后，其"酒渴"之利害，简直使你无法自制，冬夜冒大雪去叩酒店的门，就在这种时候，此理盖与"斋僧不饱，不如活埋"相同。

所以，假使我是澎湖一渔民，那么澎湖县府这个禁酒办法实施之后，最想喝酒的时候必然就是星期二和星期五两天，而且如果有"机会"喝的时候，定必比平时喝得更多。记得上海在沦陷时期，敌伪当局也禁止中午饮酒，结果是大家到了菜馆里用茶壶茶杯盛酒，经此伪装，便大家心安理得了——而至今在我记忆中最深的一点，却是在那时酒喝得比平时特别多，而事实上酒味往往不佳，因为菜馆里给你喝已是你的面子，你实在也不能再加挑剔。

故禁酒令下，偷喝者必多，惟其是"偷"喝，故喝得匆忙，喝得草率，喝得随便，因之也就断丧了身体。须知十个吃酒的人中，本来总有一二个还是懂一点酒趣的，等到一颁禁令，则十个酒徒就是十个酒徒，那时候的饮酒才真的成为痼疾。

（1948 年 1 月 21 日，第 9 版）

谈酒

陈诒先

三月六日自由谈上迎之先生的一篇《红毛烧与绍兴黄》言："阴雨无□，聚三五旧游偏促小楼，微醺尽欢，亦大佳事。惟酒价日昂，寒伧恐不能办，不如且读他人论酒文字。"余为老□，又为酒徒，读此喉中作痒，兹将余平生所吃好酒略述之，聊以解馋。

民国三、四年，余在上海译书时，朱古微、王病山、王雪丞同居东有恒路，人称为"虹口三老"，陈散原居塘山路，常同饮于非园。非园者，甘翰臣之花园，在舟山路，每日下午四五点钟，我与我兄及散原先生、"虹口三老"数人，常常不期而聚会于该园。主人藏有各种陈白兰地、威士忌，客人尽量而饮，并不吝啬，但不备菜，桌上除酒瓶酒杯外，陈顶好饼干一大盘，上等祁门红茶一壶，吃茶饮酒，听人之便。平生所吃洋酒，以此为最，现在一瓶可吃威士忌，须数百万元，更无如甘老之主人矣。

民国九、十年间，余在北平教育部编审处，酒友有黄兰生等数人，常约陈德霖（梅兰芳的老师）小吃于福兴居春华楼，其时有一大宅门旗人衰落，出售其先人所藏黄酒一百余坛，李柳溪探知之，全数包得，存于东城一酒店中，并不公开出卖，必须熟人酒友，始可以电话叫酒，每斤两元，合之现价，约须六七十万元。其酒已陈数十年，入口芳洌，过量而不醉，斟入杯中，琥珀色，有宝光，先有一股糟香扑鼻，饮毕，杯中留有薄薄一层若胶质，自杯口以至杯底皆然，其酒之浓厚可知，烫至微温饮之，香气尤盛。平生所饮黄酒，以此为第一。名人钱新之、名律师汪子健，皆为同饮此酒之人。

民十四，余辞去编审处事，回杭州，住在里西湖自己庄子上。其时散原先生亦迁居旗下白傅路，一日同饮于新开酒店碧梧轩，其酒甚好，以后常常去吃。三月后，酒味渐差，半年后更差，盖开张时有一批藏酒，渐渐以新酒掺兑，故愈后愈不如前。同时朱晓岚先生自沪迁居杭州，其城头巷旧宅有藏酒四十余坛，系彼四十年前做萧山县时所自酿，余与余兄及散原先生、汪颂年兄屡饮其家，酒极香醇，可以尽量。饭后回湖上，自清波门坐瓜皮（西湖小船名），出学士桥，掠白云巷而西，明月在树，清风徐来，衣袖间所留酒香，时扑鼻观，今日回忆，恍同仙境。平生所饮黄酒，以此为第二。其所以稍差于故都旗门之酒者，盖其陈相同，而其质则异。朱酒是在萧山所酿，故都之酒，则是山阴所酿，山阴有鉴湖，其水做酒最佳，同一鉴湖水，轻重厚薄之分，善饮酒者，入口略尝，即能辨别何为桥东酒，何为桥西酒，其精细如此。

（1948 年 4 月 13 日，第 7 版）

酒德篇

钱大成

刘伶的《酒德颂》固然拿酒赞美到绝顶，孟东野《酒德诗》说"酒是古明镜，辗开小人心。醉见异举止，醉闻异声音。酒功如是多，酒屈亦以深。罪人免罪酒，如此可为箴"，也确有至理。跟人一起喝酒斗牌，往往能从一微小的举动里，见到人家的真脾气真性情。尤其是喝酒醉了之后，平素沉默的人，也会多说多话了；貌为温文尔雅的人，也会粗暴妄为了。古人说"酒能乱性"，其实酒最能令人显出本性，的确是人心的明镜。有许多人是存心不饮酒的，虽是他们也很爱酒。严白云说得好："奸人多不饮，城府如溪山。钩铦醉中语，饰貌伪往还。毒哉斯人心！饮中勿与言。"

我是一个酒徒，一杯在手，陶然自乐。醉后狂歌狂笑，与人披肝沥胆。有一次狂笑的结果，下颌竟脱下，现在变成毛病，一不小心，还时时要脱下，然而毕竟遇到了几位酒中至友可与共患难。但是为了多喝酒，身体却一天一天的衰弱；醉后狂言，也得罪了许多人。好几次也竟为人所"钩铦"，跌入"陷马坑"，□到"众叛亲离"，无法收拾，然而我毕竟对"杯中物"悠然神往。酒的本身是好的，而且是奇妙的，只怪我不能好好地驾驭它。但他苟其被"奸人"所利用，那才糟糕；下蒙汗药还是显而易见的作恶，老江湖可以一见即辨，"饰貌伪往还"，那真可怕，不但要你性命财物，而且要使你身败名裂。使酒骂座的人那才可爱，十九是性情中人物。所以我说："酒是情感的东西，烟是理智的东西。"你看，惯用心计的人，常是口不离烟的，抽大烟的枕上工夫更是可怕，所以我始终赞美酒，虽是我现在竟病得不能喝酒了。

"酒功如是多，酒屈亦以深。"我替酒表功，我替酒叫屈。

（1948 年 4 月 22 日，第 7 版）

自由谈·从《述酒》看陶潜

马彬

陶渊明著作之纪时，入宋以后，但题甲子而不书年号，对故国□□忠怀，久矣为人所盛道；这发现，初见于《文选五臣注》云："渊明诗晋所作者，皆题年号，入宋所作，但题甲子而已。意者耻事二姓，故以异之。"

惟渊明以甲子纪时，初不于宋始，义熙以前，亦间有只题甲子者，刘宋以后，则尽去年号矣。此虽系小节，但可以看出陶氏对当时一幕丑恶的禅让戏之态度。

其实，陶潜对晋室积弱，早就看出了覆亡的命运，且军阀秉国，刘裕、桓玄辈骄纵狂妄，复兴的希望已经灭绝，故渊明本身早就有"羡万物之得时，感吾生之行休"的慨叹。他这种隐忧，作品中颇多表白，惜前人不甚注意耳。如殷景仁往依刘裕为参军（时刘尚为太尉），渊明在送行诗中，即有"良才不隐世，江湖多贱贫"的话，可见其平日牢骚，正复不浅！

陶潜对刘裕篡晋最具体的反映，莫过于《述酒》一诗。是篇虽借酒以乱真，但仔细读去，却可以看他内心的愤郁，可以看出他对晋室不能或忘的感情。现在把它抄在下面：

"重离照南陆，鸣鸟声相闻。秋草虽未黄，融风久已分。素砾皛修渚，南岳无馀云。豫章抗高门，重华固灵坟。流泪抱中叹，倾耳听司晨。神州献嘉粟，西灵为我训。诸梁董师旅，芊胜丧其身。山阳归下国，成名犹不勤。卜生善斯牧，安乐不为君。平王去旧京，峡中纳遗薰。双陵甫云育，三趾显奇文。王子爱清吹，日中翔河汾。朱公练九齿，闲居离世纷。峨峨西岭内，偃息常所亲。天容自永固，彭殇非等论。"

此诗开头一段，流连景光之品，初无足异，但到"豫章抗高门，重华固灵坟"两句，谴责恭帝揖逊，□气有如江河之泛滥，一发而不可遏制矣。

1115

史载：刘裕篡晋后，废恭帝为零陵王，明年，以毒酒授张伟使酖杀，伟不忍故君之难，自饮酖而卒。裕复遣兵进酖，恭帝拒之，遂遭掩杀。

汤东涧曾谓渊明《述酒》一篇为恭帝之哀诗，当是无讹，诗中"山阳归下国"，自系借汉献帝故事以喻时事，且汉献与晋恭命运完全相似。曹魏篡汉后，降献帝为山阳公，卒弑之，刘裕对待恭帝，即袭用了曹丕的手法。历史的循环悲剧，使一介书生的陶渊明，只有"流泪抱中叹"了。

黄山谷曾对《述酒》之命题存疑，但如知道了上面的故事，即可明了"述酒"的"酒"，当是酖恭帝的毒酒，与"仪狄造，杜康润色之"是了无关系，而且渊明想这样一个题目，也着实费了一番苦心的！

渊明生于乱世，身为破落之世家子，其感慨自较人为深，然乱离之世，艰于为言，尤其朝代更替之际，要发牢骚，往往不得保其首领而殁。魏晋之交，残害文士，似是统治者赏心乐意之作，陶潜生长于斯，安得不戒慎恐惧。故在他作品中，有时隐讳得厉害，也惟其隐讳，偶触衷情，□有沉哀，如"木欣欣以向荣，泉涓涓而始流"，如"刑天舞干威，猛志固常在"，如"种桑长江边……忽值山河改"，及不佞上引《述酒》□殷□安别等等，处处都可以看陶氏内心生活与他外表正有着极猛烈的冲突。然而渊明的长处是能把这种矛盾调和，他受老庄的哲学陶冶甚深，故得失之□较淡，譬如晋亡之后，渊明有伤悼沉痛之感如《述酒》者，但他却压抑住了，因知本身没有招兵买马的力量，空头的高洁表白，自可不必。譬如陶氏与高僧慧远交契之深，一时无二，但渊明始终未入白连社，可知他于乱离之中，只想有所不为而独善其身了。

当此变乱频仍之世，每念渊明高举远蹈，不受世纷，反观今日，放僻邪侈，无所不为者，正大有人在，益觉独善其身之可珍贵也。

（1948 年 8 月 29 日，第 8 版）

说酒

半梦老人

政府为增加奢侈品税起见，首先增加香烟及酒税百分之七十以上，因之香烟及酒，准其涨价至一倍多，打破八一九固定价格。香烟及酒，皆具刺激性，而且含有微毒，然世人癖好者多，不知不觉入其彀中，不能自拔。香烟不具论，至于酒，古人所谓"扫愁帚"、"钓诗钩"，一般人以酒为"扫愁帚"，文人则以酒为"钓诗钩"，李太白斗酒诗百篇，即是"钓诗钩"的诗人代表。

天气渐渐冷下去，酒又渐渐抬头，酒价虽增至一倍，耽饮者绝对不觉得。我的左近有一家酒铺，什么玫瑰烧、五茄皮、葡萄醅、佛手烧、杨梅烧，老枯之外有新枯，花雕之外有太雕，并且还有各种外国酒，黑色瓶上粘有花花绿绿的广告纸，陈列在玻璃橱内，煞是好看。有许多酒人走过，免不了垂涎三尺，假如身边有钱，就在柜台上倒了一杯，站着斟酌起来，一杯尽后，再来一杯，尽他面红耳赤，心中飘飘荡荡，什么国家，什么世界，好像与他全无关系。即使走出来，倒在马路旁边，也无所谓，反正就地埋我，古人也有成例的，依例照做一番，有何不可。还说这种时代，活着也无大味，我们又不能贪污，发财无路，一生廉洁，也无人称赞，醉生梦死，醉死梦生，都是一般的。做这种□□的人，我倒常常见着，当他酒酣耳热的时候，就走过去与他谈谈，外国人也有，中国人也有，外国话我却不懂，中国人如若上了年纪，多半有一种阅历与沉痛悲哀，发掘起来，倒也着实有些感慨淋漓。

因之他是借酒作"扫愁帚"，我倒不免借那酒人的话，作了我的"钓诗钩"。我友木居士说："半是诗狂半酒狂，一回歌咏一飞觞。消寒避暑皆如意，沉醉高吟有别肠。"又说："有诗有酒终非计，有酒无诗也不聊。诗出性情乘醉写，酒逢磊魄倚声浇。"我说："千古谁知李白狂，百篇斗酒拥壶觞。将诗下酒诗添味，借酒谈诗酒润肠。杜牧登楼醺更酌，陶潜策杖醉相忘。由他地覆天翻去，一醽奇文满锦囊。"毕竟有些酸溜溜的，就此搁笔。

（1948 年 10 月 25 日，第 6 版）

酒话

陈诒先

十一月十五日《新闻报》新园林上有烟桥兄作《□游一日》一文，内言："王四酒家松菌小而嫩，甚隽。惜白酒已罄，新酿未熟，所饮者为黄酒，有甜味，殊暴。如君左复来，当亦与余同有今昔之感。"

日前有苏州友人来函，约去看天平红叶，吃阳澄湖蟹，余以苏州无好酒，竟鼓不起兴致。酒之魔力最大，有好酒之东道主人，虽其菜肴略差，亦欣然赴会。盖酒徒所注重者在酒，有好酒，一盘发芽豆，一包油氽果肉，即可吃得满意。（酒菜另为一种，如醉蟹、糟蛋、风干栗之类最佳，可以吃一块豆腐干，几颗花生米，而不必吃鱼翅海参。）十七日余教书归，有打门而入者，搬进老酒一坛，系章云生兄赠我者，马上开饮，香而醇，真山阴产也。近日西北风起，正蟹肥之时，每日买尖团各一，蒸而下酒，天下之美味，无以易之。

《庄子·达生篇》内言："夫醉者之坠车，虽疾不死，骨节与人同，而犯害与人异，其神全也。乘亦不知也，坠亦不知也。"此醉者之一境界也。九月十七夕，余在慎利酒号吃陈威司格，贪杯大醉，主人云生兄派车送余归，真有"乘亦不知也"之况。《水浒》上写武松醉打蒋门神，中有曰："武松又行不到三四里，再吃过十来碗酒，此时已有午牌时分，天色正热，却有点微风。"此半醉者之一境界也。施耐庵写武松吃酒，不言其醉，却写有点微风，写半醉真入木三分，妙到极点。

民十四年，绍兴友人邵资生嫁女，余坐公路汽车往贺之，寓其单醪河宅中，得交陈叔泉，人称为《三店王》，藏有数十年陈酒，约余饮其家，其酒芳洌而醇厚已极，与昔在北平所饮旗门出售之酒相同。三日后返杭，渡钱塘江时，衣袖间所留酒香，飘拂于面，此时始悟施耐庵以微风二字状微醺之妙也。

绍兴旧家有好酒，其家制之酒菜，如青鱼干、蚶子，尤为他处所无。水澄巷有一茶食店（忘其字号）售桂花蛋卷，酒后吃数卷，胜于西菜肆之中巧格力。

（1948 年 11 月 21 日，第 6 版）

酒馍与什邡叶子

陈诒先

去年岁暮，黄同武自牯岭下山来沪，约余饮其家。入座，菜有腊肉炖泥鳅、肉丁炒江西豆豉，与其夫人自制之风鸡与醉蟹，每人面前有一极小之酒杯（此杯有一特名曰"一口清"），而不见酒。桌边置一高□，灰色，抚之绝硬，主人探怀出一小洋刀，切□之一角，去皮置茶杯中，以开水冲之，少顷，酒气扑入鼻观，俟□全融化澄定后，以茶匙倾入小酒杯饮之，香醇有力，乃山西最好汾酒也。同武言："山西人夏日制酒，以□投入头锅酒中泡之，约半日取出，置大太阳下晒之，山西之□，比山东人制者尤结实，故不至融化，晒干后，再置入酒锅中泡之。如是者十余次，酒精全吸入□内，出远门携数枚，既有好酒吃，又便于携带。"同武之先人曾于湖北沙市仙桃镇设有票号，主其事者为山西之介休、平遥两县人，今票号虽收歇，与山西人仍有往来，故余得尝其酒□之汾酒。

其腊肉炖泥鳅汤极浓厚，而无泥气，异而询之，同武言："凡吃海泥鳅，必先置于水盆中养二三日，屡换清水，俟其将腹中泥全吐出后，再为烹制，始能得其异味。"

饭后闲谈，其夫人自内室取一长纸包出，开之为菜叶所裹之烟叶，每一叶均折叠，展之长约二尺，粗如手指，取二三叶剪为数段，抽去叶中之筋，卷而粘之，立成雪茄数只，吸之味香而厚，无异古巴烟。同武言此为四川之什邡叶子（在成都附近），系其世兄自灌县寄来者。

（1949 年 3 月 17 日，第 8 版）

图书在版编目（CIP）数据

中国近代酒文献选辑.《申报》卷：全三册 / 薛化
松，李玉主编 . -- 北京：社会科学文献出版社，2020.9
（中国近代酒文献丛刊）
ISBN 978 - 7 - 5201 - 6980 - 6

Ⅰ.①中…　Ⅱ.①薛…②李…　Ⅲ.①酒文化 - 文献
- 汇编 - 中国 - 近代　Ⅳ.①TS971.22

中国版本图书馆 CIP 数据核字（2020）第 140825 号

·中国近代酒文献丛刊·

中国近代酒文献选辑·《申报》卷（全三册）

主　　编／薛化松　李　玉

出 版 人／谢寿光
组稿编辑／宋荣欣
责任编辑／邵璐璐
文稿编辑／汪延平　徐　花　肖世伟

出　　版／社会科学文献出版社·历史学分社（010）59367256
　　　　　地址：北京市北三环中路甲 29 号院华龙大厦　邮编：100029
　　　　　网址：www.ssap.com.cn
发　　行／市场营销中心（010）59367081　59367083
印　　装／三河市东方印刷有限公司

规　　格／开本：787mm×1092mm　1/16
　　　　　印张：77.25　字数：1210 千字
版　　次／2020 年 9 月第 1 版　2020 年 9 月第 1 次印刷
书　　号／ISBN 978 - 7 - 5201 - 6980 - 6
定　　价／780.00 元（全三册）